数字化应用场景

数实融合 多跨协同 系统重塑

章根明◎编著

中国工商出版社

序一

从数字化之问到数字化之道

习近平总书记深刻指出，要牢牢把握新一轮科技革命和产业变革新机遇，深入实施网络强国、数字中国战略。当今世界正处于数字时代的巨变中，数字技术全面融入经济社会发展全方位全过程，数字化正在重塑新理念、催生新业态、引领新模式，给人类思维方式、生产方式、生活方式与治理方式带来广泛而深刻的影响。数字时代既充满着无限机遇，也面临着理论、技术、应用及制度层面一系列挑战，许多重大课题亟待研究，许多现实问题需要破题。站在时代的当口，作为市场监管数字化改革的见证者、实施者、受益者，我和我的团队在数字化学习、数字化研究和数字化实践中不断探索，潜心思考、认真回答“想不想、要不要、会不会、好不好”等数字化改革过程中遇到的普遍性问题，有一些实践感悟，也有一些理性认识。我们结合数字化实践探索的心路历程编著此书，与读者分享我们对数字化之“问”“惑”“势”“路”“法”“道”的所思所想、所感所悟。

答数字化之问 我们处在一个什么样的时代？我们应如何认清时代、适应时代、引领时代？这是时代之问；什么是数字化？数字化化什么？数字化是必答题还是选择题？这是方向之问；如何抓住数字时代的机遇，迎接数字时代的挑战，认清数字时代的使命，创造新的业绩，这是使命之问。回答好时代之问、方向之问、使命之问是推动数字化改革的前提，只有回答好这些数字化之问才能切实解决好“想不想、愿不愿”的问题，才能提高思想认识，增强行动自觉。我们感到，数字化是不可逆转的时代潮流，以数字化改革推进经济社会高质量发展已成为当今世界的普遍共识和重要选择，我们必须认清时代、适应时代并引领时代。我们认为，数字化是现代化先行的必由之路、是履职尽责的必用之器、是走在前列的必胜之举、是事业发展的必答之题、是提升能力的必修之功，我们必须认清使命，抓住机遇，迎接挑战。本书描绘了数字化这一扑面而来的时代浪潮，介绍了数字经济的发展状况、数字政府的生动实践和数字文明的发展趋势，指出了面对数字化浪潮我们应有的积极主动态度，列举了数字化改革的实践成果和鲜活案例，期望能帮助读者坚定地回答好数字化之问。

释数字化之惑　数字技术日新月异，数字变革层出不穷，在数字化实践中往往会伴随着迷惑、惶恐、焦虑等情绪。例如“什么是、是什么”的概念之惑，“本质上、核心上”的逻辑之惑，“能不能、可不可”的行动之惑，“什么样的团队能打胜仗”的机制之惑，“什么样的场景好用管用”的标准之惑等。释惑是数字化改革的题中之义，只有释惑了，才能轻装上阵，才能明确方向，才能久久为功，才能解决好“敢不敢、会不会”的问题。我们的切身体会是，数字化兼具技术属性、应用属性和变革属性，数字化的核心是三融五跨，本质是以改革创新推动业务重构、流程重造、系统重塑，数字化是无事不可的。我们深刻认识到人是第一位因素，“认真”两字是成功的关键，优秀的团队一定能创造一流的业绩，数字化是无人不能的。本书系统阐述了数字化思维、数字化认知、数字化概念、数字化逻辑等内涵与核心要义，提出了数字化的总体任务和具体要求，期望能帮助读者解疑释惑。

乘数字化之势　数字化之势，是时代之势、战略之势、发展之势、变革之势。数字时代来了，企业怎么办？政府怎么办？我们认为必须顺势而为、乘势而上、借势而进。所谓顺势而为，就是要立足全局、着眼长远，系统谋划、科学部署，以数字化成效为“试金石”，检验数字化的认知、态度和能力，蹄疾步稳推进数字化建设；乘势而上，就是以数字化为“主引擎”，从整体上实现质量变革、效率变革、动力变革，从而闯出新路径、迈上新台阶、打开新天地；借势而进，就是用好数字化这把“金钥匙”，善于运用数字技术工具、激活数据要素价值、释放数字化乘数效应，解决传统方式难以解决的问题，实现好用管用、实战实效。本书着重站在主要管理者即一把手的视角去理解和把握大势，以数字化本质是改革为切入点，解读如何通过正确的决策、科学的统筹、有效的沟通、灵活的应变和有力的推动等关键要素，牢牢把握数字化的战略机遇，知重就重、知难克难、知紧就紧、知短补短，取得成功。希望书中的观点能引起读者共鸣。

探数字化之路　数字化是新的蓝海，充满生机也充满未知，值得探究深耕，数字化之路是崭新之路，既有风景也有险境，需要探索前行。我们从承担建设全国网络交易监测中心、全国互联网广告监测中心的初探，到开启全国首个市场监管数字化试验区的建设，以理论指路、实践探路，聚焦回应重大关切、满足企业群众期盼以及提升监管与服务效能等现实需求，系统构建了“1+10+X+Y”市场监管数字化体系，创新打造了“浙江公平在线”“浙江外卖在线”“浙食链”“GM2D在线”“浙江知识产权在线”“浙江市场监管执法在线”“浙江质量在线”“浙江特种设备在线”“浙江市场在线”“浙江e行在线”等20余个具有全国影响力的数字化应用场景，实现了市场监管核心业务数字化全覆盖，取得了一系列重大的技术成果、实践成果、制度成果和理论成果，先后收获“最佳应用”“最响话语”“最强大脑”“最优规则”以及改革金奖等诸多成果荣誉，成为数字化改革的一道靓丽风景。本书紧紧围绕工作实际，详细介绍了如何开展数字化顶层设计、组织推进、要素保障、场景建设和成果运用等，对各领域各单位的数字化建设，具有一定的针对性、指导性和操作性，可供借鉴。

寻数字化之法　得法至关重要。数字化的成功，要有正确的目标、正确的路径，更要有科学的方法。通过对数字化应用场景开发应用规律和经验的总结，我们体会到数字化是有法可依的。例如数字化应用场景要体现“改革味、数字味、特色味、科学味、法治味”的“五味要求”；要坚持“谋好目标、写好剧本、编好清单、审好细节、用好场景、讲好成果”的“六好标准”；要用好“明任务、理业务、抓改革、塑场景、强保障、见成效”的“六步方法”；要处理好“业务与技术、存量与增量、所有与所用、起点与终点、单元与系统、开发与运用”的“六对关系”等，从我们的实践看，这套方法是行之有效的，值得总结推广。本书着重介绍了数字化的思维方法、架构方法、技术方法、实施方法、评价方法等，系统提出了数字化应用场景实现的策略，希望通过本书的传播，为更多人提供参考。

循数字化之道　道是规律、道是准则。循数字化之道就是要在数字化实践中总结、凝练普遍性认识、趋势性分析、规律性把握和逻辑性判断，形成可复制可推广的经验和指南，实现从感性到理性的升华。在数字化实践中，我们坚持以价值为核心，以正确的价值导向引领数字化改革目标，实现数字化赋能；我们坚持以改革为牵引，推动业务、数据、技术、工具的深度融合，实现业务重构、流程重造、系统重塑；我们坚持以质量为生命线，牢牢把握数字化的要求，以管用好用、实战实效来检验数字化应用场景的效果。本书通过对数字化认知、策略、架构、要素、工具、方法、路径、案例等的阐述，总结归纳了数字化怎么看、怎么干的规律性认识。愿本书能对读者循数字化之道有所启迪。

本书共八章，第一章“拥抱数字时代”主要介绍了数字化应用场景建设的背景；第二章“数字化应用场景认知”主要阐述了数字化应用场景的概念、特征、逻辑、功能和话语体系；第三章“数字化应用场景策略”主要回答了数字化应用场景建设的组织体系、方法步骤、原则要求；第四章“数字化应用场景架构”主要研究了总体架构、业务体系、内容体系、结构体系、界面美学等方面内容；第五章“数字化应用场景要素”主要阐述了业务数据化、数据资源化的数字化逻辑；第六章“数字化应用场景工具”主要分析了数字化的数字技术、能力组件、基础支撑等内容；第七章“数字化应用场景改革”主要强调了通过深化改革来实现数字化应用的重要性；第八章“数字化应用场景案例”主要分享了系列典型实践案例。

本书是我和我的团队对数字化实践的总结，也是我们对数字化理论的思考，具有一定的理论性和实操性，希望本书能对读者在增强数字化认知、提高数字化素养、加深数字化理解、运用数字化方法、熟悉数字化路径、用好数字化应用场景、实现数字化目标等方面起到一定的参考作用。当然，本书作为一家之言，肯定有诸多不成熟不完善之处，敬请读者谅解包容和批评指正。

2024年3月23日

数字化与应用场景

数字化浪潮奔腾而来，人类社会快速迈入数字化时代。数字化领域气象万千，数字经济欣欣向荣，数字政府充满活力，数字社会精彩蝶变，数字治理持续创新，数字应用广泛覆盖，数字技术日新月异，数字产品层出不穷，数字服务不断升级，数字化应用场景丰富多彩。笔者所在的浙江省市场监督管理局在全国市场监管数字化试验区建设过程中坚持以数字化应用场景为切口，纵深推进数字化改革，实现了市场监管核心业务数字化全覆盖，逐步形成了数字化履职能力体系，加快市场监管现代化省域先行。我和我的团队在数字化应用场景的研究、开发、建设与应用中，围绕如何认识场景、重视场景、谋划场景、建设场景、应用场景和评价场景，有一些心得体会和研究成果，在此与读者交流分享。

认识场景 如何正确认识、正确理解数字化应用场景是开发建设数字化应用场景的逻辑起点。我们在数字化的实践中认识到：场景是数字化成果。每一个数字化应用场景都具有鲜明的数字特征，都是基于数据驱动、数字技术、数字工具来实现业务功能的。场景是业务研究梳理实现重塑的成果，更是数字赋能实现数字化转型的成果。场景是数字化载体。每个领域每个方面的数字化都需要应用场景来承载。场景是满足数字化需求，实现数字化内容和功能，体现数字化成果的有效载体。场景是数字化能力。场景是用来解决实际问题的，每一个场景的开发应用会形成多跨协同落实、高效运行处置、问题闭环解决等能力，场景的实质是一种以数字化的理念、思维、方法、手段解决问题的能力。

重视场景 场景非常重要，场景是数字时代推动质量变革、效率变革、动力变革的重要变量。我们在数字化实践中做到三个坚持：坚持研究先行。用数字化认知研究场景的定义、内涵、特征，用系统工程思维研究场景的方法、路径、架构，用数字技术理念研究场景的要素、工具、手段。坚持行动至上。人人行动起来，营造良好的氛围；马上行动起来，树立立说立行的作风；行动遵循科学规律，秉持科学态度。坚持保障为要。围绕场景开发与应用强化组织保障、技术保障、资源保障，确保场景开发应用善始善终、善作善成。

谋划场景　场景是有灵魂的，场景的谋划需要有科学的指导思想。我们在数字化实践中遵循三个逻辑有机融合：遵循业务逻辑。业务是场景的核心，做好核心业务梳理、“一件事”梳理、“三张清单”编制、架构体系建设，牢牢把握业务主导场景，场景服务业务的逻辑。遵循数据逻辑。数据是场景的血液，坚持业务数据化、数据资源化，以数据汇聚、处理、流通、应用为主线，发挥数据对场景的驱动作用。遵循技术逻辑。技术是场景的引擎，以大数据、人工智能等新技术来支撑和实现场景应用，以算力、算法、模型以及能力组件推动业务创新、优化场景功能。

建设场景　场景的开发与建设是一项系统工程，必须遵循规律，把握原则。我们在数字化实践中做到：坚持共建共享。按照技术融合、业务融合、数据融合，跨层级、跨地域、跨系统、跨部门、跨业务的要求，打通政府侧、企业侧、社会侧和个人侧，整合各方资源，贯通场景功能，共享数字化成果。坚持数实融合。以数据流整合业务流、执行流和决策流，打通痛点、堵点、难点、盲点，发挥场景推动线上与线下、数字与实体、业务与技术融合的强大功能，以数字空间重构物理空间。坚持量质并举。量是质的基础，质是量的生命。量的要求是按照全域全量的目标，应建尽建、应有尽有，实现核心业务数字化场景的全覆盖。质的要求按照管用好用、实战实效的目标，加强质量管控，确保场景质量。

应用场景　场景的建设是硬任务，场景的应用是硬道理。“用得上”“用得好”是场景的根本，我们在数字化实践中感到：在应用中激活数据资源。数据激活才能释放价值，活的数据才有资源意义，数据的活跃度是数字化的重要尺度。在场景应用中实现数据激活，盘活存量数据，拓展增量数据，推动数据“全量、实时、在线、自动”。在应用中发挥乘数效应。在场景应用中更好发挥数据要素的放大、叠加、倍增作用，推动数据要素与劳动力、资本等要素协同，提高全要素生产力；促进数据多场景应用、多主体复用，实现数据规模扩张和数据类型丰富，开辟新空间、培育新动能。在应用中提升数字化水平。遵循边开发、边应用、边总结、边完善的路径，在应用中持续迭代升级，在不断取得数字化应用成效的同时，实现数字化应用场景的优化完善，提升数字化水平。

评价场景　对场景开展评价既是为了更好地总结经验，也是为了更好地再出发。

我们在数字化实践中体会到对场景的评价：要看价值取向。应用场景的价值取向是否清晰、是否正确至关重要，评价场景时要看场景所体现的立场、思想、观点、理念、素养是否符合正确的世界观、价值观、人生观、政绩观。要看改革成色。应用场景本质上是改革，评价场景时要看改革味浓不浓、特色味亮不亮、成效好不好，是否体现了改革精神和改革要求。要看成果凝练。成果是场景的标志，评价场景时要看实践上有没有成效，技术上有没有创新，理论上有没有突破，制度上有没有重塑，是否可示范、可复制、可推广。

本书聚焦数字化应用场景这一数字化建设的关键，认真分析了数字文明的缘起、趋势，深入研究了数字化应用场景的概念、特征，提炼总结了数字化应用场景建设的方法、路径，系统归纳了数字化应用场景的架构、要素、工具等核心内容，特别强调了改革对于数字化场景落地应用的极端重要性，详细分享了“浙江公平在线”“浙江外卖在线”“浙食链”“浙江知识产权在线”“GM2D在线”等应用系统的成功案例。愿本书能起到抛砖引玉的作用，启发读者对数字化应用场景有更深的研究与思考。

2024年3月23日

目　录

第一章　拥抱数字时代

第二章　数字化应用场景认知

第三章 数字化应用场景策略

第四章　数字化应用场景架构

第五章　数字化应用场景要素

第六章　数字化应用场景工具

第七章　数字化应用场景改革

第八章　数字化应用场景案例

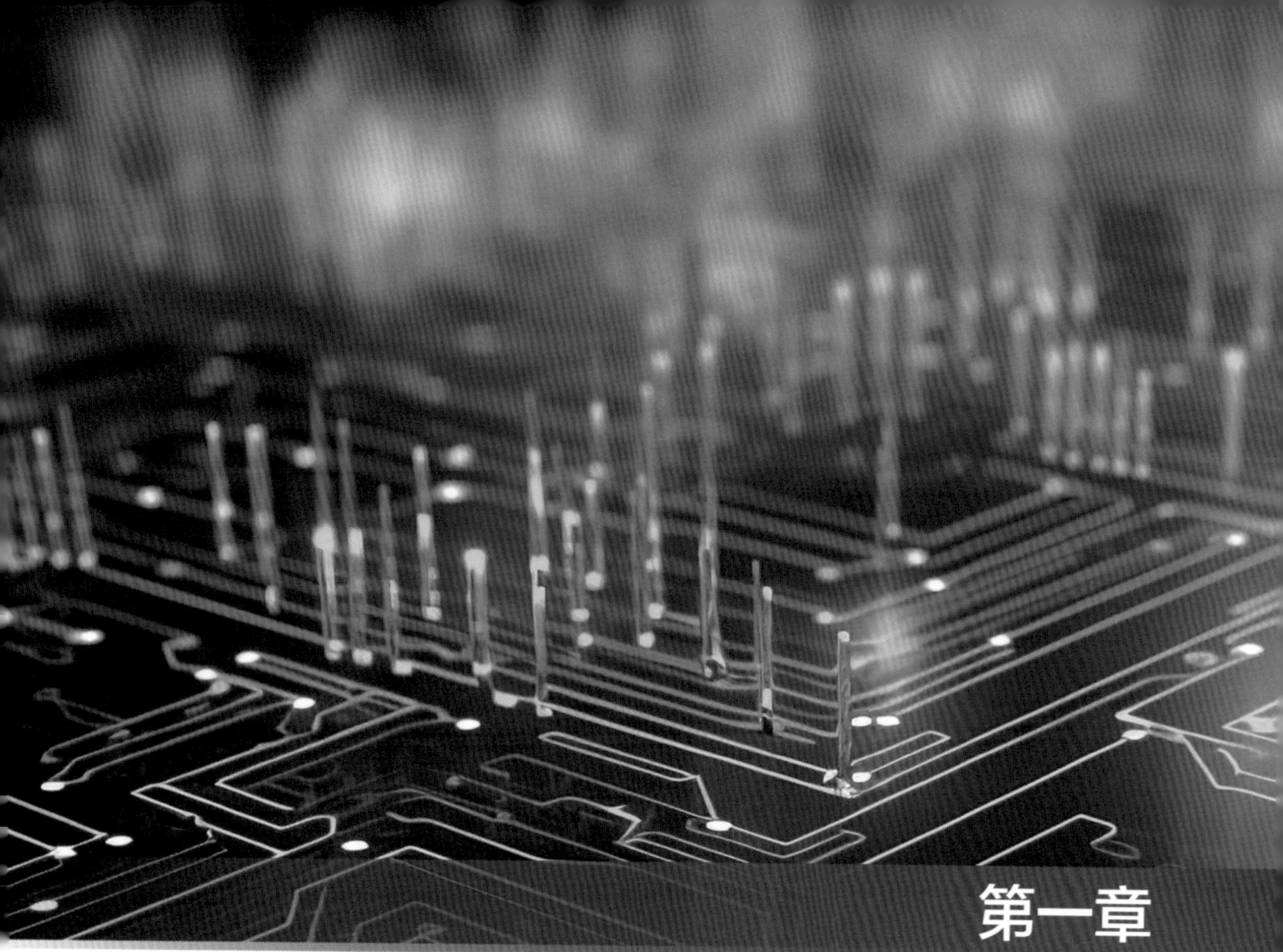

第一章

拥抱数字时代

我们正处在“数化万物”的数字时代，这是一个深刻改变人类社会结构和经济社会发展的全新时代。

本章从数字技术创新突破及其带来的变化和机遇挑战入手，阐述欣欣向荣的数字经济、充满活力的数字政府和蓬勃向上的数字文明。通过呈现数字化浪潮奔腾而来的画面，让读者更好地认识数字时代、拥抱数字时代。

第一节　数字时代日新月异

2022年11月，美国人工智能研究实验室OpenAI推出人工智能对话聊天机器人ChatGPT，迅速在社交媒体上走红，短短5天注册用户数就超过100万。ChatGPT是一种人工智能技术驱动的自然语言处理工具，使用了Transformer神经网络架构，拥有语言理解和文本生成能力。尤其是通过连接大量包含真实对话的语料库训练模型，ChatGPT能够上知天文下知地理，还能根据上下文进行互动，做到与人类几乎无异的聊天交流，此外还能完成撰写邮件、视频脚本、文案、翻译、代码等任务。

2024年2月，美国OpenAI又发布了一款基于人工智能技术的视频生成工具Sora，再次引发轰动。这是一款输入文本即可自动生成高质量视频的文生视频大模型，实现了视频生成领域革命性变革，提供了全新的视觉体验。在部分样片中，Sora还展现了对“物理规律”超强的学习能力，如能够模拟现实环境中的重力、碰撞等物理现象，可以通过直播视频功能实时传递信息，用于直播秀、在线教育、远程医疗等场合。在“现实已经不存在”的惊呼声中，Sora打开了人类视频创作的新天空，它将重塑视觉内容生成的未来。有媒体称，Sora不仅仅是一个工具，更是一种新的生活方式，将会对整个社会产生重要影响。

ChatGPT和Sora的横空出世，反映的是人工智能的迅猛发展，中国企业在这一领域也在加速竞逐。据公开资料显示，阿里巴巴在2019年启动了中文大模型的研发计划，并于2023年4月发布“通义千问”。“通义千问”作为超大规模语言模型，具有强大的知识理解和获取能力，为各行各业的知识创新与信息交流提供强有力的支持。2024年5月9日，阿里云正式发布通义千问2.5大模型，称其性能全面赶超GPT-4，对标GPT-4 Turbo。除了阿里巴巴的“通义千问”，百度推出了“文心一言”，360公司推出了“360智脑”，科大讯飞推出了“讯飞星火”，华为推出了“盘古大模型”……中国的高科技企业在高技术角逐中奋力追赶。据有关数据显示，中国10亿参数规模以上的大模型数量已超100个。

从信息技术革命推进进程看，从20世纪40年代计算机硬件的诞生发展、操作系统和软件的应用，到20世纪60年代互联网的诞生，再到20世纪90年代移动通信的飞速发展，特别是近年来人工智能和大数据时代的来临，每一次革命都推动了人类社会的巨大进步。技术更新迭代，不断激发颠覆性的数字变革。大数据技术的发展，将人类处理数据的起始量级提升到了TB或PB级别以上，收集、传输、处理速度要求提升到实时或近乎实时级别；数据类型从结构化数据拓展到文本、图片、音频、视频等大量非结构化数据；通过对海量数据进行挖掘和分析，从中提取出有价值的信息，为真实世界的分析研究决策提供依据。云计算通过将计算任务分布在大量计算机构成的资源池上，使各种应用系统能够根据需要获取算力、存储空间和各种信息服务，实现计算资源的弹性伸缩和高效利用，为数字变革提供了便捷、高效、低成本的计算资源。人工智能技术通过深入研究深度学习、智能机器人、图像识别、计算机视觉、自然语言处理和专家系统等技术，建构跟人类相似或更好的推理、规划、学习、感知和使用工具的能力，已在自然语言处理技术文本分析、语音识别、机器翻译等任务中发挥着重要作用，并有望在不远的将来带来更大能级的跃升。其中，大模型作为现代人工智能领域中的重要技术创新，通常由深度神经网络构建而成，具有极其庞大的参数规模和复杂计算结构，参数数量通常达到数百万乃至数十亿、数万亿级别，已成为推动人工智能技术进步和应用拓展的关键驱动力。

我们把时间拉回到2019年底，一场突如其来的新冠肺炎疫情席卷武汉，蔓延湖北，在全国乃至全球范围内传播。焦虑、恐慌、封城、隔离随之而来……如何快速精准地掌握人员的健康状态、行动轨迹、接触人群等关键信息，如何科学研判区域内人员的整体健康情况以及疫情的传播情况，是疫情防控和复工复产的关键。2020年2月，浙江杭州率先在全国推出“健康码”，运用数字赋能疫情防控，实施“绿码、红码、黄码”三色动态管理，之后迅速在全国推广。以“健康码”为代表的数字技术抗疫手段的广泛应用，在我国新冠疫情防控中发挥了重大作用，引领了社会治理变革，推动了数字治理新格局。

数字时代，我们的生活方式发生了巨大的变化。2024年6月，拥有超1亿实名注册用户的“浙里办”迎来10周年。这款利企便民“神器”，作为浙江省服务群众企业的总入口，逐步成为大家不可或缺的工作生活小助手。从落户申请到不动产权属证明查询，从生育登记到孩子入学入园手续办理，从企业开办到发票领用，从科技成果登记到融资需求发布……很多原本需要线下办理的事情，只要登录“浙里办”，足不出户就可以搞定。在杭州万寿亭农贸市场，每个卖菜摊位上都竖着一个二维码，顾客买完菜通过扫码即可完成支付。除了菜场，街边的餐饮店、杂货店、大型商场，各种服务场所，甚至出租车司机都可以移动收款，便捷的公交地铁“扫码乘车”、电子社保卡全流程就医……有人调侃连街边卖艺都采用二维码收款，杭州已悄然成为全球最大的“移动支付之城”。从杭州，到浙江，再到全国，购物网购到家、出行网约叫车、吃饭外卖送餐、出游网络订票……已经成为一种生活时尚。

数字时代，新质生产力加快形成、不断跃迁。新质生产力是创新起主导作用，摆脱传统经济增长方式、生产力发展路径，具有高科技、高效能、高质量特征，符合新发展理念的先进生产力质态。新质生产力的核心在于科技创新，在于数字化技术的应用、新材料的研发、新能源的利用等技术革命性突破。数字技术不断创新，带来新产业快速崛起，新业态不断演进，以及新模式蓬勃兴起，给经济发展带来翻天覆地的变革，成为发展新质生产力的关键力量。新产业的快速崛起为经济增长注入新活力。我国数字经济产业的快速发展，催生了一大批新兴产业，如在线教育、远程办公、共享经济等，带动了传统产业的转型升级。新业态的不断演进推动着产业结构的优化。平台经济、共享经济、跨界融合等新业态不断涌现，打破了传统产业的边界，实现了产业链的整合和优化。以平台经济为例，电商、出行、金融等多个领域的发展，带动了相关产业的深度融合，实现了产业链的优化升级。新模式的蓬勃兴起为产业发展提供了新路径。以工业互联网为例，通过数字化、网络化、智能化等技术手段，实现工厂生产、物流、销售等环节的深度融合，为企业提供了降本增效的新路径。此外，新型基础设施建设、线上线下融合发展等新模式，也为产业发展提供了新的契机。

数字时代，为我们开启了一片充满无限可能的“新蓝海”。数字技术打破行业界限，加速人才流动，拓展市场空间，促进跨界融合，丰富个性化产品和服务供给，在推动经济增长的同时，也为解决环境和社会问题提供新方案。同时，数字时代也面临着一些新的挑战，需要在发展中研究解决。比如，在数据壁垒方面，某些数据或信息，由于数据格式、数据所有权、数据访问权限、数据标准、数据安全性和数据更新频率等因素，被限制在特定的组织、部门或系统中，使得其他组织、部门或个人难以获取或使用这些数据或信息，阻碍了数据的流动和利用。数据壁垒使得某些具有潜在价值的数据无法被充分利用，限制了创新和技术的发展。同时，由于某些企业或组织掌控大量有价值的数据，形成垄断地位，导致市场不公平竞争，消费者权益受损。此外，数据壁垒使得政府难以获取全面、准确的数据，导致政策制定存在偏差，无法有效解决社会问题。又比如，在数字安全方面，随着大数据和人工智能技术的应用，数字信息、数据和网络受未经授权的访问、篡改或破坏问题突出。黑客攻击日益猖獗，攻击目的转变为窃取商业机密、政治间谍活动等；网络诈骗案件频发，手段不断翻新，受害者涉及各行各业，严重损害了人民群众的财产安全；数据泄露事件频发，不仅侵犯了用户隐私，还可能给政府和企业带来严重损失和信誉损害；供应链安全问题突出，恶意软件、硬件后门等威胁严重影响产品和系统的安全；法律法规和政策制度滞后，难以有效应对各类安全威胁。再比如，在数字素养方面，信息获取和处理能力、数字交流能力、数字内容创造能力、数字安全意识、数字化问题解决能力等一系列素养和技能，是数字时代必须具备的数字生存能力。当前，全民数字素养与技能日益成为国际竞争力和软实力的重要指标之一。从国际看，在一些中低收入国家，网速、数据流量、数字应用等方面的差距阻碍了部分个人和企业获得数字收益。从我国看，当前数字建设不平衡现象仍然存在，不同群体在数字资源获取、处理、运用等方面的素养与技能存在较大鸿沟。

第二节　数字经济欣欣向荣

2024年巴黎奥运会圆满闭幕。在此之前，“世界超市”义乌的商家们就已经陆续进入奥运备货节奏，奥运相关商品订单带来的大赛红利，让这座小商品之都格外忙碌。义乌小商品城，这座通达四海、买卖全球的“世界小商品货源地”，大力发展以数据为关键生产要素、数字服务为核心、数字订购与交付为主要特征的数字贸易，超210万种商品以“海陆空”方式发往全球230多个国家和地区。有“中国网店第一村”青岩刘村，义乌某电子商务公司呈现一番繁忙景象——数十名客服正在电脑上跟客户沟通，键盘声此起彼伏，现场一片忙碌。有一家在义乌经营头饰、发饰等时尚饰品的企业，抓住直播电商发展机遇，在抖音电商等多个电商平台开展矩阵式店铺布局，每天上架的商品达上千个，逐渐成为时尚饰品类目的头部电商，年销售额超3000万元。2023年，义乌全市工商登记注册电商主体数量超60.85万户，其中当年新设电商主体超18.8万户、日均诞生超500个电商“老板”；全市实现电子商务交易额4423.67亿元，同比增长13.22%，其中实现跨境电子商务交易额1211.6亿元，同比增长11.8%。义乌所在的浙江省，是电子商务发展先行省份，从2003年阿里巴巴集团旗下的淘宝网和支付宝相继成立起，电子商务企业如雨后春笋般涌现，形成了有影响力的电子商务产业集群。截至2023年底，全省共有平台企业731家，平台上的网络经营主体总量达到1500余万家，2023年全省网络交易总额近9万亿元、平台企业营收总额达到1.74万亿元，带动全省就业近1000万人，有力支撑浙江发挥经济大省挑大梁作用。

电子商务、数字贸易是数字经济发展的缩影。数字经济的概念可以追溯20世纪90年代，加拿大商业策略大师唐·塔普斯科特（Don Tapscott）在1995年出版了《数字经济》（*The Digital Economy*）一书，首次详细论述了互联网如何对经济社会产生影响。1998年，美国商务部发布《浮现中的数字经济》报告，数字经济逐渐被国际社会广泛认知和接受。理论上，数字经济是一个比较宽泛的经济学概念，凡是直接或间接利用数据来引导资源发挥作用，并推动生产力发展的经济形态都可以纳入数字经济的范畴，数字经济也称为互联网经济、新经济或网络经济。数字经济是在数字技术飞速进步、经济全球化不断向前等背景下发展起来的。学术界认为数字经济发展受到三大定律的支配。第一个定律是梅特卡夫法则，即网络的价值等于其节点数的平方，网络上联网的计算机越多，每台电脑的价值就越大，网络产生和带来的效益随着网络用户的增加而呈指数形式增长。第二个定律是摩尔定律，即计算机硅芯片的处理能力每18个月就翻一番，而价格以减半数下降。第三个定律是达维多定律，即进入市场的第一代产品能够自动获得50%的市场份额，任何企业只有不断创造新产品、及时淘汰老产品，才能形成网络经济中的“马太效应”。

数字经济是数字时代国家综合实力的重要体现，是构建现代化经济体系的重要引擎。2021年12月，国务院发布《“十四五”数字经济发展规划》，将数字经济定义为：数字经济是继农业经济、工业经济之后的主要经济形态，是以数据资源为关键要素，以现代信息网络为主要载体，以信息通信技术融合应用、全要素数字化转型为重要推动力，促进公平与效率更加统一的新经济形态。发展数字经济是把握新一轮科技革命和产业变革新机遇的战略选择。数字经济既包括以数字技术为核心的产业直接产出，也涉及数字技术在其他所有产业中的融合应用，即“数字产业化”和“产业数字化”。

数字产业化。数字产业化是由数字技术（包括5G通讯、集成电路设计与制造、软件开发、人工智能、大数据分析、云计算服务、区块链技术等）直接带来的产品和服务，例如电子信息制造业、信息通信业、软件服务业、互联网业、电子商务等，是有了数字技术后才出现的与数字技术相关的产业。这些产业以数字技术为基础，不仅生产数字化产品或服务，还致力于构建数字产业链和产业集群，以技术创新为核心驱动力，创造出新的商业模式和商机，促进经济结构的优化升级。例如，开发一款游戏加速器，就是通过技术创新，为网络游戏玩家提供更流畅的体验，这一过程就体现了数字产业化，即将技术成果转化为实际的经济活动和价值创造。简而言之，数字产业化是围绕数字技术本身发展起来的新兴产业集群。

产业数字化。产业数字化是指将数字技术深度融入传统产业的各个领域和环节，对产业链上下游进行全方位、全链条的数字化转型和再造，提升产业效率、增强创新能力、优化资源配置、改善用户体验，并促进产业升级和经济结构优化。农业数字化方面，将数字技术应用于农业产业发展，加强对农业生产环境的实时监测和智能控制，实现对作物种植、施肥、灌溉、收割的精准管理，以及从田间到餐桌的全程可追溯，精准对接需求、缩短供应链条，推动生产数字化、流通现代化、销售高效化，加快传统农业向现代农业转变。制造业数字化方面，深入实施智能制造工程，大力推动装备数字化，联动推进研发设计、生产制造、经营管理、市场服务等全生命周期数字化转型，实现生产流程、供应链管理、质量管理等各业务流程数字化，培育推广个性化定制、网络化协同等新模式，依托工业互联网加快制造业向数字化、网络化、智能化方向发展。服务业数字化方面，应用数字技术对传统服务业的运营模式、服务方式、管理流程等进行深度改造和创新，全面加快商贸服务、交通运输、文旅、教育、医疗健康、物流、金融等重点领域数字化转型，优化管理体系和服务模式，实现服务的在线化、智能化、个性化和平台化，提高服务业的品质与效益，加速生产性服务业融合发展、生活性服务业多元拓展。

企业数字化转型。企业是产业的基本单元，是国民经济的根基和动力所在，是推动经济高质量发展的主要依托。企业数字化转型是应用数字技术对其业务模式、组织结构、工作流程、企业文化以及客户交互方式等进行根本性的重塑和优化，提升企业的研发能力、运营效率、决策质量、市场响应速度以及客户体验，进而增强企业的综合竞争力和可持续发展能力。企业通过数字化转型，将产业链上下游的设计、采购、生产、销售、服务等元素纳入数字化管理范畴，实现信息共享、协同作业和敏捷响应；通过对数据的深度分析和应用，形成数据驱动的智能决策能力，赋能企业精准营销、智能生产和个性化服务，开拓新的市场和盈利模式；积极探索服务型制造、平台化运营等新型业务模式，推动企业从单一的产品提供商向解决方案提供商转变。

近年来，数字经济发展速度之快、辐射范围之广、影响程度之深前所未有，正推动生产方式、生活方式和治理方式深刻变革，成为重组全球要素资源、重塑全球经济结构、改变全球竞争格局的关键力量。世界各国家高度重视发展数字经济，纷纷出台战略规划，采取各种举措打造竞争新优势，重塑数字时代的国际新格局。国家互联网信息办公室《数字中国发展报告（2022年）》显示，2022年，我国数字经济规模达 50.2万亿元，总量稳居世界第二，同比名义增长10.3%，占国内生产总值（GDP）比重提升至 41.5%。据有关资料，2023年中国数字经济规模继续增长，达到了56.1万亿元人民币，占 GDP 比重提高至44%。据《全球数字经济白皮书（2023年）》，2016年至2022年美国数字经济规模增长6.5万亿美元，2022年德国产业数字化占数字经济比重达到92.1%。据国际数据公司（IDC）统计，到2025年，全球数字经济规模预计将达到34.8万亿美元，占全球生产总值的近一半。

第三节 数字政府充满活力

数字时代来了，政府怎么办？面对数字化、网络化、智能化的时代浪潮，如何推进政府治理理念、方式、手段创新，让网络信息技术充分赋能国家治理体系和治理能力现代化，让互联网发展成果更多地惠及全体人民、更好地满足人民日益增长的美好生活需要，成为摆在我们面前的一个重大而紧迫的实践课题。

一、时代呼唤数字政府

数字化技术日新月异，引领了社会生产新变革，创造了人类生活新空间，拓展了国家治理新领域，正在推动生产关系和上层建筑的重大调整，迫切需要政府机构职能转变、制度创新、流程优化，推进组织数字化转型、业务标准化转型、履职模式智能化转型，加快建设服务型政府、一体化政府。

数字时代政府履职面临严峻挑战。数字时代，现实社会与虚拟社会相互交织，数字技术提升政府治理能力，也为公众参与政府治理的途径和方式提供了更多选项。同时，掌握了数字技术、流量与新型基础设施的数字科技公司早已超越了古典经济学所定义的企业角色，甚至取代传统交易市场，承担起促进商品流通、货币流通、人员流动的职能，极大提升了传统治理场景的动态性、复杂性和不可预知性，对政府履职提出严峻挑战。随着国家形态的转变，现代政府的角色已经不是传统的“守夜人”的角色，而是全面地介入社会、经济、文化、教育、卫生等领域，成为塑造和形成社会生活的倡导性、主导性、催化性、促进性力量。对任何国家和政党来说，互联网是重要的执政条件，网络空间是重要的执政环境，信息化是重要的执政手段，用网治网能力是执政能力的重要方面和体现。习近平总书记反复强调：“过不了互联网这一关，就过不了长期执政这一关。”

数字时代政府必须加快数字化转型。数字化具有高创新性、强渗透性、广覆盖性。传统的线下实体政府和部门分散在不同的地域，难免会给企业和群众带来不便。必须以数字技术为支撑，以政府架构整体化为导向，推动线上线下政务深度融合，在提高政府机关运行效率的同时，提供便捷高效的公共服务。比如，通过加快一体化协同办公体系建设，全面提升内部办公、机关事务管理等方面共性办公应用水平，推动机关内部服务事项线上集成化办理，不断提高机关运行效能；通过统筹推进决策信息资源系统建设，建立健全大数据辅助科学决策机制，充分汇聚整合多源数据资源，拓展动态监测、统计分析、趋势研判、效果评估、风险防控等应用场景，全面提升政府决策科学化水平；通过信息化平台固化行政权力事项运行流程，推动行政审批、行政执法、公共资源交易等全流程数字化运行、管理和监督，促进行政权力规范透明运行。数字时代，政府通过强化数字化理念、增强数字化认知、提升数字化能力，以数字化促改革、以数字化助决策、以数字化提服务，更好解决数字社会所面临的诸多新的问题和挑战，化解新的风险和可能出现的危机，实现政府治理从传统“管理”到现代“治理”的真正转型。

数字政府建设顺应数字时代。数字政府建设以数字技术为支撑，实现业务和技术的深度融合，不仅仅意味着以数字技术作为工具从而驱动政府治理效能提升，其更大的价值还在于对人类社会数字化转型进程的动态治理需求的敏捷回应。数字政府秉持“整体智治”理念，推动数据共享、流程再造、服务集成，由过往以部门为中心、以职能为中心，转变为以“高效办成一件事（一类事）”为中心的跨部门业务体系重构；注重整体政府建设，突出管理和服务，深化“放管服”改革，立足市场有效、政府有为、企业有利、群众有感，全面融通数据流、业务流、决策流、执行流，推动政府、企业和社会公众等多元主体参与，加快建设优质便捷的普惠服务体系、公平公正的执法监管体系、整体高效的运行管理体系和全域智慧的协同治理体系，特别是强化普惠性、兜底性服务，提供个性化、定制化服务。

二、创新推动数字治理

数字治理是随着数字技术日益广泛的应用而产生的新型治理，是数字时代的治理新范式，通过数据的互通、信息的共享、系统的协同、流程的再造，强化政府、平台、企业、社会组织和公民个人的多元主体参与，形成“用数据说话、用数据决策、用数据管理、用数据创新”的治理模式，构建起全面协同、高效运作的治理机制。数字治理既包括“基于数字化的治理”，即数字化被作为工具或手段应用于现有治理体系，也包括“对数字化的治理”，即针对数字世界各类复杂问题的创新治理，两者不可分割。政府作为处在国家治理前台的公共机构，其治理能力、管理手段、服务模式等都会直接影响国家治理体系和治理能力现代化的成效和实现程度。数字政府建设，是创新政府治理理念和方式、提升政府治理能力的一场全方位、系统性、协同式的深刻变革，是推进国家治理体系和治理能力现代化的重要举措。2022年6月国务院印发《关于加强数字政府建设的指导意见》，就全面开创数字政府建设新局面、形成数字治理新格局作出部署。

数字政府强化经济运行分析决策，提升经济调节能力。将数字技术广泛应用于宏观调控决策、经济社会发展分析、投资监督管理、财政预算管理、数字经济治理等方面，全面提升政府经济调节数字化水平。加强经济数据整合、汇聚、治理，全面构建经济治理基础数据库，加强对涉及国计民生关键数据的全链条全流程治理和应用，赋能传统产业转型升级和新兴产业高质量发展。加强覆盖经济运行全周期的统计监测和综合分析能力，强化经济趋势研判，助力跨周期政策设计，提高逆周期调节能力。强化经济运行动态感知，促进各领域经济政策有效衔接，持续提升经济调节政策的科学性、预见性和有效性。

数字政府大力推行智慧监管，提升市场监管能力。充分运用数字技术支撑构建新型监管机制，加快建立全方位、多层次、立体化监管体系，实现事前事中事后全链条全领域监管，以有效监管维护公平竞争的市场秩序。加强监管事项清单数字化管理，根据企业信用实施差异化监管，强化风险研判与预测预警，加强重点领域的全主体、全品种、全链条数字化追溯监管。大力推行“互联网＋监管”，推动监管数据和行政执法信息归集共享和有效利用，强化监管数据治理，推动跨地区、跨部门、跨层级协同监管。充分运用非现场、物联感知、掌上移动、穿透式等新型监管手段，弥补监管短板，提升监管效能。强化以网管网，加强平台经济等重点领域监管执法，全面提升对新技术、新产业、新业态、新模式的监管能力。

数字政府积极推动数字化治理模式创新，提升社会管理能力。推动社会治理模式从单向管理转向双向互动、从线下转向线上线下融合，着力提升矛盾纠纷化解、社会治安防控、公共安全保障、基层社会治理等领域数字化治理能力。坚持和发展新时代“枫桥经验”，提升网上行政复议、网上信访、网上调解、智慧法律援助等水平，促进矛盾纠纷源头预防和排查化解，提升社会矛盾化解能力。加强“雪亮工程”和公安大数据平台建设，深化数字化手段在国家安全、社会稳定、打击犯罪、治安联动等方面的应用，提高预测预警预防各类风险的能力，推进社会治安防控体系智能化。优化完善应急指挥通信网络，全面提升应急监督管理、指挥救援、物资保障、社会动员的数字化、智能化水平。实施“互联网＋基层治理”行动，构建新型基层管理服务平台，推进智慧社区建设，提升基层智慧治理能力。

数字政府持续优化利企便民数字化服务，提升公共服务能力。推行政务服务事项集成化办理，推广“免申即享”“民生直达”等服务方式，打造掌上办事服务新模式，提高主动服务、精准服务、协同服务、智慧服务能力。以数字技术助推深化“证照分离”改革，探索“一业一证”等照后减证和简化审批新途径，推进涉企审批减环节、减材料、减时限、减费用。强化企业全生命周期服务，推动涉企审批一网通办、惠企政策精准推送、政策兑现直达直享。探索推进“多卡合一”“多码合一”，推进基本公共服务数字化应用，积极打造多元参与、功能完备的数字化生活网络，提升普惠性、基础性、兜底性服务能力。围绕老年人、残疾人等特殊群体需求，完善线上线下服务渠道，推进信息无障碍建设，切实解决特殊群体在运用智能技术方面遇到的突出困难。

数字政府强化动态感知和立体防控，提升生态环境保护能力。建立一体化生态环境智能感知体系，打造生态环境综合管理信息化平台，强化大气、水、土壤、自然生态、核与辐射、气候变化等数据资源综合开发利用，推进重点流域区域协同治理。构建精准感知、智慧管控的协同治理体系，完善自然资源三维立体“一张图”和国土空间基础信息平台，持续提升自然资源开发利用、国土空间规划实施、海洋资源保护利用、水资源管理调配水平，提高自然资源利用效率。加快构建碳排放智能监测和动态核算体系，推动形成集约节约、循环高效、普惠共享的绿色低碳发展新格局，推动绿色低碳转型。

数字政府与数字时代双向奔赴。数字政府建设主动适应并积极融入数字时代，对于整个数字化发展具有牵引作用。数字政府助推数字经济发展，通过打造主动式、多层次创新服务场景，准确把握行业和企业发展需求，精准匹配公共服务资源，壮大数据服务产业，探索建立与数字经济持续健康发展相适应的治理方式，更好满足数字经济发展需要。数字政府引领数字社会建设，加快数字技术和传统公共服务融合，推动城市公共基础设施数字转型、智能升级、融合创新，加快补齐乡村信息基础设施短板，推进智慧城市、数字乡村等建设，推动数字化服务普惠应用。数字政府营造良好数字生态，建立健全数据要素市场规则，完善数据产权交易机制，不断夯实数字政府网络安全基础，促进跨境信息共享和数字技术合作。数字政府与时代趋势紧密互动、深度融合，在顺应数字时代潮流的同时，也在积极推动、塑造这个时代，二者相互影响、相互促进，共同推动社会进步和发展。

三、加快建设数字政府

从国际上看，数字政府的研究和实践可以追溯到20世纪80年代。随着信息技术的初步发展，尤其是个人计算机的普及和网络技术的出现，美国等发达国家开始探索利用信息技术改善政府管理和服务的方式。早期的数字政府实践主要集中在办公自动化、信息资源共享，以及部分政府服务的在线提供等方面，标志着政府信息化的起步。20世纪90年代中期至21世纪初，随着互联网在全球范围内的广泛应用，数字政府进入了快速发展阶段，即“电子政务”时期。各国政府开始大规模推进政府网站的建设，提供越来越多的公共服务在线办理业务，如税务申报、企业注册、许可申请等，旨在提高政府工作效率、增强透明度和便利公众。进入21世纪第二个十年，随着移动互联网、云计算、大数据、人工智能、区块链等新一代信息技术的兴起，数字政府建设进入了智能化、数据驱动的新阶段，强调通过集成各类数字技术，建设“智慧政府”“智能政府”，实现政府决策科学化、服务个性化、治理精细化，以及跨部门、跨层级的数据共享与业务协同。目前，国际标准化组织（ISO）、经济合作与发展组织（OECD）等机构也在积极推动数字政府相关标准的制定与推广。

从我国看，紧跟国际趋势，积极推进数字政府创新实践。特别是党的十八大以来，党中央、国务院从推进国家治理体系和治理能力现代化全局出发，准确把握全球数字化、网络化、智能化发展趋势和特点，围绕实施数字中国建设作出了一系列重大部署。经过各方面共同努力，各级政府业务信息系统建设和应用成效显著，数据共享和开发利用取得积极进展，一体化政务服务和监管效能大幅提升，“最多跑一次”“一网通办”“一网统管”“一网协同”“接诉即办”等创新实践不断涌现，数字技术在新冠疫情防控中发挥重要支撑作用，数字治理成效不断显现，数字政府建设迈出坚实步伐。

（一）数字中国的战略部署

2015年，习近平总书记在浙江乌镇召开的第二届世界互联网大会开幕式主旨演讲中，首次提出“数字中国”概念。2017年党的十九大报告明确提出建设网络强国、数字中国、智慧社会，首次将“数字中国”写入党和国家纲领性文件。2020年，中共中央、国务院印发《关于构建更加完善的要素市场化配置体制机制的意见》，将数据与土地、劳动力、资本、技术等相并列，作为重要的生产要素参与分配。2021年3月发布的《中华人民共和国国民经济和社会发展第十四个五年规划和2035年远景目标纲要》单设第五篇“加快数字化发展 建设数字中国”，指出要迎接数字时代，激活数据要素潜能，以数字化转型整体驱动生产方式、生活方式和治理方式变革。2022

年12月，中共中央、国务院印发《关于构建数据基础制度更好发挥数据要素作用的意见》，系统构建数据基础制度体系，夯实数字中国建设底座。2023年2月，中共中央、国务院印发《数字中国建设整体布局规划》（以下简称《规划》），将建设数字中国上升到“推进中国式现代化的重要引擎、构筑国家竞争新优势的有力支撑”的战略高度。

——主要目标。《规划》明确提出，到2025年，基本形成横向打通、纵向贯通、协调有力的一体化推进格局，数字中国建设取得重要进展。数字基础设施高效联通，数据资源规模和质量加快提升，数据要素价值有效释放，数字经济发展质量效益大幅增强，政务数字化智能化水平明显提升，数字文化建设跃上新台阶，数字社会精准化普惠化便捷化取得显著成效，数字生态文明建设取得积极进展，数字技术创新实现重大突破，应用创新全球领先，数字安全保障能力全面提升，数字治理体系更加完善，数字领域国际合作打开新局面。到2035年，数字化发展水平进入世界前列，数字中国建设取得重大成就。数字中国建设体系化布局更加科学完备，经济、政治、文化、社会、生态文明建设各领域数字化发展更加协调充分，有力支撑全面建设社会主义现代化国家。

——整体框架。《规划》指出，数字中国建设按照“2522”的整体框架进行布局，即夯实数字基础设施和数据资源体系“两大基础”，推进数字技术与经济、政治、文化、社会、生态文明建设“五位一体”深度融合，强化数字技术创新体系和数字安全屏障“两大能力”，优化数字化发展国内国际“两个环境”。

——实施保障。《规划》强调，要加强整体谋划、统筹推进，把各项任务落到实处。一是加强组织领导。各有关部门按照职责分工，完善政策措施，强化资源整合和力量协同，形成工作合力。二是健全体制机制。建立健全数字中国建设统筹协调机制，开展数字中国发展监测评估。三是保障资金投入。创新资金扶持方式，构建社会资本有效参与的投融资体系。四是强化人才支撑。增强领导干部和公务员数字思维、数字认知、数字技能。统筹布局一批数字领域学科专业点，构建覆盖全民、城乡融合的数字素养与技能发展培育体系。五是营造良好氛围。建立一批数字中国研究基地，办好数字中国建设峰会等重大活动，举办数字领域高规格国内国际系列赛事。

2023年末，国家数据局等17个部门联合印发《“数据要素 ×”三年行动计划（2024—2026年）》，部署在全国实施“数据要素 ×”行动，以推动数据要素高水平应用为主线，以推进数据要素协同优化、复用增效、融合创新作用发挥为重点，强化场景需求牵引，带动数据要素高质量供给、合规高效流通，培育新产业、新模式、新动能，充分实现数据要素价值，为推动高质量发展、推进中国式现代化提供有力支撑。行动计划要求聚焦“数据要素 ×”工业制造、现代农业、商贸流通、交通运输、金融服务、科技创新、文化旅游、医疗健康、应急管理、气象服务、城市治理、绿色低碳等重点行业和领域，挖掘典型数据要素应用场景，开展数据要素应用典型案例评选，支持部门、地方协同开展政策性试点。计划到2026年底，打造300个以上示范性强、显示度高、带动性广的典型应用场景，涌现出一批成效明显的数据要素应用示范地区，培育一批创新能力强、成长性好的数据商和第三方专业服务机构。

（二）数字福建

早在2000年，习近平同志在福建工作时，就极具前瞻性和预见性地提出建设数字福建，发表《缩小数字鸿沟，服务经济建设》理论文章，亲自部署推动全省电子政务建设，成为数字中国建设的思想源头和实践起点。20多年来，福建始终牢记习近平总书记的殷殷嘱托，持续推进信息化建设，在数字政府、数字经济、数字社会等方面率先探索，建成了全国首个省级政务云平台，建成省级一体化协同办公平台、省统一实名认证和授权平台、省市两级政务服务协同平台、省市公共数据汇聚共享平台、省公共数据资源统一开放平台、省公共数据开发服务平台等公共平台，大力推进“省内通办”“跨省通办”，整合各级政务服务资源，形成全省行政审批“一张网”，各级政务服务事项全程网办比例超过80%，“一趟不用跑”事项占比90%以上。2021年，福建省级数字政府服务能力在全国位列优秀级，闽政通在省级政务类APP中位列优秀级，福建省人民政府门户网站在全国名列前茅。

2022年12月，福建省人民政府印发《福建省数字政府改革和建设总体方案》，按照“全省一盘棋、上下一体化建设”原则，加快构建“1131+N”一体化数字政府体系。即构建“一网承载、一网协同、一体管理、一体安全”统筹建设、运营、管理的非涉密政务网络“一张网”；打造集应用系统承载、数据资源应用管理、系统开发测试为一体的自主可控“一朵云”；统筹一体化应用支撑平台、一体化公共数据平台、一体化运维监管平台等“三大一体化平台”建设；整合PC端、手机端和自助终端展示能力形成“一个综合门户”；同时依托“1131”基础平台体系，建设形态丰富、体验良好的政务业务和政务服务数字化应用支撑N个应用。计划到2025年，实现数字政府系统通、业务通、数据通、服务通、管理通和组织在线、数据在线、业务在线、管理在线、沟通在线“五通五在线”，建成全过程数字化管理、政务服务“一网通办”、省域治理“一网统管”、政府运行“一网协同”的高效协同数字政府，打造能办事、快办事、办成事的“便利福建”。到2030年，高水平建成整体协同、敏捷高效、智能精准、开放透明、公平普惠的“五通五在线”数字政府，形成与治理体系和治理能力现代化相适应的数字政府体系框架。

（三）数字浙江

2003年，习近平同志主政浙江时提出“数字浙江”建设，将其纳入“八八战略”重要内容，并指导制定《数字浙江建设规划纲要（2003—2007年）》，以信息化带动与提升浙江工业现代化为核心，网络系统和数据库建设为基础，应用系统建设为重点，数字城市建设为支撑，通过对信息资源的全面整合、开发和利用，发挥信息技术在现代化建设中的推动作用，实现社会生产力的跨越式发展。该纲要明确扎实推进“百亿信息化建设工程”，重点抓好六大任务，即以信息化带动工业化，推进传统产业信息化改造，积极发展电子商务，大力促进先进制造业基地建设；加快电子政务建设，推进政务公开，不断提高政府服务水平；全面推进数字城市建设，大幅提升城市服务功能；促进农村与农业信息化，有力支持“三农问题”的解决；加大科技创新力度，优先发展信息产业，为“数字浙江”建设提供有力支撑；加强人才培育和信息化环境建设，营造有利于“数字浙江”建设的社会氛围。20多年来，浙江坚持一任接着一任干、一张蓝图绘到底，持续深化“数字浙江”建设。

——“四张清单一张网”改革。2013年，浙江启动实施以“权力清单”建设为主体的“四张清单一张网”改革，以政府权力的“减法”换取市场活力的“加法”。“四张清单”，即政府权力清单、政府责任清单、企业投资负面清单、财政专项资金管理清单；“一张网”，即浙江政务服务网，集行政审批、政务公开和便民服务于一体，是展示“四张清单”的重要平台。2014年10月，浙江省市县三级政府行政权力清单都在浙江政务服务网上公布，成为全国首个在网上完整晒出省级部门权力清单的省份。通过制定实施省市县政府权力清单，省级部门行政权力从1.23万项精减到4236项，其中直接行使1973项。省级实际执行的行政许可事项从1266项减少到322项，非行政许可审批事项全面取消，40多个部门全部实行“一站式”网上审批。

——“最多跑一次”改革。在“四张清单一张网”的实践基础上，浙江于2016年12月推出“最多跑一次”改革，2017年2月出台《加快推进“最多跑一次”改革实施方案》，以群众办事事项为切入点，聚焦省级100个群众办事高频事项，大力度推进办事事项标准化和数据归集共享，加快“一窗受理、集成服务、一次办结”的服务模式创新，通过让数据“多跑路”，换取群众和企业少跑腿甚至不跑腿，实现群众和企业到政府办事“最多跑一次是原则、跑多次是例外”的要求。据第三方评估，全省“最多跑一次”实现率达92.9%，人民群众满意率达97.1%。91.4%以上民生事项实现“一证通办”，97%政务服务事项实现“掌上可办”。2018年11月，浙江省人大出台《浙江省保障“最多跑一次”改革规定》，成为全国“放管服”领域首部综合性地方法规。

——政府数字化转型。2018年，浙江在“最多跑一次”改革的基础上继续向前，出台《浙江省深化“最多跑一次”改革推进政府数字化转型工作总体方案》，加快推进政府数字化转型，依托“浙里办”和“浙政钉”两个平台，打造“掌上办事之省”和“掌上办公”之省，以一体化数据平台为关键支撑，促进政府履职和政府运行。“浙政钉”APP将100余万名政府工作人员“接入”一个平台进行工作沟通和办公协同。“浙里办”APP在2014年上线的原“浙江政务服务”APP基础上经优化迭代推出，加快联通条块信息系统，实现行政权力和公共服务事项“应上尽上”，让政府服务方式从“碎片化”转变为“一体化”，实现群众、企业办事从“找多个部门”转变为“找整体政府”。同时，大力推行电子文件归档、证照快递送达，推动“一网通办”和“一窗受理”，全面推进“网上办”“掌上办”，向企业群众提供不受时间空间限制、随时在线的政务服务。

——数字化改革。2021年2月，浙江在全国率先开启数字化改革探索实践，运用数字化技术、数字化思维、数字化认知，把数字化、一体化、现代化贯穿到党的领导和经济、政治、文化、社会、生态文明建设全过程各方面。根据《浙江省数字化改革总体方案》，全省数字化改革的整体架构是“1612”，第一个“1”即一体化智能化公共数据平台（平台+大脑），“6”即党建统领整体智治、数字政府、数字经济、数字社会、数字文化、数字法治六大系统，第二个“1”即基层治理系统，“2”即理论体系和制度规范体系。数字化改革以跨层级、跨地域、跨系统、跨部门、跨业务的高效协同为突破，以数字赋能为手段，以数据流整合决策流、执行流、业务流，推动各领域工作体系重构、业务流程再造、体制机制重塑，从整体上推动省域经济社会发展质量变革、效率变革、动力变革。

——政务服务增值化改革。2023年，浙江启动实施营商环境优化提升“一号改革工程”，部署深入推进政务服务增值化改革，重点围绕“一中心”“一平台”“一个码”“一清单”“一类事”的“五个一”体系架构，通过基本服务 + 衍生服务、政府侧服务 + 社会侧和市场侧服务、企业全周期服务 + 产业全链条服务等，推动政务服务从便利化向增值化迭代升级。在线下，依托政务服务中心，整合分散在部门的涉企服务事项，设立企业综合服务中心，企业需求通过中心“一个口子”受理、流转、督办、反馈。全省所有设区市本级、县（市、区）、省级新区企业综合服务中心均已挂牌。在线上，打造企业综合服务平台，省级“浙里办”服务专区集成便企服务500多个、惠企政策2.3万余条；各地按照省统一建设规范，上线地方特色企业综合服务平台65个。

（四）数字重庆

重庆紧扣发展、服务、治理重大任务，将数字重庆建设作为事关现代化新重庆建设的战略性、基础性和全局性工作，于2023年4月25日召开数字重庆建设大会，正式启动数字重庆建设，聚焦聚力、实战实效、彰显特色，主动塑造数字变革新优势，积极拥抱数字文明新时代，推动“最快系统部署、最小投入代价、最佳实战效果、最大数据共享”，加快形成数字重庆实用实战标志性成果，全力打造高质量发展新引擎、高品质生活新范例、高效能治理新范式，加快构建数字文明新时代的市域范例，以数字化引领开创现代化新重庆建设新局面。

根据《数字重庆建设的实施意见》，数字重庆建设的整体构架是“1361”。第一个“1”即一体化智能化公共数据平台，是数字重庆建设的基础底座，包含一体化数字资源系统（IRS）、“四纵四横”支撑保障体系和“两端”集成入口；“3”即数字化市城市运行和治理中心、区县城市运行和治理中心、镇街基层治理中心一体部署，是数字重庆建设的重要载体，被定位为数字重庆建设的最大特色、最大亮点；“6”即数字党建、数字政务、数字经济、数字社会、数字文化、数字法治“六大应用系统”，是对统筹推进“五位一体”总体布局和协调推进“四个全面”战略布局的具体落地；第二个“1”即构建基层智治体系，是数字重庆建设在基层的落地落细。

全市上下聚焦“一年形成重点能力、三年形成基本能力、五年形成体系能力”

目标，夯基垒台立柱架梁，把握时间节点，坚持急用先行、久久为功，点上巩固基础、面上拓展成势，着力建设一批具有重庆辨识度和全国影响力的重大应用，以数字变革推动迈向现代化的理念、思路、方法、手段加快形成。2024年4月8日，重庆举行数字重庆建设一周年成果新闻发布会，介绍已全面实现“一年形成重点能力”目标，取得了10个方面标志性成果，即基本建成一体化数字资源共享平台体系、初步构建了三级贯通的数字化城市运行和治理体系、构建形成党建统领政治能力提升体系、初步建立现代政府整体智治新机制、初步探索“产业大脑＋未来工厂”数字经济新模式、初步构建数字社会为民利民惠民高效精准服务体系、以数字文化探索新时代文化强市建设新方式、以数字法治拓展平安法治一体推进新路径、系统重塑现代化基层智治实战体系、初步形成数字化引领现代化的话语体系和实践、理论、制度成果。

（五）智慧监管

国家市场监督管理总局高度重视数字化工作，将“智慧监管”作为贯彻党中央决策部署、落实国民经济和社会发展规划的重要举措，推进市场监管治理体系和治理能力现代化的内在要求和必然选择，提升市场监管系统性、规范化、精准化和效能水平的重大战略部署。从2021年起，国家市场监督管理总局就将智慧监管作为市场监管“三个监管”之一的重要手段统筹谋划部署，推动各级市场监管部门充分应用数字化技术整合信息系统、打通数据孤岛、优化业务流程，在优化营商环境、加强日常监管、加大与外部门数据共享等方面取得工作成果。

加快建设市场监管智慧监管，通过强化机制创新、流程再造、业务协同、资源统筹、数据共享、系统整合和安全管控，实现“一标贯全国、一照走四方、一码识信用、一号保维权、一库清底数、一网抓监管、一图知风险”的“七个一”智慧监管目标。国家市场监督管理总局统筹推进总局与地方政府联合共建，构建及时感知、快速反应、系统监管、主动服务、融合共治的新时代市场监管智慧监管治理体系与治理模式。2022年8月，国家市场监督管理总局与浙江省政府签署共建协议，充分发挥浙江数字化改革先发优势，在浙江开展首个全国市场监管数字化试验区建设。随后，2023年4月、12月，北京、上海陆续启动全国市场监管数字化试验区建设。

市场监管智慧监管建设以来，全国市场监管系统逐步深化数字化建设，初步构建形成系列重大工作体系和应用系统。一是推动建立市场监管标准体系，促进各级市场监管部门日常监管和执法活动标准化、规范化，通过统一标准联通各层级信息系统及数据；二是加快建立市场监管电子证照库，推动各地应用推广电子证照，实现“跨地域、零见面、掌上办”；三是完善国家企业信用信息公示系统，实现社会公众通过统一社会信用代码便捷查询市场经营主体各项信用信息；四是完善12315平台功能与性能，实现消费投诉“零接触、能互动、在线办”，大大增强消费者获得感；五是进一步推进和完善市场监管大数据中心建设，提升用数据分析、预警、创新、决策的能力；六是加快构建统一的市场监管平台，形成统一监测、协同监管、综合执法办案的一体化市场监管格局；七是进一步丰富完善基于大数据的智慧监管中心，灵活运用多种可视化方式，综合分析全国市场监管总体情况，促进监管方式“更精准、能预警、强协同”。

在国家市场监督管理总局指导下，各地市场监管部门结合地方实际开展创新实践，探索形成了系列经验做法。浙江市场监管部门聚焦市场经营主体全生命周期管理服务、知识产权全链条保护、质量管理全要素集成发展、平台经济健康发展、安全监管等市场监管主要领域和重大任务，突出创新性、开放性和实战性，以理念创新、制度创新、技术创新、场景创新、模式创新，构建覆盖市场监管所有核心业务的功能完备、综合集成的数字化应用场景体系，实现市场监管智慧监管业务集成、系统重塑、整体智治，形成了一批可复制、可推广的智慧监管标志性成果，为全国市场监管智慧监管提供了浙江范例。北京聚焦支撑全球数字经济标杆城市建设、优化营商环境建设和国际消费中心城市建设，做强一个北京市场监管数据中台，支撑市场准入、事中监管、平台经济监管、综合执法、消费维权等五大业务数据全量汇聚、高效共享、精细治理、业务协同。上海聚焦服务推动长三角区域市场监管一体化发展，探索构建以决策分析和指挥调度为统领的市场监管智能驾驶舱，以数据产品和智能服务为核心的数据慧治支撑平台，以支撑公共资源服务为关键的市场监管数字底座，以准入准营、综合监管、执法维权、质量基础、综合管理为引领的市场监管数智化主题应用。

第四节　数字文明蓬勃向上

2021年习近平主席在向主题为“迈向数字文明新时代——携手构建网络空间命

运共同体”的世界互联网大会乌镇峰会贺信中强调指出：“让数字文明造福各国人民，推动构建人类命运共同体。”数字文明正式成为一个界定人类社会文明发展阶段的术语。

一、人类文明的崭新成果

文明一词，早在我国古代历史文献中就有相关内容，比如《易经》中“见龙在田、天下文明。”《尚书》中有“睿哲文明”，唐代孔颖达说的“经天纬地曰文，照临四方曰明”等。文明是人类社会的一种基本属性。奥匈帝国时代学者西格蒙德·弗洛伊德认为，文明是人类对自然的防卫及人际关系调整所累积而造成的结果、制度等的总和。自人类社会形成以来，人类文明进入了一个漫长的演进过程。每一次文明的跃迁都不是一蹴而就的，都是在一个文明量变积累基础上的质变与飞跃。

原始文明（又称史前文明或石器时代文明）是人类历史上最早期的社会发展阶段，是人类在与自然环境紧密互动中，通过集体协作、逐步积累生存技能和知识，形成初步社会秩序和文化传统的初期社会形态。人们以采集狩猎为生计方式，以石器为主要工具，社会结构简单、平等，文化以口头传承和自然崇拜为主，与自然环境保持着直接而紧密的依存关系。

农业文明是一种以农业作为主要经济基础和社会组织核心的文明形态，它是在人类历史发展中，伴随着对土地的开垦、农作物种植、家畜饲养等农业生产活动的兴起和发展而形成的，多为自给自足的小农经济，生产要素的积累和升级受自然约束较强，生产力水平相对较低，技术进步速度较慢，社会流动性较低，文化相对封闭。农业文明是人类历史上最持久且广泛分布的文明形态。

工业文明是以工业化生产方式为基础，以科技进步和机器化大生产为主要特征的现代社会文明形态，生产过程的机械化和自动化显著提升了生产效率和产量，新材料、新能源、生物技术等领域的创新持续推动产业升级，标准化、规模化的产品和服务极大满足了大众消费需求，劳动分工进一步精细化，阶级关系复杂化，社会流动性增强，也推动了全球贸易的增长和国际分工的深化，促进了全球化的进程。

随着新一轮科技革命和产业变革的推进，工业文明正在经历新一轮的转型与升级，一个更泛在、更交融、更智能的数字文明时代，正向我们大步走来。从纵向看，数字文明是继原始文明、农业文明、工业文明之后出现的新型文明，是人类历史上具有划时代意义的文明形态。从横向看，数字文明是与物质文明、精神文明、制度文明、生态文明梯次产生又并行存在的人类文明形态。

数字时代催生数字文明。数字时代，数字技术及其运用实践正在重构人类社会生产方式、思维方式与交往方式，加快塑造新的社会理念和治理模式。数字文明是数字技术推动下有别于工业文明的人类发展新进程，是全球参与、全民互动、技术向善的总和，并为中华民族现代文明建设注入创新动能。数字技术的迅猛发展，促进传统文化元素与新一代信息技术相融合，赋予传统文化新的时代元素，实现中华优秀传统文化的活态化传承、数字化共享，促进中华文明的流动与交融。

数字政府推动数字文明。数字政府借助现代信息技术，精准计算和高效配置各类数据资产，应用于政务管理、公共服务、经济社会发展等领域，构建数字化、智能化的政府运行新形态。这种政府运行新形态，从数字时代政府履行基本职能到开拓新场域、新疆域，其制度规则体系的重构，必将型构一种数字时代的新经济社会形态，这是一种与基于工业文明物理形态的现代社会形成鲜明对比，但又与之交织存在、以数字文明为目标的超现代经济社会形态。

数字治理提升数字文明。当人类进入数字时代后，传统社会规范的迭代速率已无法跟上技术的升级频次，技术越过中间环节，直接成为新的社会范式与意识形态。编码化的数据、数据化的知识渗透进社会生活的每个角落，并且正在对人类社会进行重新编组。数字治理搭建数字化、模型化、智慧化的以响应性、循环迭代和聚集资源为核心逻辑的螺旋形决策体系，妥帖处理秩序与自由、权力与权利、平台与个人的关系，妥善化解数字文明进程中的技术风险、伦理风险、文化风险、制度风险，推动建设数字资源共建共享、数字经济活力迸发、数字文化繁荣发展、数字安全保障有力、数字合作互利共赢的全球数字文明发展道路。

二、数字文明的形态特征

数字文明是人类社会在数字化浪潮中所经历的一场全方位、深层次的社会转型，是以大数据、云计算、区块链、互联网、物联网、人工智能等前沿技术的综合发展和向善而用为标志的文明形态，是以高科技为主要特征的文明形式，核心是网络化、信息化与智能化的深度融合，让整个社会爆发出前所未有的活力和能量。数字文明，是安全与发展并重、竞争与包容兼容、差异与平等齐备的数字文明。

普惠包容。数字就像是为打破各种边界、隔阂而生的，其使得“平权”不再遥远。从购物消费、居家生活，到旅游休闲、交通出行，各类场景的数字化服务不断迭代升级，在线办公、在线教育、在线医疗等新业态、新模式蓬勃涌现，数字新技术在社会生活各方面深度应用，为我们构筑起生动的数字生活新图景。众创、众包、众扶、众筹等共享经济模式引人注目，从无形产品到有形产品，从消费产品到生产要素，从个人资源到企业资源，物物皆可纳入共享经济的范畴。数字社会人人共建，数字生活人人共有，数字经济人人共享，每个人都能平等地享受到普惠的数字服务，每个人都拥有无限机会和可能性。

开放融合。社交平台、跨境电商……数字技术的飞速发展打破了时间与空间的限制，带来了更广泛的互联互通，有效促进人与人之间的信息共享和智慧交流。数字化是促进高水平开放、构建开放型世界经济的重要引擎，推动在全球范围内进行资源、技术、人才、市场等方面的连接、耦合、互惠、共生。通过业务融合、数据融合、技术融合，推进跨层级、跨地域、跨系统、跨部门、跨业务的智能化响应、全数据决策支持、全流程协同联动，加速线上线下深度融合、数字经济与实体经济深度融合，以及数据要素在经济社会各行业各领域各环节的融合应用。

公开透明。支付 APP 会记录下你的每一笔消费，车联网系统会记录下你的车辆行驶路线……物理世界中所有的一切都会在虚拟世界中得到映射，人的一切行为都将被数据化。数字化技术将各类分散信息进行有效串联,“去伪存真”，汇聚成海量数据，将各类场景从线下搬到线上，将真实信息直观地呈现出来，让生产、生活变得更加透明，让各类政策更加直达，让政府权力在阳光下运行，增强整个社会的信任度。

共治善治。数字科技在推动社会生产生活方式变革的同时，也可能给社会带来各种风险和隐患。特别是数字科技日新月异、算法泛在日益深入，而数字治理的观念、制度、体制相对滞后。现实社会中存在的道德伦理、虚假信息、诈骗犯罪等问题在网络空间被放大，侵蚀公众对事实、科学信息的信任，造成更多负面影响。在数据环境下，隐私、安全、责任、透明和参与都是信赖的基础所在。既要对科技发展运用的客观规律保持尊重，厘清代码、算法的规制机理，又要理解代码、算法的工具性及可规制性，处理好代码与法律的关系，通盘考虑法律规范、社会规范、市场规则、技术架构等规制手段，在必要、可行、正当的情况下，将法律规则融入算法规则、代码架构中，实现科学有效的数字法治。

可感可及。如果说原始文明、农业文明、工业文明都是传统的器物文明的话，数字文明将是人类经历的更高等级的文明形态，它将创造出更加丰硕的物质财富、更加优越的制度体系，实现个体更加充分的、更加自由而全面的发展。让生活更有品质，让社会更加公平，构成未来数字文明的基本面。把增进民生福祉作为数字化发展的出发点和落脚点，充分发挥数字化平台聚资源、促配置的作用，持续优化利企便民数字化服务体系，努力让中小微企业和边缘群体通过电子商务、共享经济等新模式与更大的市场连接实现收入增长，更有效率地提供更好的教育、卫生、医疗、社保、城市管理等服务，不断提升公共服务的便利化和均等化水平，让基层群众有更多的获得感、幸福感、安全感。

三、数字文明的美好愿景

进入数字文明，数字成为新的社会范式，人与社会的关系变成了人与数字空间和物理空间的双重并行、叠加与融合关系，所有的生产与生活既可以在数字空间中完成，也可以在物理空间中完成，还可以在数物叠加的空间来回穿梭完成。这种新的范式持续迭代，将会塑造一个更加公正、公平、繁荣、和谐的数字化社会，为人类创造更加繁荣、公正、和谐、可持续的生活环境。

实现人的全面发展。数字文明发展的根本目的是以人为本，尊重和保障人的权利，激发和挖掘人的潜能，实现人人在社会生活中享有平等的机会和待遇。数字技术构建覆盖全生命周期的终身学习环境，人们可以随时随地进行自我提升，适应快速变化的社会需求和职业发展要求。社交媒体、即时通讯工具等数字平台极大地拓宽了人们的社交圈子，增强跨地域、跨文化的交流与理解，促进了人际连接的多元化，同时，公众的数字素养、数字道德、数字礼仪显著提升，形成良好的数字行为习惯，有效识别网络诈骗、保护个人信息、维护网络安全，尊重他人权益。数字技术推动音乐、电影、文学、艺术等文化产业的数字化转型，丰富文化产品形式，满足人们对高品质精神文化生活的追求。

绘就社会新图景。随着数字技术深度融合于经济、社会、文化、生态等各个领域，经济跃升、社会和谐、文化繁荣、科技进步、生态优美等多方面相协调的未来社会图景将会实现。数字经济新业态、新模式层出不穷，数据成为重要的生产要素，驱动经济持续创新与转型升级。建立完备的数字法治体系，保障公民权利，打击腐败，提升司法公信力，维护社会公平正义，实现法律面前人人平等。建立健全覆盖全民、公平可持续的数字社会保障体系，消除贫困，缩小贫富差距，保障人民基本生活需求，提升公共卫生服务水平。推动生态文明建设融入生产生活各方面，推动经济社会向低碳、循环、可持续发展模式转变，实现经济发展与环境保护的双赢，应对全球气候变化，保护生物多样性。

打造文明共同体。数字技术搭建全球经济、技术和人文交流的桥梁，全球范围内不同国家之间超越差异、寻求共同价值、开展深度交流与合作，促进科技知识的无国界传播与应用，利用数字技术缩小信息鸿沟，增进理解与互信，减少文化隔阂与误解，构建一个以尊重、理解、合作为基础的交流、互鉴、包容的数字世界，让不同国家在保持自身特色的同时，共享人类数字文明进步的成果。面对气候变化、环境污染、贫困、疾病、恐怖主义等全球性问题，发挥数字化在推动文明对话、维护文化多样性、解决文明冲突中的独特作用，各国家携手合作，共同寻找解决方案，践行共同但有区别的责任原则，共同应对全球挑战，实现全人类持久和平与共同繁荣。

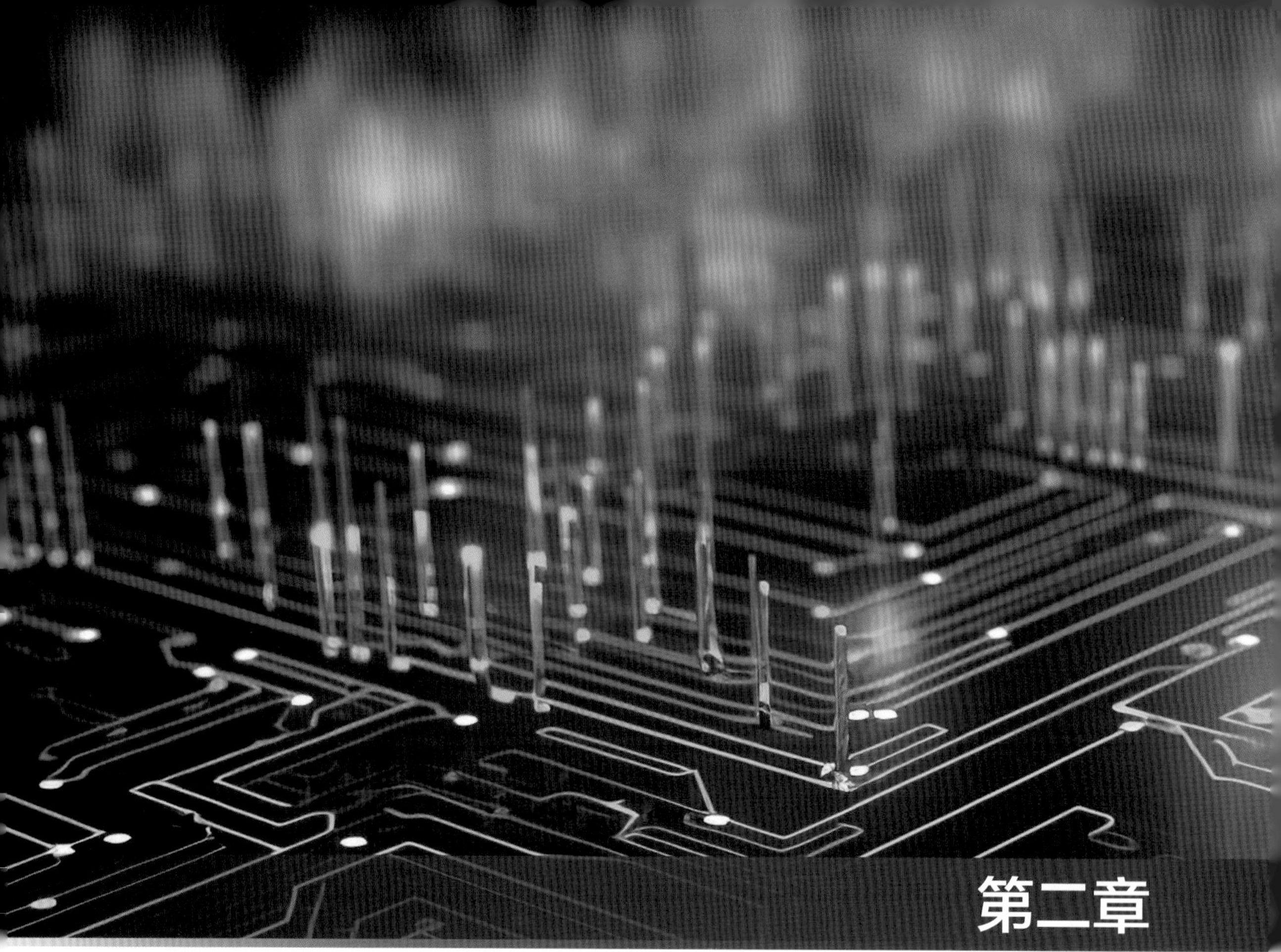

第二章

数字化应用场景认知

数字时代的重要特征，就是数字化应用场景以前所未有的速度涌现，贯穿数字政府、数字经济、数字社会等各领域各方面，应用场景构成了数字时代宏伟图景的基本载体。

场景是数字化的典型标识。无论在什么社会领域、组织机构和工作层级，要建设发展数字化，就必须以具体的数字化应用场景为切口，将战略目标、问题需求等转化为一个个场景任务来实现。数字化应用场景不同于传统工作，是融合管理、业务和技术的全新挑战，因此首先要综合认识理解场景是什么、场景为了什么、场景有什么内容、场景能实现什么。

本章将分别阐述场景的数字化思维、主要特征、内在逻辑和主要形态等，给出数字化应用场景的整体画像和具体要求。目的是使得管理者建设者在阅读后，实现从感性认识到理性认识的跃升，更加明白场景的重要性，以及与自身工作的关系，并自觉将数字化应用场景融入头脑和行动中。

第一节　数字化思维

思维是人脑对客观事物的间接概括的反映，包括认识、思考和决策等一系列智力活动。数字化思维是指以数字化理念为前提，理解数字化属性、强化数字化认知，善于运用数字技术方法等表达方式，不断提升数字化素养、实现数字化跨越，从而更加有效地解决问题和推动创新。数字化思维是数字时代必须具备的重要思维方式。

一、数字化理念

理念是人的思想、观点、信仰和行为的基础指导原则，是一种深层次的基本的信念和观点，被视为行动的指南和标准。数字化理念是一种以数字技术为基础、以数据为核心、以创新驱动为手段、以推动经济转型和社会进步为目标的全局性、战略性的思维方式和行动指南。

数字化理念的内涵包括：数字可映射，通过技术手段可以将一切传统的、非数字形式的信息，转化为计算机、网络和算法可以识别的数据；数据可驱动，数据是关键生产要素和决策依据，数据驱动就是从数据中提取价值，转化为洞察力和竞争优势；数字可赋能，先进的数字技术可以与传统业务深度融合，并释放催生倍增效应；数字可转型，只有构建数字化的新型运作体系，才能适应数字化时代的需求和竞争环境；等等。

数字化理念让我们认识到，通过全面深入地运用数字技术，将现实世界的各个方面转化为可量化、可分析、可优化的数字形态，就能够极大地提升效率、创新模式、重塑形态并创造新的更大的价值。数字化理念广泛应用于现代社会各个领域，正成为经济社会发展的核心指导思想，也是数字化思维的前提和基础。

二、数字化属性

数字化属性是指事物实现数字化过程的基本属性，包括技术属性、应用属性和变革属性。

技术属性是指数字化的实现离不开技术的支撑，主要是数字革命进步带来的先进性、可靠性、扩展性、安全性。以手机网络通信技术为例，技术变革体现在其从2G发展到3G、4G、5G，让手机能够实现更快的网络连接和更加稳定的数据传输，推动人类社会进入移动互联网时代。我们也认识到，技术的发展并不是一蹴而就的，它需要经历一次次的升级迭代，并伴随科技创新不断提升和完善。

应用属性是指数字化的根本目的是提高生产力。数字化技术为生产、生活、社会带来了强大的推动力，实现了技术与业务的深度融合与相互促进。应用系统的开发是技术问题，但技术本质是为应用服务，在不同领域，数字化技术展现出了与千行百业应用深度融合的特点，如数字化治理、数字化生产、数字化营销、数字化医疗、数字化教育等，这些应用不仅提升了各行业的效率，也极大推动了数字化自身的进步与发展。

变革属性是指数字化在本质上是对传统的变革重塑。要增强运用数字化推动变革的主动性，注重理念、方法、手段、机制创新，推动流程再造、工作迭代。变革突出体现在逻辑性、创新性和系统性上，在逻辑上强调严谨、一致和条理，融入量化闭环的要求；在创新上强调跨界、敏捷和用户视角，敢于首创原创；在系统上强调整体、关联和动态，站在全周期、全过程的视野提出综合性的解决方案。

三、数字化理解

数字化认知是以数字化理念看待事物的主要观点。实践已经证明，数字化技术确实能改造和重构原本的生产方式，推动生产效率的跃升，数据现在被普遍认为是新的生产要素。这驱使我们重新审视对客观世界的认知，打开从物理空间到数字空间的认识窗口。

数据无处不在。数字化最主要的资源是数据，没有它数字化就是无本之源。数据属于物质范畴，是万事万物的本质属性之一，在当今信息化社会中，数据已经渗透到我们生活、工作、学习等各个层面的每个角落，具有广泛性和普遍性。数据就像空气一样无处不在，无论是工作、生活还是社会当中，个人和组织内部外部都会产生大量数据，记录和反映各种信息，并且呈现出不同形态。数字场景化驱使我们比以往任何时候都更加依赖数据，数据已经成为一项重要的资产，数据的价值并不是由数据本身产生的，而是产生于数字化应用的具体场景中。挖掘其背后的价值，也成为新时代的重要课题。

数据无时不有。现在的每一分每一秒无不时时生产着爆炸式量级的数据，这些数据从世界的各个角落汇集而来，形成了一幅幅庞大而复杂的画卷，从时间维度描绘着人类社会的每一个细节和变迁，记录着我们的过去，描绘着我们的现在，预示着我们的未来。通过数据深入分析和挖掘，我们可以洞察到社会发展的脉络，理解人类行为的规律，预见未来的趋势和挑战。

数字化无事不可。因为处处有数据，所以方方面面的工作都可以数字化，工作的全方位、全过程都可以数字化，从生产、流通到销售，从决策、指挥到执行，从宏观、中观到微观，从全局、一域到一地，所有的业务场景没有所谓“能不能实现线上”或者“只能够在线下”之说，只要掌握原理、规律和方法，在大数据时代，所有的业务都能够并且应该转化于数字化过程，呈现为数字化应用场景。只有通过数字化，才能跟上数字革命浪潮，提高效率、降低成本、优化配置，提升竞争力。

数字化无人不能。数字时代，上至80岁高龄的老人，下至5岁的幼儿，基本都会使用智能手机等数码产品。同样，数字化不是时髦的标签，不是技术人员、专家学者和年轻人的专利，也不是数据部门、信息中心的专利。每个人不论年龄大小、学历背景、身处哪个岗位，都有能力数字化，关键在于愿不愿接受、肯不肯学习、想不想运用。数字化应用场景的实践一再证明，只要锚定目标、敢于实践，就能将数字化为己所用。

四、数字化表达

什么是数字化表达？这是实践运用数字化的首要任务。通常而言，数字化表达是指利用数字技术手段，将工作的信息、知识、成果或实体对象的相关特性转化为数字格式的过程，以便于在数字化系统内存储、处理、传输和使用。这种表达方式使得各种信息能够跨越时间和空间的限制，高效、广泛地传播，并便于访问和使用。数字化表达是数字技术高度发达的成果，综合运用数据采集、数字建模、数字孪生、数字计算、数字通讯等技术使得现实世界的万事万物能够在计算机系统中得到模拟、表示和处理，在人类生活的物理世界和人类社会为主的二元空间之外产生出一个全新的虚拟世界即数字空间。

如何实现数字化表达？使用数字化手段表达客观世界是一个涉及多个步骤的过程，旨在通过数字技术捕捉、分析和呈现现实世界的各个方面。例如：

1. 数字映射：使用各种数字工具和传感器收集客观世界的数据，包括业务数据、行为数据、自然数据、物联数据等，并整合来自不同来源和格式的数据。

2. 数字交互：使用图表、图形、动画和交互式界面将数据以直观的方式展现出来，以便于我们更好地理解数字化之后的客观世界。

3. 数字分析：将收集到的数据（如声音、图像、视频）转换为特定数字格式，应用统计学、数据挖掘、机器学习和人工智能等技术对数据进行深入分析，从而掌握客观世界内在的规律。

4. 数字模拟：使用算法建模技术来模拟现实世界的过程和系统。并用虚拟现实（VR）和增强现实（AR），创建虚拟现实环境或在现实世界中叠加数字信息，形成源于现实超越现实的数字世界。

数字化表达有什么重要意义？数字化表达可以帮助我们更准确地理解和解释现实世界，它不仅仅是技术层面的应用，更为重要的是将人的思想、事物的特征和社会的要求转为数字和数据。数字空间以其独特的优势，逐渐改变了传统物理与社会空间的格局，突破地域限制，实现了全球范围内的信息共享和交流。在互联网的支持下，人们可以轻松地跨越国界和时区，与世界各地的人进行实时沟通和合作。数字空间提供了更加灵活和高效的工作方式。传统的物理办公空间受到时间和地点的限制，而数字空间则可以实现随时随地的工作，让人们能够更加自由地安排时间和地点，提高工作效率和生活质量。同样，以数字空间重塑社会空间使得社会治理条件、治理内容及治理方式发生了根本性的变化，数字空间改变了社会资源的配置方式与社会经济运行模式，极大提高了社会治理的专业化、智能化和社会化水平。

五、数字化素养

数字化素养（Digital Literacy）是指个人使用数字技术、工具和资源来访问、评估、创建和传达信息的能力，简单来讲，就是会懂、会看、会用，是个体增强数字化思维的关键能力。数字化素养是衡量个体适应现代社会的重要指标。

数字化素养有哪些？在数字时代，人的素养不仅包括基本的计算机操作技能，还涉及更广泛的技能，如数字思维、问题解决和安全意识等，例如：

1. 基本技能：能够使用计算机和移动设备进行基本操作，如浏览网页、使用办公软件等。

2. 网络使用：能够有效地使用互联网搜索信息、使用电子邮件和社交媒体。

3. 信息评估：能够评估在线信息的可靠性、准确性和相关性。

4. 数字沟通：能够通过电子邮件、即时消息、社交媒体和其他数字渠道进行有效沟通。

5. 数字创作：能够使用数字工具创作内容，如撰写博客、制作视频、编辑图片等。

6. 网络安全：了解如何保护自己的在线安全，包括密码管理、防病毒软件使用和隐私设置。

7. 数字伦理：理解并遵守数字环境中的道德规范和法律要求。

8. 技术适应：能够快速适应新技术和新工具。

9. 终身学习：认识到数字化素养是一个不断发展的领域，需要持续学习和更新知识等。

如何提高数字化的素养？主要是通过持续的教育培训和不断的实践操作。随着数字技术的进步和数字化社会的发展，数字素养的内涵在不断丰富和完善。公民为了有效参与数字化社会的发展，必须具备数字资源的使用和研发能力。它既包括对数字化的被动接受能力，也包括对数字化的主动供给能力。一方面，伴随数字经济不断壮大，数字人才规模需求不断扩大，数字经济领域越来越成为吸纳就业的重要渠道，必须加强数字技能培训、持续提升劳动者的数字素养。另一方面，数字素养是数字化社会公民的必备生存技能，必须强化主动性学习，掌握基本的数字化概念、思维、模式、方式、技术等，不断提升素养水平。

六、数字化跨越

数字化跨越是以数字化改造客观世界的必然要求。当前，新一轮科技和产业革命深入发展，数字技术从未像今天这样深刻地影响着国家的前途命运与人民的生活福祉。党的二十大作出加快建设网络强国、数字中国的重大部署，开启现代化发展新征程。

数字化跨越是对数字场景化内涵的拓展和升级，从数字赋能到制度重塑，使经济社会的运转以及治理建立在网格化、信息化、智能化的基础之上，是技术理性向制度理性的新跨越，是领域的拓展和升级。数字技术加速创新，日益成为改变世界竞争格局的重要力量，如何把创新作为引领发展的第一动力，牢牢抓住数字技术变革新机遇，成为当前中国必须回答的时代课题。

数字化跨越事关国家发展大局，我们要抢抓新一轮科技革命和产业变革机遇，努力营造开放、包容、公平、公正的数字发展环境，撬动全方位、全过程、全领域的数字化跨越，构建数字治理体系和机制，主动引领全球数字变革的跨越，打开价值创造新空间。

第二节　场景化特征

从客观世界到数字世界的转变过程，就是实现数字场景化的过程 ，其本质上是现实与数字的深度融合，现实空间中的实体可以通过数字化手段在网络数字空间中得以复现和创新。场景化基于数字化手段，因此具有鲜明的数字型内在特征，同时场景化又与具体的任务紧密结合，必须“好用管用、实战实效”，因此具有鲜明的应用型外在特征。

一、内在特征

内在特征是指可知、可感、可存、可溯、可用、可评的等数字化特征，为应用服务赋能，提升用户体验，实现数字化应用基本价值。

可知。可知体现在提供清晰、准确、完整的解读，让用户掌握场景中所有对象和功能，从而提高用户对场景的了解度。

可感。可感体现在提供可操作的交互设计和操作界面，让用户在场景使用过程中感受到便捷高效，从而提高用户对场景的操作感。

可存。可存体现在对场景各类数据的记录、存储、备份和管理，以安全性和可靠性，提高场景对工作的保存度。

可溯。可溯体现在场景数据的全过程完整，确保来源可追、去向可溯，提高场景对工作的还原度。

可用。可用体现在场景对不同平台、设备的兼容性和稳定性，方便用户随时随地使用，不断提高场景的使用度。

可评。可评体现在建立完善的评价体系，对场景的质量、内容等进行评价反馈和优化，推动场景化应用的持续改进。

二、外在特征

外在特征是指开放、动态、互联、在线、共享、智能等应用化特征，是体现数字场景化好用管用的重要特性。

开放。数字化应用场景的开放性主要体现在数据开放与共享、生态系统的共建共融、标准统一与兼容、注重用户参与和用户共创等方面，尤其体现在打破行业壁垒，实现跨行业、跨领域的融合，不同的数字化应用场景可以相互关联、相互渗透，创造出全新的模式和形态。

动态。数字化应用场景的动态性意味着其并非静止不变，而是时刻处于变化和演进之中，主要体现在场景的实时更新与反馈、快速响应与调整、主动适应与匹配、实时互动和参与、持续迭代和优化等方面，使得场景能够更加灵活地满足新的任务需求、应对各种不确定性的挑战。

互联。数字化应用场景的互联性主要体现在数据互联、工作互联和万物互联，包括物联网接入、跨平台互通、工作链一体、跨层级互动、云边端协同等，强化数据、信息、服务的流通和共享，促进资源的优化配置，提升整体运行效率。

在线。数字化应用场景的在线能力是其关键能力，主要体现在实时在线服务、动态数据处理与分析、在线协作与交流、在线工作与处置、在线监测与控制、在线学习与成长等。数字化应用场景的在线能力极大地拓展了服务范围和时间维度，增强了场景的便利性、快捷性和实效性，为推动经济社会发展带来深刻变革。

共享。数字化应用场景的共享能力是其独有优势，主要体现在数据共享、知识共享、业务共享、模式共享和价值共享，实质上是在数字化技术和网络化组织基础上，对各类资源进行深度整合与优化配置，从而推动经济社会更高效、公平和可持续的发展。

智能。数字化应用场景的智能是现实所需、未来所向。主要目标是数据驱动决策、人工智能替代、自动化流程设置、个性化工作提升等方面，实现从业务流程和操作减少人工干预，到自主学习、推理判断和问题解决，从被动响应到主动规划，极大提升场景运行的效率和效果。

第三节　整体性逻辑

逻辑是指思维过程的形式、结构、规律和原则，也是理性思维所必需的严谨系统的方法论。数字化应用场景之所以强调整体性逻辑，是因为在数字化进程中，场景不是孤立的、单点的解决方案，而是涉及众多对象的集成与协同，包括但不限于数据、硬件、软件、人员、业务等。整体性逻辑的核心在于确保所有对象能够作为一个整体有效地运作，只有从全局的角度出发考虑整个数字化应用场景的搭建和运行，整个系统才能实现最优效率和最佳效果。

一、本质要求

三融五跨是整体性逻辑的本质要求，是指在数字化应用场景中，需要推进技术融合、业务融合、数据融合，同时实现跨层级、跨地域、跨系统、跨部门、跨业务的协同管理和服务。这一要求旨在改变条块分割、各自为政的数据传递、决策执行模式，推动数据全量化的融合、开放、共享和条块业务大跨度、大范围的协同整合。这是数字化应用场景必须遵循的推进路径，也是衡量数字化发展成效的重要标志。必须坚持系统观念、运用系统方法，构建多跨协同工作机制，推动实现一体化、系统化、闭环化。具体来说，三融五跨的原则包括：

技术融合：整合不同的信息技术，提高数字化应用的效率和便利性。

业务融合：将各个部门的业务整合到一起，提供一站式服务。

数据融合：实现数据的全面共享，提高决策的科学性和准确性。

跨层级：从上级到下级，从地方到基层，都能实现无缝衔接。

跨地域：打破物理空间的限制，贯通数据和应用。

跨系统：不同信息系统之间能够互通有无，减少重复劳动。

跨部门：打破部门壁垒，提高协作效率。

跨业务：将相关的业务整合到一起，提供综合服务。

三融五跨是整体性逻辑的重要指导思想，也是实现数字化应用场景开发建设任务、解决问题和提高效能的重要方法。

二、架构逻辑

架构逻辑是指构建数字化应用场景这样一个复杂系统的总体谋划方法，必须在总体框架内，进一步强化顶层设计、优化细化跑道、定好规矩规则，推动场景更加体系化、一体化、规范化。

体系化：体系构架是数字化应用场景的骨架，是所有场景的基础和顶层设计。一般方法是从场景的定义内涵出发构建业务体系，通过重大任务、核心业务的一级一级不断分解，从大系统逐步细化到系统、子系统，再落地到具体的场景应用。要根据体系的动态拓展不断丰富场景的定义内涵，一旦体系拓展了，定义和内涵也要随之拓展，这是构建复杂系统必须解决的问题，也是一个不断完善、不断升级的动态过程，场景每个方面都要在这个体系构架下按规律来演进和升级。

一体化：一体推进是数字化应用场景的原则，深刻理解把握“三融五跨”的方法路径，要强化系统观念，健全科学规范的数字化应用场景制度体系，以数据集中和共享为途径，打通信息壁垒，形成覆盖全局、统筹利用、统一接入的一体化数据共享平台。促进数据高效共享和有序开发利用。要统筹推进技术融合、业务融合、数据融合，提升跨层级、跨地域、跨系统、跨部门、跨业务的协同管理和服务水平。

规范化：规范建设是数字化应用场景的保障，进一步规范场景项目建设，从项目文档编制、云资源使用、组件建设应用、数据清单合规应用、项目管理运维以及业务安全防范等各维度，全面提升集约化建设水平，实现业务系统从自建、自用向共建、共用转变；信息资源从信息共享、一数多采到互联互通、一数一源转变；应用建设从粗放离散向集约整合转变；系统运维从口口相传到线上闭环转变。

三、内容逻辑

内容逻辑是指规划场景建设内容的基本原则，数字化应用场景内容要坚持需求导向和问题导向，围绕最急需、最关键的目标任务，细化功能单元和内容模块，通过顶层设计、增量开发，实现业务重建、体系重构和系统重塑。

量化闭环、综合集成。量化闭环的核心是通过数据驱动业务决策，形成“数据采集—数据分析—决策制定—执行反馈”的闭环流程。综合集成关注的是不同来源、不同类型数据的整合与融合，以及不同信息系统之间的互联互通，实现数据和业务流程在不同系统间的无缝流转。量化闭环与综合集成，共同实现场景内容的全链条管理。

多跨协同、四侧打通。跨部门：打破部门间的壁垒，实现不同部门间的信息共享、业务协同和决策联动；跨层级：实现决策与执行、上级与下级之间的高效协同；跨领域：在政府、企业、市场等不同领域间实现协同联动，多跨协同与四侧打通，实现场景内容的立体模式和多维架构。

看得明白、用得简单：场景内容应当具备高度的易理解性和易操作性，确保用户能够快速、无障碍地理解和使用。直观可视化：采用清晰、直观的图形化界面，将复杂的数据和业务逻辑转化为易于理解的视觉元素。内容结构化：内容呈现应遵循逻辑层次，合理组织内容，避免信息过载。语义明确化：使用通俗易懂的语言和行业通用术语，确保用户能准确理解场景的意义和功能。

四、路径逻辑

路径逻辑是指解决问题、实现目标的方法逻辑。数字化应用场景的实现路径，着重强调从大场景找准突破口，从小切口推动单元集成、制度重塑，使复杂系统变成一个个简单具体可执行的单项任务，并开发形成具体的场景应用。

小切口，要强调在大场景找准突破口，以小切口推动业务和制度重塑，就是大场景小切口，不能碎片化。从简单的问题开始，逐步深入，以点带面。这要求我们在一开始就选择一个合适的角度，切入点要小，以便更容易找到解决问题的突破口。例如“浙食链”这个定位为食品安全综合性的数字化系统，首先就是选择从进口水果、亚运食品、校园食品等小切口场景入手。

分步走，将大问题拆分成若干个小问题，逐个击破。每个小问题都是一个大问题的一个组成部分，解决一个小问题就能向前迈进一步。分步走的过程中，要保持问题的逻辑顺序，确保每一步都有明确的指向。例如将“浙食链”分成生产赋码、流通扫码、餐饮用码等步骤推进，其中生产赋码又按省外、省内，预包装、非预包装，重点食品和非重点食品按轻重缓急稳步推进。

大跃迁，在解决了一系列小问题之后，要把握时机，实现从量变到质变的飞跃。需要站在全局的高度，审视整个问题，找到各个小问题之间的联系，推动从技术理性到制度理性、从点状突破到全面破题、从传统管理到现代治理的跃迁，实现贯穿全过程、涵盖全领域、涉及全主体的系统性变革。例如“浙食链”在解决了一系列阳光农场、阳光工厂、阳光厨房以及赋码、用码、扫码等问题的基础上，将食品安全数字化应用场景推广覆盖到管理、生产、检测、贸易、流通等全链条，实现食品安全综合治理的大跃迁。

五、实践逻辑

实践逻辑是数字化应用场景变为现实的内在规律。在实践上要把握边研究、边建设、边运用的原则，不断推动数字化应用场景迭代升级。数字化实践逻辑本质上是应用系统的 S_0 和 S_n 的关系。没有什么场景是一劳永逸的，也没有什么场景是一成不变的，总是在根据问题导向、目标导向、任务导向不断迭代升级，由 S_0 一直无穷尽地趋向 S_n，而 S_n 永远在路上。数字化不是万能的，一个系统上线也不可能十全十美，数字化应用场景总是在边研究、边建设、边运用中不断提升。

边研究：在场景建设和运用的过程中，持续研究新技术，梳理企业侧和群众侧的新需求，归纳基层侧的新问题，反复研究打磨，推动应用不断迭代升级。

边建设：在场景建设过程中，不断研究业务的流程重构和数据协同需求，打磨系统功能的可用性，确保项目在运用阶段能够管用好用。

边运用：在场景运用过程中，要理论结合实践，不断总结规律性和一般性问题，反馈给项目建设团队，在实践中不断创新自选动作，推动应用向更加智能化能力跃升。

第四节 规范化语言

规范化语言是指在数字化应用场景建设工作中，为统一思想认识，统一内涵、定位和功能，而形成的一套语义确切、便捷有效、全域通认的标准沟通语言体系。是知识体系的外在表现形式，从而实现工作有效交流和信息共享，促进各部门、各单位间的沟通和合作。

一、语言规范化意义

为什么要强调使用规范化语言？一方面，是在场景的内部系统，要讲好“领域话”。即自身的内部功能单元建设中，必须统一话语体系和表达方式，对工作任务和目标的定义要达到“清晰、精准、规范、科学”的基本要求，才能使得业务与技术、管理与建设的相关各方统一认识，步调一致，同向发力。另一方面，在数字化应用场景的外部系统，即系统、领域和层级之间，还要讲好“普通话”，对话语体系要形成“标准、通用、协同、公认”的目标效果，才能更好地实现场景“自成系统、共成系统”，推动各领域各部门的数字化建设同频共振，打破孤岛和盲区，进一步放大数字化应用场景的叠加和倍增效应。使用规范化语言的主要目的是：

（一）提高话语一致性

术语标准化：确保同一术语在不同场景、任务中的含义一致。

表述规范：对目标对象使用一致的表述方式，减少歧义和误解，这对确保沟通的准确性至关重要。

（二）促进场景协同性

跨部门沟通：在不同的部门之间协同对接时，规范化语言可以减少沟通障碍，提高分工合作的效率。

跨组织合作：在与合作伙伴或用户交流时，使用相同的术语可以促进合作，对场景的多跨协同起到重要的促进作用。

（三）提升成果共享性

统一技术规范：确保不同场景可以按照统一的技术要求来实现，不同来源的数据可以被正确集成和比较。

统一成果管理：利用规范化语言描述成果，便于对成果的一本账管理，推动成果复制推广。

二、规范化语言范例

浙江省地方标准《数字化改革术语和定义》（DB33/T 2350—2021），旨在为浙江省的数字化改革提供一个清晰、统一的术语体系。标准中定义了数字化改革为围绕建设数字浙江目标，通过统筹运用数字化技术、数字化思维、数字化认知，将数字化、一体化、现代化贯穿到党的领导和经济、政治、文化、社会、生态文明建设的全过程各方面，对省域治理的体制机制、组织架构、方式流程、手段工具进行全方位、系统性的重塑。本标准中的规范化语言主要分为管理类、技术类两大类六个方面。

表 2–1　浙江省数字化改革术语定义

管理类	通用基础	整体智治、一体化智能化公共数据平台、党政机关整体智治、数字政府、数字社会、数字经济、数字法治
	路径方法	V 字模型、制度重塑、系统重构、一件事、业务梳理、核心业务、党政机关整体智治综合应用、党政机关整体智治重大任务、党政机关整体智治主要领域、党政机关整体智治执行链、两单两图、业务协同、多跨协同、数据协同、数据链
	成果展示	数字化改革门户、整体智治专题门户、城市大脑、产业大脑、一张图、管理驾驶舱、政务服务“一网通办”、浙里办、浙政钉、数字乡村、未来工厂、未来社区、应用、系统、原型系统、平台、链（应用名称）、码（应用名称）、在线（应用名称）、集成应用、应用场景、多跨应用场景
技术类	基础设施	政务云、政务外网、视联网
	数据资源	公共数据、数据治理、数据共享、数据开放、数据交换、数据融合、数据高铁、数据仓、数据中台、数据挖掘、数据可视化、算法
	应用支撑	模块、组件、通用组件、业务中台

这些术语的定义适用于浙江省党政机关整体智治、数字政府、数字经济、数字社会和数字法治五大领域，以及一体化智能化公共数据平台和相关理论体系、制度规范体系的建设。此外，该标准还探索了通过数字化方式宣贯实施标准的途径，例如在全省数字化改革标准在线平台中结构化展示，并接入一体化智能化公共数据平台，为各地各部门在数字化改革中方便、快捷查阅和使用标准提供有效途径。通过这一标准的发布和实施，确保数字化改革过程中术语使用的一致性和准确性，从而促进数字化改革的顺利进行和高效实施。

第五节　功能型形态

“场景的形态”这一概念通常是指场景在特定需求下呈现出的具体结构、构成元素、相互关系及其功能特点，它涵盖了场景的外观、布局、功能以及与之相关的作用等。数字化应用场景的功能形态具有多样性，根据政府侧、企业侧及社会侧等不同的需求和目的，设计不同的场景形态，实现各自的功能和作用。

一、政府侧场景

（一）价值导向

政府侧数字化应用场景，必须牢牢把握回应重大关切、体现管理者理念追求的价值导向，始终把牢正确的政治方向、明确目标导向和坚持人民宗旨。

一是深刻理解把握“坚持和加强党的全面领导”的根本要求，始终把牢正确的政治方向。要把坚持和加强党的全面领导贯穿于数字政府建设和政府治理数字化的各领域各环节，不断推进我国社会主义制度自我完善和发展，赋予社会主义新的生机活力。

二是深刻理解把握“为国家治理体系和治理能力现代化提供有力支撑”的目标导向，提升政府治理现代化水平。把数字技术广泛应用于政府管理服务，推动政府数字化、智能化运行，建立健全大数据辅助科学决策和社会治理的机制，推进政府管理和社会治理模式创新，实现政府决策科学化、社会治理精准化、公共服务高效化。

三是深刻理解把握“满足人民对美好生活向往”的宗旨方向，努力在更大的场景中践行以人民为中心的发展思想。打造泛在可及、智慧便捷、公平普惠的数字化服务体系，让百姓少跑腿、数据多跑路；坚持问题导向，抓住民生领域的突出矛盾和问题，弥补民生短板，推进教育、就业、社保、医药卫生、住房、交通等领域数字化普及应用，不断提升公共服务均等化、普惠化、便捷化水平。

（二）主要特点

政府数字化应用场景的主要特点，是通过技术手段实现政府治理能力的现代化，提升服务效率与质量，增强民众满意度和社会福祉。主要特点体现在以下几个方面：

1. 需求导向：以公众和企业的真实需求为出发点，设计并提供更加贴合实际应用场景的数字化服务，如在线政务服务、移动政务 APP 等，确保服务的实用性和便捷性。

2. 整体协同：强调政府内部不同部门及层级间的紧密协作与资源共享，打破传统条块分割，形成一体化的政府服务体系，提升政府运行的整体效能。

3. 精准服务：利用人工智能、大数据等先进技术，实现服务的个性化推荐、智能决策支持，提高服务的精准度和响应速度，使政府服务更加智能化、人性化。

4. 开放透明：通过开放数据平台和政务信息公开，提高政府工作的透明度，促进政府与民众、企业的互动沟通，提升政府公信力。

5. 数据共享：将数据视为关键资源，推动政府内外数据的整合与共享，为政府决策、社会治理及经济发展提供强大支持，并赋能社会创新和企业发展。

6. 安全可控：确保政府数据安全、网络安全和隐私保护，建立健全安全保障体系，维护国家安全和社会稳定。

7. 持续迭代：政府数字化不是一次性项目，而是需要持续运营、不断优化和更新的过程，以适应技术进步和社会需求的变化。

（三）基本类型

1. 政务服务类场景：突出全周期掌上办事、数字化增值服务

在政务服务类场景中，着重强调的是为民众提供便捷、高效的全周期掌上办事体验。加快推进政务服务一体化，实现线上线下融合，让数据多跑路、群众少跑腿。通过构建政务服务平台，整合各级政府部门的服务事项，提供一站式办理、一键式查询、一窗式受理等服务，提高政务办事效率。

以浙江打造“浙江企业在线”数字化应用场景、优化企业商事服务为例，按照“从企业发展的全生命周期出发来谋划设计改革”的理念，集成注册、变更、年报、

管理、注销5个环节156项涉企事项，以统一社会信用代码为载体，实现“一码知全貌、一码管终身、一码走天下”。

2. 提质发展类场景：突出全要素赋能企业、数字化创新提质

在提质发展类场景中，着重强调的是以数字化创新实现全要素赋能，为企业和产业高质量发展提供坚实支持。尤其是利用数字化服务赋能，推动产品研发、生产、服务等环节的数字化、智能化改造，实现产品创新、工艺优化、服务升级，提升企业的技术竞争力。

以浙江打造“浙江质量在线”数字化应用场景、推动企业质量提升为例，坚持将促进质量提升作为高质量发展的重要支撑点，回应企业对质量管理、产品检测、一站式服务等需求，创新“浙品码”模式，打通从质量治理、质量服务到质量发展全链条，围绕全过程提升质量服务水平，推动产业、企业转型升级。

3. 执法监管类场景：突出全方位规范市场、数字化监管执法

在执法监管类场景中，着重强调的是以数字化手段加强对市场经营主体的事中事后监管，提升市场监管水平。对违法违规行为进行严厉打击，保障消费者权益，维护市场秩序。推进社会信用体系建设，通过信用评级、红黑名单等方式，奖惩市场主体，引导企业依法经营。

以浙江打造“市场监管执法在线”数字化应用场景为例，紧扣“让监管长出牙齿”目标，建强执法“看家本领”，贯通案源受理、核查立案、调查取证、处理决定、信用公示、处罚执行、案件移送、行政救济等8个执法环节，创设案件统管、实时指挥、实时会商、简案快办、网络办案、在线辅导、在线监督等7项执法场景应用，全面构建市场监管数字化执法工作体系，确保办案过程更规范、执法尺度更精准、基层执法更便捷。

4. 安全管控类场景：突出全链条闭环溯源、数字化风险防范

在安全管控类场景中，着重强调的是风险预警和溯源治理并重，构建全链条闭环溯源、数字化风险防范的新模式。通过构建数字化风险防范体系，实现安全隐患矛盾风险的实时监测、评估和预警。利用大数据、人工智能等技术手段，对安全风险进行深入分析，找出风险产生的根源，实现从源头治理。

以浙江打造“浙食链”数字化应用场景，保障食品安全为例，针对食品安全监管涉及主体多、风险隐患高，创新构建“厂场阳光、批批检测，样样赋码、件件扫

码，时时追溯、事事倒查”数字化体系，实现食品安全从农田（车间）到餐桌闭环管理、从餐桌到农田（车间）溯源倒查的全流程监管。

二、企业侧场景

（一）智能制造场景

智能制造是现代制造业中的一个重要发展趋势，它深度融合了先进的信息技术、制造技术、自动化技术、人工智能技术及物联网技术，通过智能化的方式实现制造业的高效、灵活、绿色、个性化生产。

例如智能设计与仿真：运用计算机辅助设计（CAD）、计算机辅助工程（CAE）等工具，进行产品设计、仿真优化，减少实物样机试验。智能生产线：通过自动化设备、机器人、自动导向车（AGV）等实现物料自动搬运、精准装配、无损检测等。智能分拣与包装：利用视觉识别、机器学习等技术，实现物料自动识别、精准分拣与智能包装。设备健康管理：通过实时监测设备状态数据，进行故障预警、诊断、维护决策，减少非计划停机时间。智能质量控制：实时监测生产过程，通过人工智能（AI）算法自动检测缺陷，确保产品质量等。

（二）数字供应链场景

数字供应链是指在现代信息技术的支持下，通过集成、协同供应链各环节的信息流、物流、资金流和商流，实现供应链全过程的智能化、透明化、自动化和协同化管理。通过集成、协同供应链各环节，实现供应链全过程的智能化管理，对于提升供应链效率、降低成本、响应市场需求变化、降低风险、实现可持续发展具有重要作用。

例如需求预测与订单管理：运用大数据分析、机器学习等技术，准确预测市场需求，指导生产和采购决策，优化订单管理。智能采购与供应商管理：通过实时监测供应商绩效、市场动态，智能匹配优质供应商，实现采购成本降低、供应风险控制。智能仓储与库存管理：运用自动化设备、物联网技术实现仓储作业自动化，通过数据分析进行库存优化，减少库存成本。智能物流与运输管理：运用全球定位系统（GPS）、物联网、人工智能等技术，实现物流路线优化、运输状态实时监控、物流资源智能调度。供应链协同数字平台：搭建供应链各方共享的信息平台，实现数据共享、业务协同、风险预警，提升供应链整体效率等。

（三）数字市场营销场景

数字市场营销场景是指在数字化环境中，企业利用各种数字技术和平台，针对目标消费者进行产品推广、品牌塑造、客户关系管理等活动的特定场景。企业往往会根据自身业务特点、目标市场和营销目标，灵活组合和创新运用多种数字营销手段，构建全面、立体的数字营销策略。

例如大数据与个性化营销：基于用户行为数据、购买历史、社交媒体互动等多源数据，构建精细的用户画像，理解用户需求和喜好。利用机器学习算法，根据用户画像推送个性化的产品推荐、内容推荐、优惠信息，提升转化率。数字媒体营销：企业通过微信公众号、微博等社交媒体平台建立官方账号，发布品牌故事、产品资讯、用户互动内容。利用平台提供的精准定向广告系统，根据用户兴趣、行为、地理位置等数据投放广告，吸引潜在客户。数字销售管理：自动跟踪销售机会从识别到成交的全过程，实时评估销售业绩与预测未来收入。基于历史数据和市场趋势，进行销售预测，合理分配销售目标等。

（四）数字研发创新场景

数字化研发创新场景通过整合资源、优化流程、提升决策科学性，帮助企业快速响应市场需求，缩短产品研发周期，降低研发成本，提升产品创新力与市场竞争力。随着数字技术的不断发展，未来企业研发创新将更加智能化、网络化、开放化，形成更广泛的创新生态。

例如跨地域协同研发：通过云平台共享设计文件、在线讨论、实时编辑，不受地理限制，提高协作效率。虚拟原型与仿真验证：利用 CAD/CAE 软件创建产品三维模型，进行结构强度、流体动力学、电磁兼容等仿真测试，提前发现问题，减少物理样机迭代。智能材料选型与设计优化：运用 AI 算法分析材料性能数据库，自动推荐最佳材料组合，或通过遗传算法、粒子群优化等方法优化产品设计参数。用户参与式创新：通过社交媒体、在线问卷、众包平台收集用户需求、反馈和创意，将其融入产品设计与改进过程中，提升产品市场契合度。研发项目智能管理：运用项目管理软件跟踪项目进度，进行资源分配、风险预警，利用大数据分析预测项目延期、成本超支等风险，辅助决策。知识产权管理与保护：数字化管理专利、商标、版权等知识产权信息，自动监控侵权行为，提供法律咨询与维权服务。研发数据驱动的持续改进：收集并分析产品使用数据、故障报告、用户评价等，通过机器学习算法识别改进点，指导产品迭代升级等。

三、社会侧场景

社会侧数字化应用场景覆盖了购物、支付、信息获取、娱乐、餐饮、医疗、家居、社交等多个领域，极大地提升了生活便利性、个性化程度和整体效率，同时也促进了数据驱动的服务创新与商业模式变革。

（一）数字化购物场景

例如电商平台：亚马逊、淘宝、京东等，提供在线商品浏览、比较、购买、评价等功能，实现足不出户的全球购物体验。直播带货：主播通过直播平台实时展示商品，消费者可实时观看、提问、下单，增强了购物的互动性和即时性。AR/VR 试穿 / 试妆：利用 AR 或 VR 技术，让消费者在购买服装、化妆品等商品前虚拟试穿或试妆，提升购买决策的准确性。无人零售店：使用物联网、人工智能和移动支付技术，实现无人值守的自助购物等。

（二）数字化支付场景

例如移动支付：支付宝、微信支付、Apple Pay 等，通过手机扫描二维码或近距离无线通信（NFC）完成交易，极大地方便了日常小额支付。数字货币：如比特币、中央银行数字货币（CBDC），探索去中心化的电子货币体系，为消费者提供新的支付选择。无感支付：在交通出行、餐饮、便利店等领域，通过绑定银行卡或移动支付账户，实现自动扣费，如高速公路 ETC（电子收费系统）、地铁面部识别过闸等。

（三）数字化健康场景

例如在线医疗咨询：通过远程医疗平台在线咨询医生，获取健康建议或处方，如平安好医生、丁香医生。移动健康监测：如 Fitbit、华为健康等，通过连接智能穿戴设备监测运动、睡眠、心率等数据，帮助用户管理个人健康。电子病历与预约挂号：医院系统实现病历电子化，患者可通过网络预约挂号、查询检查结果，简化就医流程。远程医疗与远程监护：通过视频会议、远程监控设备等技术，实现患者与医生的远程诊疗、病情监测、康复指导等，尤其适用于偏远地区或行动不便的患者。AI 辅助诊断与治疗：AI 算法应用于影像识别、病理分析、基因测序等领域，协助医生进行快速准确的诊断，或提供个性化治疗建议等。

（四）数字化家庭场景

例如智能家电管理：如智能电视、智能冰箱、智能洗衣机、智能烤箱、智能空调等，具备联网功能，可远程控制、预设程序、能耗监控、故障预警等。智能照明管理：如智能灯泡、智能开关、智能窗帘，支持远程控制、定时开关、亮度调节、颜色变换，以及与环境光线、人体感应联动。智能安防管理：包括智能门锁、摄像头、门窗传感器、烟雾报警器、红外探测器等，提供远程监控、入侵报警、实时视频、远程开锁等功能。智能环境控制：如智能恒温器、智能空气净化器、智能加湿器、智能新风系统等，自动调节室内温度、湿度、空气质量，实现节能与舒适度优化。家庭能源管理：通过智能电表、智能插座等设备，监测并分析家庭能源消耗，提供节能建议，支持远程控制电器开关，实现能源效率提升。家庭娱乐管理：如智能音响、智能投影、智能电视盒子等，提供高品质音视频播放、多房间同步、语音助手交互等功能，打造沉浸式家庭娱乐体验等。

四、AI 生成式大模型场景

在 AI 大模型技术的推动下，智能计算迈向新的高度。2020年，AI 从“小模型 + 判别式”转向“大模型 + 生成式”，从传统的人脸识别、目标检测、文本分类，升级到如今的文本生成、3D 数字人生成、图像生成、语音生成、视频生成。大语言模型在对话系统领域的一个典型应用是 OpenAI 公司的 ChatGPT，它采用预训练基座大语言模型 GPT–3，引入3000亿个单词的训练语料，相当于互联网上所有英语文字的总和。大模型的特点是以“大”取胜，其中有三层含义：（1）参数大，GPT–3有1700亿个参数；（2）训练数据大，ChatGPT 大约用了3000亿个单词、570GB 训练数据；（3）算力需求大，GPT–3用了上万块 V100 GPU 进行训练。为满足大模型对智能算力爆炸式增加的需求，国内外都在大规模建设耗资巨大的新型智算中心，英伟达公司也推出了采用256个 H100芯片、150TB 海量 GPU 内存等构成的大模型智能计算系统。

AI 大模型将朝着以下四个方向发展。第一个前沿方向为多模态大模型。从人类视角出发，人类智能是天然多模态的，人拥有眼、耳、鼻、舌、身、嘴（语言），从 AI 视角出发，视觉、听觉等也都可以建模为 token ②的序列，可采取与大语言模型相同的方法进行学习，并进一步与语言中的语义进行对齐，实现多模态对齐的智能能力。第二个前沿方向为视频生成大模型。OpenAI 于2024年2月15日发布文生视频模型 Sora，将视频生成时长从几秒钟大幅提升到一分钟，且在分辨率、画面真实度、时序一致性等方面都有显著提升。Sora 的最大意义是它具备了世界模型的基本特征，即人类观察世界并进一步预测世界的能力。第三个前沿方向为具身智能。具身智能是指有身体并支持与物理世界进行交互的智能体，如机器人、无人车等，通过多模态大模型处理多种传感数据输入，由大模型生成运动指令对智能体进行驱动，替代传统基于规则或者数学公式的运动驱动方式，实现虚拟和现实的深度融合。第四个前沿方向是 AI4R（AI for Research）成为科学发现与技术发明的主要范式。相较于人类，AI 在记忆力、高维复杂、全视野、推理深度、猜想等方面具有较大优势，以 AI 为主进行一些科学发现和技术发明，将大幅提升人类科学发现的效率，比如主动发现物理学规律、预测蛋白质结构、设计高性能芯片、高效合成新药等。

人工智能大模型的典型应用场景非常广泛，覆盖了多个行业和领域，以下是一些主要的典型场景。

工业制造：在智能制造中，大模型用于预测维护、生产优化、质量控制等，提高生产效率和降低成本。

医疗医药：大模型可以帮助分析病例、辅助诊断、研发药物、分析基因序列等，提升医疗服务质量和效率，加速新药发现过程。

教育培训：通过个性化学习路径规划、智能教学内容生成、在线学习评估等，大模型能够提供更加个性化和高效的教育资源。

政务服务：利用大模型提升政务服务智能化水平，如智能咨询、政策解读、办事流程自动化等，增强公众服务体验。

智慧城市：在城市管理中，大模型用于交通流量预测、能源管理、公共安全监控、环境监测等，推动城市运行的智慧化。

金融行业：因高度数字化和丰富的应用场景，金融行业成为大模型落地的理想领域，如信贷风险评估、投资策略分析、反欺诈检测等。

零售与电子商务：大模型用于商品推荐、库存管理、客户行为分析、价格优化等，提升销售效率和顾客满意度。

媒体与内容创作：在新闻撰写、剧本创作、艺术设计等方面，大模型能够生成高质量的内容，丰富文化产业生态。

科学研究：大模型助力于数据分析、模式识别、复杂系统模拟等，加速科学发现进程。

社会服务：在公共服务领域，如公共卫生、社会保障、应急管理中，大模型用于数据分析和决策支持，提高服务响应速度和精准度。

以上场景体现了大模型如何通过深度学习和大数据分析，赋能各行各业，推动数字化转型和社会经济的发展。随着技术的不断进步，新的应用场景还会不断涌现。

第六节　乘数性效应

效应就是场景的作用。乘数性效应（以下简称乘数效应），就是指场景发展中激活的数据要素变量、技术创新变量等以乘数加速度方式带来的变化。这种倍数放大作用，带来连锁性反应，在千行百业中创造更加丰富的应用场景。乘数效应典型的表现是“数据要素 ×”，融合应用场景产生质变，赋能实体经济，推动生产生活、经济发展和社会治理方式深刻变革。

一、乘数效应激活数据潜能

近年来，我国数字经济快速发展，数字化应用场景日益丰富，数字基础设施全球领先，数字技术和产业体系日臻完善，为更好发挥数据要素作用奠定了坚实基础。2023年，全国数据生产总量达32.85 ZB，同比增长22.44%。截至2023年底，全国数据存储总量为1.73 ZB。数据资源规模保持全球第二位。数据商加快涌现，不少企业成立专门的数据部门、数据公司，探索开发数据产品，金融、工商、交通、电信等领域的数据产品日益丰富，在主要数据交易所挂牌的产品数量超过1.3万个。

为进一步发挥我国超大规模市场、海量数据资源的优势，推动应用场景与数据要素深度融合，促进数据多场景应用，2023年底，国家数据局等17部门联合印发《“数据要素 ×”三年行动计划（2024—2026年）》，选取工业制造、现代农业、商贸流通、交通运输、金融服务、科技创新、文化旅游、医疗健康、应急管理、气象服务、城市治理、绿色低碳等12个行业和领域，旨在充分发挥数据要素乘数效应，赋能经济社会发展。以数据协同实现全局优化，提升产业运行效率，增强产业核心竞争力；以数据复用扩展生产可能性边界，释放数据新价值，拓展经济增长新空间；以数据融合推动量变产生质变，催生新应用、新业态，培育经济发展新动能。“数据

要素 ×”行动，着重探索多样化、可持续的数据要素价值释放路径，推动在数据资源丰富、带动性强、前景广阔的领域率先突破，实现数据产品和服务质量效益明显提升，数据产业加速发展，数据交易规模倍增，成为高质量发展的重要驱动力量。

二、乘数效应拓展场景广度

释放数据要素乘数效应，关键是在千行百业中创造更加丰富的应用场景，在创新应用中探索流通路径、提升数据质量，推动数据进入社会化大生产，加快数据要素化进程，真正让数据“动起来、用起来、活起来”。“数据要素 ×”行动将打造一批示范性强、显示度高、带动性广的典型应用场景，涌现出一批成效明显的数据要素应用示范地区。例如：

1. 数据要素 × 工业制造场景

创新研发模式场景，培育数据驱动型产品研发新模式，打通供应链上下游设计、计划、质量、物流等数据，实现敏捷柔性协同制造。

提升服务能力场景，支持企业整合设计、生产、运行数据，提升预测性维护和增值服务等能力，实现价值链延伸。

强化区域联动场景，支持产能、采购、库存、物流数据流通，加强区域间制造资源协同，促进区域产业优势互补。推动制造业数据多场景复用，基于设计、仿真、实验、生产、运行等数据积极探索多维度的创新应用。

2. 数据要素 × 现代农业场景

农业生产数智化场景，加快打造以数据和模型为支撑的农业生产数智化场景，实现精准种植、精准养殖、精准捕捞等智慧农业作业方式。

农产品追溯管理场景，汇聚利用农产品的产地、生产、加工、质检等数据，支撑农产品追溯管理、精准营销等，增强消费者信任。

产业链数据融通场景，打通生产、销售、加工等数据，提供一站式采购、供应链金融等服务。推动电商平台、农产品批发市场、商超、物流企业等基于销售数据分析，向农产品生产端、加工端、消费端反馈农产品信息，提升农产品供需匹配能力。

农业生产抗风险场景，在粮食、生猪、果蔬等领域，强化产能、运输、加工、贸易、消费等数据融合、分析、发布、应用，加强农业监测预警，为应对自然灾害、疫病传播、价格波动等提供支撑。

3. 数据要素 × 商贸流通场景

拓展新消费场景，打造集数据收集、分析、决策、精准推送和动态反馈的闭环消费生态，推进直播电商、即时电商等业态创新发展，支持各类商圈创新应用场景，培育数字生活消费方式。

培育新业态场景，推动电子商务企业与传统商贸流通企业加强数据融合，整合订单需求、物流、产能、供应链等数据，优化配置产业链资源，打造快速响应市场的产业协同创新生态。

打造新品牌场景，支持电子商务企业、商贸企业依托订单数量、订单类型、人口分布等数据，主动对接生产企业、产业集群，加强产销对接、精准推送，助力打造特色品牌。

推进国际化场景，在安全合规前提下，鼓励电子商务企业、现代流通企业、数字贸易龙头企业融合交易、物流、支付数据，支撑提升供应链综合服务、跨境身份认证、全球供应链融资等能力。

三、乘数效应推动深度创新

数字技术和实体经济深度融合，是发挥乘数效应的主阵地。关键在于推动互联网、大数据、云计算、AI 等数字技术加速创新融合，深化数据空间、隐私计算、联邦学习、区块链等技术应用，聚焦科技与服务重点行业和领域，推动深度创新，促进技术创新在不同主体、不同场景发挥推动作用。例如：

1. 数据要素 × 交通运输场景

提升多式联运效能创新，推进货运寄递数据、运单数据、结算数据、保险数据、货运跟踪数据等共享互认，实现托运人一次委托、费用一次结算、货物一次保险、多式联运经营人全程负责。

推进航运贸易便利化创新，推动航运贸易数据与电子发票核验、经营主体身份核验、报关报检状态数据等的可信融合应用，加快推广电子提单、信用证、电子放货等业务应用。

促进航运服务能力创新，支持海洋地理空间、卫星遥感、定位导航、气象等数据与船舶航行位置、水域、航速、装卸作业数据融合，创新商渔船防碰撞、航运路线规划、港口智慧安检等应用。

挖掘数据复用价值创新，融合“两客一危”、网络货运等重点车辆数据，构建覆盖车辆营运行为、事故统计等高质量动态数据集，为差异化信贷、保险服务、二手车消费等提供数据支撑。支持交通运输龙头企业推进高质量数据集建设和复用。

加强 AI 工具应用创新，推进智能网联汽车创新发展，支持自动驾驶汽车在特定区域、特定时段进行商业化试运营试点，打通车企、第三方平台、运输企业等主体间的数据壁垒，促进道路基础设施数据、交通流量数据、驾驶行为数据等多源数据融合应用，提高智能汽车创新服务、主动安全防控等水平。

2. 数据要素 × 科技创新场景

推动科学数据有序开放共享，促进重大科技基础设施、科技重大项目等产生的各类科学数据互联互通，支持和培育具有国际影响力的科学数据库建设，依托国家科学数据中心等平台强化高质量科学数据资源建设和场景应用。

以科学数据助力前沿研究，面向基础学科，提供高质量科学数据资源与知识服务，驱动科学创新发现。以科学数据支撑技术创新，聚焦生物育种、新材料创制、药物研发等领域，以数智融合加速技术创新和产业升级。

以科学数据支持大模型开发，深入挖掘各类科学数据和科技文献，通过细粒度知识抽取和多来源知识融合，构建科学知识资源底座，建设高质量语料库和基础科学数据集，支持开展 AI 大模型开发和训练。探索科研新范式，充分依托各类数据库与知识库，推进跨学科、跨领域协同创新，以数据驱动发现新规律，创造新知识，加速科学研究范式变革。

3. 数据要素 × 医疗健康场景

提升群众就医便捷度，探索推进电子病历数据共享，在医疗机构间推广检查检验结果数据标准统一和共享互认。便捷医疗理赔结算，支持医疗机构基于信用数据开展先诊疗后付费就医。

推动医保便民服务。依法依规探索推进医保与商业健康保险数据融合应用，提升保险服务水平，促进基本医保与商业健康保险协同发展。

有序释放健康医疗数据价值，完善个人健康数据档案，融合体检、就诊、疾控等数据，创新基于数据驱动的职业病监测、公共卫生事件预警等公共服务模式。

加强医疗数据融合创新，支持公立医疗机构在合法合规前提下向金融、养老等经营主体共享数据，支撑商业保险产品、疗养休养等服务产品精准设计，拓展智慧医疗、智能健康管理等数据应用新模式新业态。

4. 数据要素 × 应急管理场景

提升安全生产监管能力，探索利用电力、通信、遥感、消防等数据，实现对高危行业企业私挖盗采、明停暗开行为的精准监管和城市火灾的智能监测。鼓励社会保险企业围绕矿山、危险化学品等高危行业，研究建立安全生产责任保险评估模型，开发新险种，提高风险评估的精准性和科学性。

提升自然灾害监测评估能力，利用铁塔、电力、气象等公共数据，研发自然灾害灾情监测评估模型，强化灾害风险精准预警研判能力。强化地震活动、地壳形变、地下流体等监测数据的融合分析，提升地震预测预警水平。

提升应急协调共享能力，推动灾害事故、物资装备、特种作业人员、安全生产经营许可等数据跨区域共享共用，提高监管执法和救援处置协同联动效率。

5. 数据要素 × 城市治理场景

优化城市管理方式，推动城市人、地、事、物、情、组织等多维度数据融通，支撑公共卫生、交通管理、公共安全、生态环境、基层治理、体育赛事等各领域场景应用，实现态势实时感知、风险智能研判、及时协同处置。

支撑城市发展科学决策，支持利用城市时空基础、资源调查、规划管控、工程建设项目、物联网感知等数据，助力城市规划、建设、管理、服务等策略精细化、智能化。

推进公共服务普惠化，深化公共数据的共享应用，深入推动就业、社保、健康、卫生、医疗、救助、养老、助残、托育等服务“指尖办”“网上办”“就近办”。

加强区域协同治理，推动城市群数据打通和业务协同，实现经营主体注册登记、异地就医结算、养老保险互转等服务事项跨城通办。

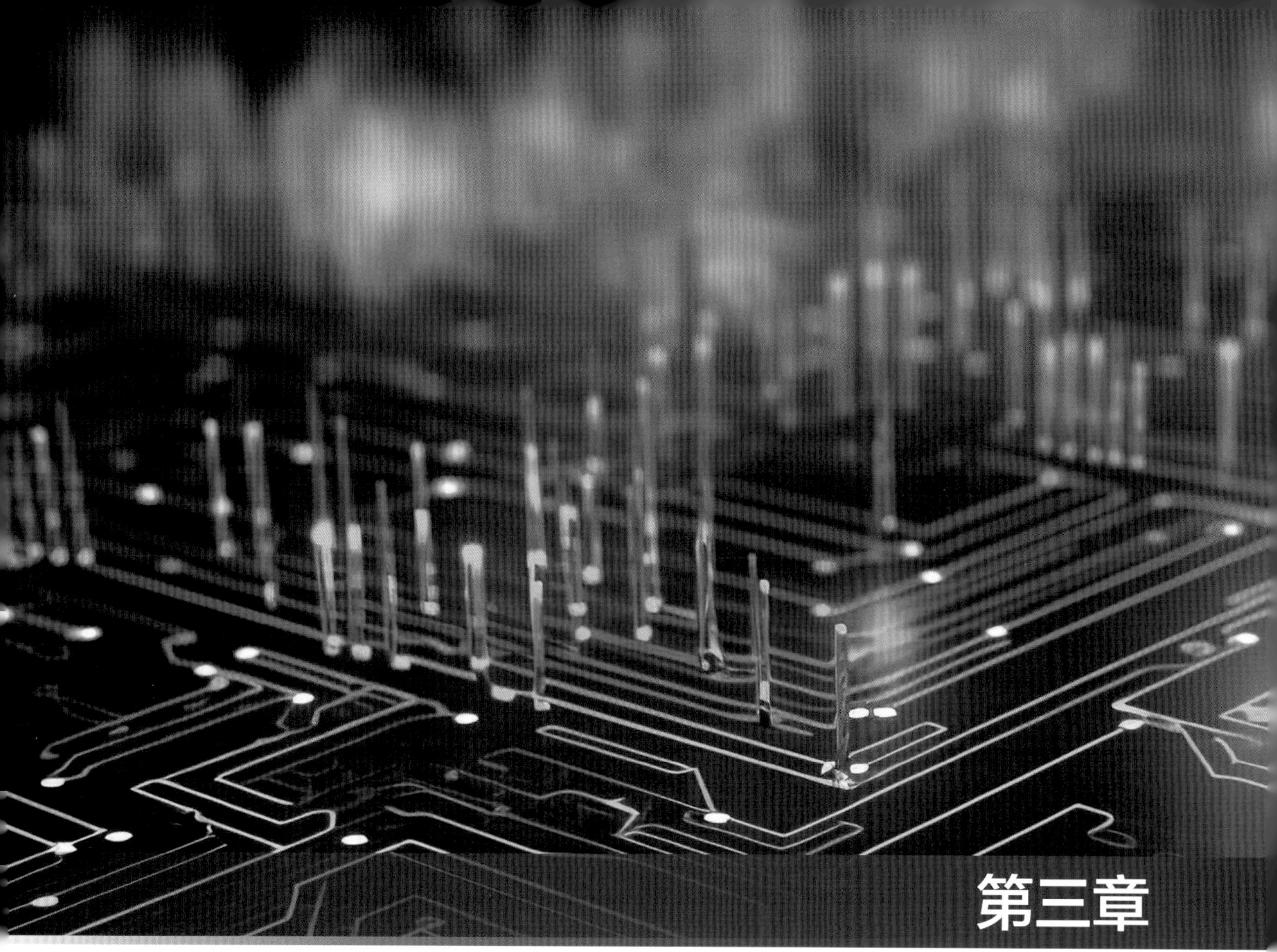

第三章

数字化应用场景策略

在了解什么是数字化应用场景，并解决数字化应用场景的认知问题后，需要进一步解决数字化应用场景建设的方法、路径问题。本章基于实践经验案例，系统回答专班化团队如何组建、科学方法如何选择、重要关系如何处理、具体步骤如何实施、过程质量如何控制等数字化应用场景建设中将要面对的系列问题，以帮助读者更好地把握场景建设策略，提前规避风险，少走弯路。

第一节　专班化团队

数字化应用场景建设是集业务的改革重塑和技术的创新应用为一体的有组织活动，对团队的组织模式、业务能力、数字能力等均提出了不一样的要求，是一次对团队领导力系统性的深度检验。

一、专班化团队组建

专班化团队是数字化应用场景开发的核心力量，扮演着“策划者”“协调者”“执行者”的多重角色，区别于专业化团队，专班化团队除具备专业能力外，还需要从数字化应用场景背后的改革推动承担起制订方案、调配资源、重塑业务、实施监测与评估、沟通与协调等各项职责，是数字领导力的决定性因素。可以说，专班化团队组建是否成功决定了数字化应用场景开发能否取得成功。

（一）“1+2+N”专班化团队模式

数字化应用场景开发专班化团队是数字领导力的集中体现，也是业务与技术深度融合的“中心枢纽”。通过对北京、广东、浙江等地数字化实践典型场景案例的比较分析，我们认为“1+2+N”模式是目前较为有效的专班组建方式。“1+2+N”模式通过最高领导者带领业务和技术负责人，构建强有力的“铁三角”，统筹协调综合、业务、技术、规则、数据、应用等“N”个具体工作小组，高效协同推进数字化应用场景建设。专班化团队“1+2+N”构建示意图如图 3-1 所示。

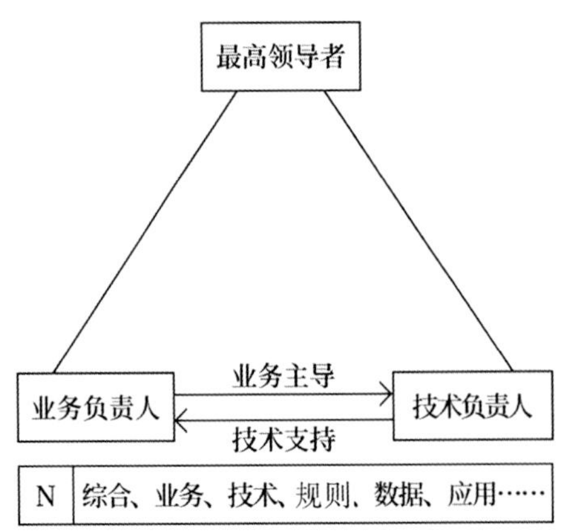

图3-1 专班化团队“1+2+N”构建示意图

（二）“1”最高领导者

数字“1”代表着唯一、基础和起源，就像一棵树，“1”是树干的起点，没有它就没有繁茂的枝叶和果实。在专班化团队中，“1”就是团队的最高领导者，是团队中最为关键和不可替代的因素，发挥着总揽全局、协调各方的核心作用，决定着数字化应用场景的成功与否。

数字化应用场景专班化团队的最高领导者不仅仅是一个团队象征符号，要能够深刻洞察数字化应用场景背后的改革本质，以优秀的决策、统筹、协调、沟通、应变等领导和创新能力，准确把握改革的现状、需求、难点堵点以及数字化应用场景的目标、定位和总体框架，及时发现团队组成、业务逻辑、技术规则、项目推进、制度保障、资源需求、外部环境等一系列影响因素上的“缺口”“梗阻”，以快速精准地协调应变，及时进行干预和解决，确保数字化应用场景这一工程能够高质量高效率完成。

专班化团队的最高领导者承担着推进数字化改革和数字化应用场景建设的双重最高职责，一般应由相应组织的“一把手”来担任，这是因为“一把手”比其他人更知道数字化应用场景的目标需求，知道有什么、缺什么、要什么，也有与之匹配的视野经验和决策分配权去补充团队、技术、资源、制度等必要条件，推动团队构建、业务重塑、技术应用、资源配置和实施落地。要发挥好团队最高领导者的作用，需要领导者做到“四个真”和“三个干”。“四个真”即真重视、真研究、真领导、真推动，领导者要真正把数字化应用场景工作纳入本组织的中心工作进行谋划，真正深入研究场景的改革逻辑和技术路径，真正亲力参与项目的领导，真正推动团队超越舒适区，稳步推进业务与技术的数实融合，实现改革目标定位。“三个干”即愿干、敢干、会干，数字化应用场景对许多“一把手”来说都是新事物新领域，也是一项复杂性系统工程，需要领导者愿意为了改革目标的实现投入必要的时间和资源，并能学习掌握数字化应用场景建设的规律和方法，且敢于尝试新模式、新技术来推进改革和场景塑造，承担数字化应用场景建设过程中的风险和挫折。

（三）“2”业务负责人和技术负责人

业务负责人和技术负责人是数字化应用场景开发具体任务的直接领导，两者密不可分、紧密合作，在团队最高领导者的统一领导下，带领小组成员分工负责项目的建设和开发，确保数字化应用场景既符合业务需求，又在技术上先进可行。业务负责人通常负责数字化应用场景开发的业务方向和业务规划，需要具备深厚的业务知识和创新能力，能够洞察业务发展趋势，把握业务改革需求，为项目的实施提供坚强有力的决策支持，通常由组织中对口业务的分管领导担任。技术负责人则负责项目的核心技术研发和应用，指导团队解决技术难题，需要具备深厚的技术背景和研发能力，能够带领团队精准应用新技术、新方式，高质量实现业务场景的数字化。

（四）“N”个小组成员

专班化团队可以根据数字化应用场景项目建设需要，设立综合、业务、技术、规则、数据、应用等专项工作小组，在“1+2”的领导下，分工负责专项工作。专项工作小组由各个部门的资深业务人员、技术人员组成，小组成员在自己的专业领域内具有丰富的经验和技能，能够为项目的实施提供专业支持和技术保障。此外，专家顾问组和宣传推广组也是数字化应用场景建设中不可或缺的力量。

例如，浙江省市场监督管理局在推进数字化应用场景建设过程中就专门成立了由单位“一把手”任组长的专班化团队，团队下设数字政府、数字经济、数字社会、数字法治、智能化公共数据平台等专项小组，每个小组内设立业务组长、技术组长两个负责人岗位，并选取与该专项领域相关的业务、技术、运营等骨干人员组建而成。同时，在推进“浙江公平在线”“浙食链”等数字化应用场景建设时，按照专班化团队的组建方式，成立了每个数字化应用场景开发项目的工作专班。

二、专班化团队要求

数字化应用场景开发本质上是集业务与技术为一体的改革活动，数字技术的日新月异、快速演化，需要专班化团队具有强大的数字领导力。对于数字领导力，目前学术界没有形成统一的定义，结合数字化应用场景开发实践经验，我们认为数字领导力是业务组织力和数字实践力的集中体现。专班化团队不仅要具备推进业务改革所需具备的战略制定、项目管理、团队协作、业务迭代等常规能力，更要以开放的系统思维，广泛借助外部力量，快速合理地调配内外部资源，形成在数字化环境中推进业务改革、解决问题的能力。

业务组织力是数字领导力的基础能力，它决定着业务的方向和目标、规划和实施业务布局、统领业务发展以及实现战略目标的能力。业务组织力的核心在于能够在数字化应用场景建设中有效地将战略制定与战略执行相连接，确保场景建设与预期目标之间的差距最小化。这种能力不仅包括对场景背后改革逻辑的深刻洞察，还包括制定明确的战略意图、设计合理的业务结构以及确定创新的焦点；同时，在业务执行方面，业务组织力要求领导者具备将业务改革转化为具体行动的能力，这还将会涉及人力资源管理、财务规划、运营优化等多个方面。

数字实践力通常指的是个体或组织在数字化环境中应用技术解决问题的能力，包括使用低代码/零代码平台来快速开发和部署应用程序。针对数字化应用场景开发，数字实践力更强调专班化团队具备良好的技术理解与应用、数据驱动决策、创新与变革技术的能力，以实现业务场景向数字化应用场景转化。

（一）素质要求

数字化应用场景开发作为一项改革任务，往往来自数字政府领域的重要改革需求，通常呼应的是老百姓关心的热点问题、高频事项、沉淀难题，涉及的复杂流程、敏感数据不在少数，而且具有时间紧、任务重的特点，充满着内外部的不确定因素，必然不会一帆风顺。这就需要参与项目的成员能够在高强度的工作环境下保持清醒的认识和积极的态度，善于从逆境中看到问题背后的机遇，并以胜于常人的定力和韧性应对来自各方的压力和挑战，高质量完成数字化应用场景开发这一复杂巨系统工程。因此，数字化应用场景开发的专班化团队要具备优秀的专业素养和综合素质。

（二）系统思维

系统思维是数字化应用场景建设成功的关键，需要专班成员具备全局的视野，能够从宏观角度审视业务流程，前瞻性考量未来发展趋势，为数字化应用场景的可持续发展提供战略指导，并立足业务整体系统性地分析业务逻辑和技术路径，识别各环节间的相互依赖和影响，因此，需要团队成员具有全面、整体、结构化的系统思维能力。

（三）业务能力

业务主导是数字化应用场景开发的关键因素，它要求团队成员不仅要对所在业务领域有深入的了解和认识，掌握业务的深层逻辑，准确识别判断改革中的业务瓶颈和低效环节，还要能够灵活运用业务知识，提出并实施创新的业务模式形成可行的改革方案，推动数字化应用场景开发与数字化改革同步创新、同步推进、同步优化、同步突破。

（四）技术能力

数字化应用场景开发是在数字化环境下的创新工作，不仅包括对现有技术的掌握，还涉及对 AI、区块链、云计算等信息技术、数据分析、网络安全领域新技术新方法的研究和应用，需要团队成员具备扎实的技术基础，能够根据业务需求，迅速适应技术变化进行的技术规划，设计出合理的技术架构和实施方案，为场景的建设提供强有力的技术支持。

（五）洞察能力

数字化应用场景开发中专班团队将面对庞大的信息流、业务流、数据流，需要能快速准确地从中发现潜在的问题和需求，因此，需要团队成员具有较强的洞察能力，善于从海量的数据中提取有价值的信息，将其应用于分析决策过程中，提供基于数据和事实的建议，增强决策的科学性和有效性，从而提前做好准备，抓住机遇。

（六）执行能力

数字化应用场景开发是一个庞大的项目，需要专班团队能够准确执行改革精神和部署，以时间表、作战图等形式将改革方案具体化、阶段化、项目化，分解为小的、可管理的任务单元，有效分配和管理项目资源，高效执行项目实施方案，并对项目进度进行持续监控、闭环管理，确保项目按计划进行。

（七）学习能力

数字化应用场景开发是数字时代背景下的改革活动，要与改革工作保持同频共振、快速协同，这需要专班成员树立持续学习的理念，还要能够快速学习新知识和技能，高效地吸收这些知识，深入理解这些知识背后的原理和逻辑，主动积极地扩展知识储备，跨业务领域、学科界限进行融合创新，解决复杂问题。

（八）钻研能力

数字化应用场景在流程再造、业务重塑的过程中，将面对繁杂的对象和要素，并在几十上百次的反复琢磨思考中，衡量验证新技术、新方法如何实现改革重塑。因此，需要专班成员具备强烈的钻研精神，能够不断创新和探索新的解决方案，提出新的想法和方法，推动数字化改革的进程。

（九）协调能力

数字化改革是一个开放的复杂多跨系统工程，需要各个部门各层级之间的紧密合作，因此，团队成员应具备良好的开放协作和沟通协调能力，能够准确表达自己的想法和需求，跨越内外部门界限与上级领导、不同领域的专家、协助配合的工作人员等不同对象进行有效沟通，快速准确地调配资源，推动各方高效实现改革目标。

三、专班化团队运行

对于一个大型的数字化应用场景项目，特别是涉及跨层级、跨地域、跨系统、跨部门、跨业务的多跨数字化应用场景，专班化团队成员往往来自不同部门，小组相对较为独立分散，需要有一整套行之有效的运行机制来确保工作的有序开展。

（一）定期会商

专班化团队应定期举行会议，对项目的进度、问题进行交流分享，制订工作计划，反馈存的在问题，协调配置内外部资源，确保团队成员对项目的现状和方向有清晰的认识，及时解决出现的问题。会商的频率宜以一周为周期，可以根据项目的实际情况进行调整，以保证信息的及时交流和工作的有效推进。

（二）协同办公

专班化团队涉及的领域广泛，需要各部门的协同合作。协同办公的机制可以打破部门之间的壁垒，加强团队成员之间的紧密协作，实现资源的快速共享和信息的实时互通，避免重复工作，提高工作效率，确保项目的高效推进。协同办公可以通过设立集中办公场所或建立线上协同平台的方式开展。

（三）项目实施

数字化应用场景项目建设应从业务改革逻辑出发，同步谋划、设计和推进改革任务和场景设计，制定业务与技术协同的重点任务和时间表，明确每个阶段的目标和任务，确保项目按照计划顺利进行。项目推进过程中，应关注项目的质量、进度和成本，确保项目的可持续发展，做好项目阶段跟踪、复盘、检查等工作。

（四）安全保障

专班化团队应当建立完善的网络和数据安全管理制度，防范和应对各类安全风险，确保数字化应用场景开发项目的顺利进行。数据安全管理制度应当覆盖数据的收集、存储、传输、使用等各个环节，确保数据的安全和合规性。

（五）绩效评价

专班化团队应当实施绩效评价管理，定期对团队和个人工作表现和贡献进行评估，以科学合理的绩效评价，提高团队的工作积极性和工作效率，推动项目的成功实施。绩效评价结果可以作为团队成员所在单位和部门职级晋升、绩效发放的参考依据。

四、数字化专班的关键

数字化应用场景开发是业务与技术的深度融合，只看重业务不关注新技术、新方法的运用，打造不出有良好体验的服务场景；只关注新技术、新方法的运用而忽略了业务本身，更是背离了场景建设的业务本质和改革初衷。数字化应用场景开发需防止出现业务与技术“两层皮”。数字化应用场景开发专班要处理好业务与技术的关系，既要强调业务的主导作用，也要充分发挥技术的支撑作用。

（一）强调业务的主导作用

数字化应用场景开发出发点是满足业务需求，落脚点仍是满足业务需求，核心矛盾在于业务的而不是技术，技术是为了更好地实现业务需求而存在。因此，要注重发挥业务的主导作用，由专班化团队的业务负责人带领业务端部门和人员厘清每一项业务的制度、规则、流程以及存在的问题和需求，数字化应用场景开发才能知道要解决什么、实现什么。

数字化应用场景项目要注意防止只讲技术脱离业务，陷入技术运用和技术实现的“圈套”里出不来。在对大量数字化应用场景开发调研中，仍会发现许多数字化应用场景为了追求前沿技术的应用、打造华而不实的界面投入大量的人力物力，最终形成的数字化应用场景上线运行后却成了“花瓶”一样的摆设，业务部门不认可，老百姓不买账。

专班化团队在推进数字化应用场景建设时，要反对脱离实际需求空谈业务，忽视老百姓、用户的实际需求，单方面考虑超出当前需求的功能，避免出现应当解决的业务问题未解决，“隔靴搔痒”的功能却不少，造成资源投入的浪费和进度的滞后。

（二）充分发挥技术的支撑作用

技术支持是数字化应用场景开发不可或缺的部分，是实现业务流程再塑造、实现功能场景服务的基本手段和重要保障，这也是区别于传统场景的最大特征。专班化团队在坚持业务主导定位的前提下，要合理运用新一代信息技术解决业务问题和需求，开发更多实用、好用的功能场景。

在数字化应用场景开发中，专班化团队应当注重发挥技术的支撑作用推进数字化基础设施建设，建立完善可靠的技术环境。如，建设云计算平台，为机关、企业和个人提供弹性计算、存储和应用服务，提高计算资源的利用效率和灵活性；建设网络基础设施，提升网络带宽和覆盖范围，提供高速、稳定、安全的网络连接，提升网络速度和稳定性。

专班化团队也要注重数据标准和技术规范等技术规则的建立，加快制定数据采集、存储、处理和使用等方面数据管理的标准和规范，以提高数据的可信度和可用性，确保数据质量的一致性。这些数据标准和规范有利于推动政府数据的共享，打破部门之间的信息孤岛，促进政府部门之间的数据交流和协同工作，提高政府决策的科学性和精准性。

专班化团队还要注重数据安全保护的技术支持，建立完善的数据安全管理体系，加强数据加密、权限管理和风险评估等措施，保护个人隐私和企业商业机密，确保数据的安全性和隐私保护。

第二节　系统论方法

数字化应用场景是一项涉及信息技术、数据分析、业务流程、用户体验及改革创新等方方面面的开放性复杂巨系统工程，常规的信息化项目方法和手段已无法满足其一体化、全方面、系统性、重塑性的建设需求。在大量场景创新探索和案例经验总结的基础上，目前已逐步形成了一套行之有效的系统论方法。

一、数字化应用场景是复杂巨系统

从数字化应用场景特别是政府侧、社会侧数字化应用场景的场景特征、整体逻辑、功能形态来看，这些场景普遍由大量相互连接和相互作用的系统单元构成，集成了时间、空间以及人、流程、产品等各种变量，存在多重宏观、微观层次，不同层次之间关联复杂，相互关系复杂多变，具有规模庞大、高度互联、动态变化、层次多样、自组织性等复杂巨系统的典型特征。政府侧、企业侧、社会侧的数字化应用场景除内部的规模巨大、结构复杂外，还与外部系统、外部环境有着广泛互动，在与外部环境的互动中不断演化，可能产生新的结构、行为或功能，系统的边界也在不断地变化，又具有开放性的特征，因此，数字化应用场景是开放的复杂巨系统。

开放的复杂巨系统是由我国科学家钱学森教授于1990年首次提出的概念。钱学森等提出从系统的本质出发对系统进行分类的新方法，并首次公布了"开放的复杂巨系统"这一科学领域及其基本观点。从系统的本质出发，根据组成子系统及子系统种类的多少和它们之间的关联关系的复杂程度，可以把系统分为简单系统和巨系统两大类。①如果组成系统的子系统数量比较少，它们之间的关系比较单纯，则称为简单系统，如一台测量仪器；②如果子系统数量非常巨大，如成千上万，则称作巨系统；③如巨系统中子系统种类不太多（几种、几十种），且它们之间关联关系又比较简单，就称作简单巨系统，如激光系统；④如果子系统种类很多并有层次结构，它们之间关联关系又很复杂，这就是复杂巨系统，如果这个系统又是开放的，就称作开放的复杂巨系统（Open Complex Giant Systems）。

那么像数字化应用场景建设这一面向开放的复杂巨系统的工作需要应用什么方法来解决呢？ 1992年，钱学森教授又指出研究和解决开放的复杂巨系统的方法应以系统论为指导。系统论为解决开放的复杂巨系统问题提供了理论指导，而系统工程方法就是应用系统论方法解决复杂系统问题的科学方法。数字化应用场景这一开放的复杂巨系统可以适用系统论方法进行规划、设计、制造、控制和管理，研究和选取最佳方案。在数字化应用场景开发中运用系统工程的各种管理和技术方法，使场景的整体与局部之间的关系协调和相互配合，达到最优化设计、最优控制和最优管理，以达到解决总体优化问题的目的。

系统工程方法通常包括需求分析、系统设计、实现和测试、部署和维护四个阶段，这些阶段是相互关联的，每个阶段都会影响到下一个阶段。总的来说，系统工程方法为设计和实施数字化应用场景提供了一个框架，可以帮助我们更好地理解和应对数字化应用场景建设这一开放的复杂巨系统建设工作。

二、用好“V字模型”法

“V字模型”最早由凯文·福斯伯格（Kevin Forsberg）和哈罗德·穆兹（Harold Mooz）于1978年提出，是系统工程方法中的一种重要的通用工具和方法，其利用业务拆解、业务协同和数据共享等方法将复杂的治理问题拆解、组合、优化并实现复杂到简单、抽象到具体、定性到定量转化的思路与数字化应用场景这一复杂巨系统的价值导向十分契合，是经过实践检验的有效方法。

（一）用好“V字模型”法的步骤

根据大量的数字化应用场景实践，在数字化应用场景建设中用好“V字模型”法可以按照以下5个步骤实施。

——自上而下分析

自上而下分析可能认为是从宏观向微观分解的一个过程。数字化应用场景开发的方案制订通过逐级分析，寻找影响系统的关键子系统、关键部组件、关键单元和关键变量，从而合理地确定数字化应用场景的改进目标及各层级的主要指标，形成数字化应用场景开发的目标体系、执行体系，并经过专班化团队分析研讨反复迭代最终确定方案。

——自下而上集成

自下而上集成是从微观回归到宏观的一个过程。对经过重构以后的新的数字化应用场景功能、应用等进行集成，并进行新的数字化应用场景的运行实施。从最底层的实施、每个层级的实施直至数字化应用场景整体的实施，对方案确定的各层级指标、协同关系进行实践检验、指标确认，最终对数字化应用场景的目标进行验证确认。

——数据流为主线

数字化应用场景通过数字流这一贯通全系统的“纽带”，把不同层次、不同单元整合在一个系统中，成为一个有机整体，并以数据流建立定量化的系统各组成部分的协同关系，使数字化应用场景实现功能的集成、服务的集成。

——注重集智攻关

在“V字模型”迭代全过程中，通过由各相关领域领导、专家组成的专班化团队，群策群力、集思广益，进行系统分析推演，运用各类专家的知识、经验寻找解决具体问题的思路方法，层层放大细节，不断实现方案的细化量化和实践流程的优化完善。

——持续迭代升级

运用“V字模型”法是一个反复迭代的过程，在这个过程中需要对关键单元、关键部组件、关键子系统的方案进行反复推敲，不断完善细化量化方案，不断优化，直至实现系统目标。

“V字模型”就是充分运用“分析”和“综合”两种方法，将复杂庞大的系统层层拆解至最小单元，找到各个最小单元之间的联系，再将各个最小单元拼接成系统整体。只有经过“自上而下”的拆解，再经过“自下而上”的综合，才能弄清复杂巨系统的原貌，才能找到正确科学执行一项工作的“施工图”（图3-2）。

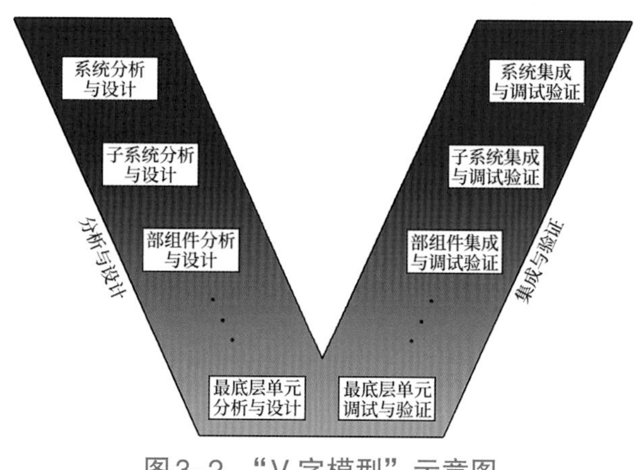

图3-2　“V字模型”示意图

（二）用好“V字模型”法的要求

掌握了“V字模型”法的5个步骤，并不代表就能建好一个数字化应用场景，从浙江的数字化改革经验来看，要用好“V字模型”法还需要在实施过程中做到业务协同、数据共享、综合集成、流程再造、迭代升级。

——业务协同

业务协同是针对选定的数字化应用场景，通过运用“V字模型”，对实现数字化应用场景目标所涉及的各领域、各层次、各部门的核心业务流程进行分析梳理，形成系统级核心业务细化、量化的一种多跨协同方式。业务协同通过“定准核心业务→确定业务模块→拆解业务单元→梳理业务事项→确定业务流程→明确协同关系→建立指标体系→汇总数据需求”这一技术路径，从全面准确梳理核心业务出发，逐层拆解到最具体最基本的事项，并从治理与服务两个维度加以标识形成业务事项清单，逐一明确支持事项及业务流程的数据指标，实现事项的标准化、数字化，形成可认知、可量化的部门职责体系以及可操作的业务流程体系。

高效业务协同的关键是围绕多跨协同系统目标，尽可能地梳理清晰相关部门的核心业务，明确任务子项，明确任务协同流程，对业务流程进行优化与重构，逐级细化直至最底层任务指标，确定指标细化的颗粒度，确定协同的部门、协同的责任和协同的任务，推动核心业务事项从“启动”到“完成”各环节的全流程协同。

通过重塑后建立的业务协同，本质上是对特定领域全新的多跨协同的治理或服务体系。实现业务协同的过程，实质上是重新构建治理或服务体系并以此提升治理或服务能力的过程，也是以数据流为主线整合组织的决策流、业务流和执行流的结果。业务协同是“V字模型”的重要属性和特征。

——数据共享

数据共享是将支撑实现业务协同的数据颗粒按一定逻辑规则组织起来的数据集，是数据及其规则的应用体现。数据共享通过“形成数据共享清单→完成数据对接→实现业务指标协同→完成业务事项集成→完成业务单元集成→完成业务模块集成→形成细化量化的业务系统”这一技术路径，实现从底层任务数据集成到整体业务数据集成。这一过程需要建立数据需求清单，逐项明确提供数据的系统与责任部门，明确数据共享方式与对接接口，还需要对业务单元、业务模块的数据进行定义和归集，并开发以数据体系为建设支撑的各领域、各层级和各部门的业务系统。

数据归集与共享是建设多跨协同数字化应用场景的基础性工作。其中，我们需要注意到数据需求定义是数据共享的前提，要注重数据流和业务流遵循特定的规则同步推进，全面梳理每个事项的数据串、每个部门的数据库，明确数据共享需求和数据共享的接口需求，明确标准化数据共享规则，根据内部共享接口需求定义开发内部共享接口，明确数据共享路径。

对于地方政府部门来说，实现数据共享需要以一体化的公共数据平台为基础，其各部门数字化应用场景的数据接口要求也需与一体化公共数据平台相统一，才能够确保每一个数字化应用场景的相关数据全部归集到一体化公共数据平台，并能与平台中的数据实现共享。

数据共享示意图如图3-3所示。

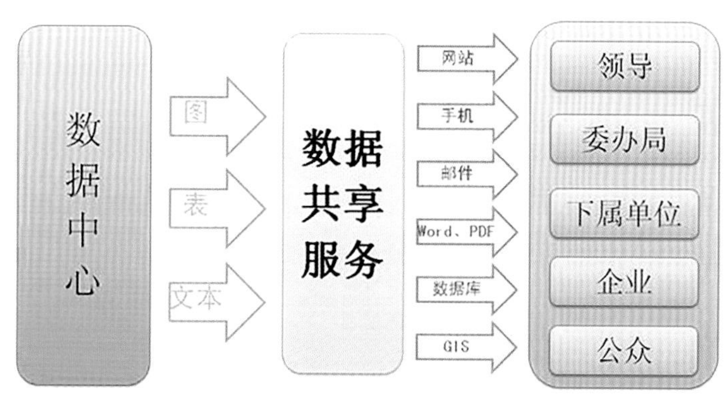

图3-3 数据共享示意图

——综合集成

综合集成是一种将系统的各个部分有机地联结为一体，协调运作以发挥整体效益，达到整体优化的科学方法。它的本质是最优化的综合统筹设计，包括计算机软件、硬件、操作系统技术、数据库技术、网络通信技术等集成，以及不同厂家产品选型，搭配地应用；同时，它还涉及对用户所在行业的业务、组织结构、现状、发展的理解与掌握。可见，“综合集成”不仅是一种结果，更是一种思维方式和方法论，在以改革重塑为目的的数字化应用场景开发中显得尤为重要。在运用“V字模型”法中，通过综合集成对跨业务、跨部门、跨层级的多跨应用场景进行整合和优化，可以提高效率、降低成本并提供更好的用户体验。

这里，我们需要理解好综合集成与数字化应用场景的关系。数字化应用场景建设的本质是一项集成改革，它通过对各领域各方面流程再造、规则重塑、功能塑造、生态构建，使每一项任务、每一个领域实现从宏观到微观、从定性到定量的精准把握，实现中心组织在决策时运筹帷幄、落实时如臂使指。因此，政府的数字化应用场景天然且必然会带有“综合集成”的特征和要求，也才能满足政府、社会、企业及个人共同需求，保持长久生命力。

——流程再造

流程再造也称作业务流程重组（Business Process Reengineering, BPR），是一种管理学上的概念和方法。它旨在抛弃滞后的流程和惯例，彻底重新设计组织的关键业务流程，以实现突破性的改善效果，比如成本降低、服务质量提高、办理速度加快等。要用好“V字模型”法，流程再造是非常重要的一种理念和方式，在数字化应用场景建设过程中，以数据和技术为驱动，对业务流程进行全面优化和重塑，才能打造出一个优秀的数字化应用场景。

流程再造示意图如图3–4所示。

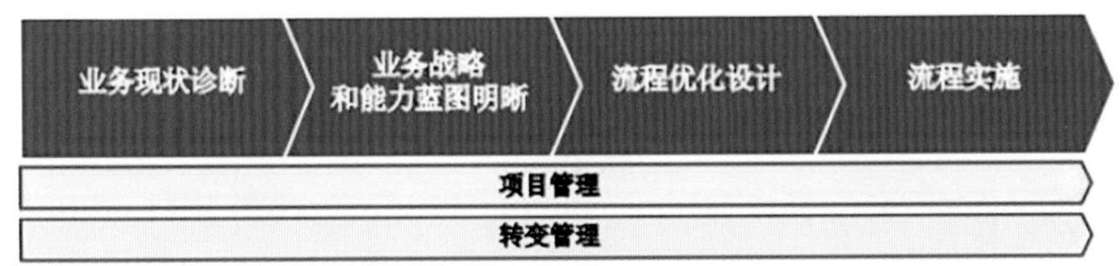

图3–4　流程再造示意图

在数字政府的数字化应用场景开发中，流程再造主要是对党政机关的核心业务进行全面梳理和数字化，通过运用“V字模型”来推进业务流程的重组改造。具体来说，这一过程包括“V字下行阶段”和“V字上行阶段”两个部分：在“V字下行阶段”，着重于核心业务的全面系统梳理，并对其进行数字化处理，从宏观到微观地实现核心业务的分解和转化；在“V字上行阶段”，着重于业务流程的重组改造，将已经数字化的核心业务组装集成为“一件事”，这一阶段不仅推进原有业务协同叠加成为新的重大任务，还从微观到宏观设计标志性应用场景，找到“破点—连线—成面—立体”的最优方案，达到整体性优化和系统性重塑。可见，要打造出一个实用、管用、耐用的数字化应用场景，流程再造是必不可少的过程和要求。

——迭代升级

从事物的发展规律可以直观地理解，数字化应用场景建设是一个螺旋上升的过程。因此，“迭代升级”是其中一个不可回避且必不可少的策略，它通过不断地重复反馈和改进循环来逐步增强和完善数字化应用场景的功能，使之不断地适应新的技术、用户需求和发展趋势，持续保持竞争力，这也是用好“V字模型”法的重要遵循。迭代升级的重点在于关注用户的体验感，以此作为推进改进的输入源，有目标、有方向地解决存在的问题，加快平台功能、系统应用的不断升级，不断更新既有应用场景，赋予新的功能、完善新的内容。

迭代升级示意图如图3–5所示。

数字政府的数字化应用场景需要根据技术发展和实际需求，不断调整和优化业务逻辑、场景功能、服务流程，以适应新的改革需求、技术条件、外部环境等。因此，“迭代升级”在数字化应用场景程序中起着至关重要的作用，它不仅是推动数字化改革不断向前发展的重要手段，也是确保改革能够持续产生实效的关键方法。

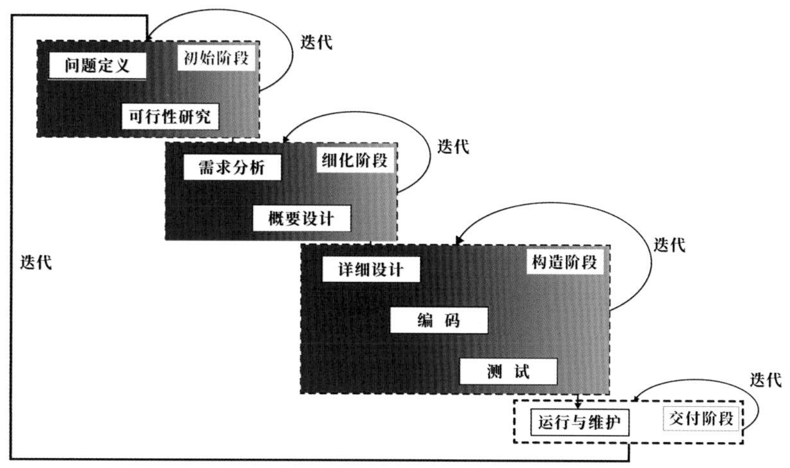

图3-5 迭代升级示意图

第三节 实用性原则

数字化应用场景是各方主体参与业务活动的重要载体，实用性是其不可忽略的遵循原则。数字化应用场景从提出到应用的全过程中，我们会碰到业务如何调整、技术方法如何选择、投入产业是否合理以及与上级系统的协同兼容等实际问题，在这个过程中需要处理好"六对关系"。

一、业务与技术的关系

数字化应用场景建设中，需要处理好业务与技术的关系，这里需要理解并贯彻业务是本质、是核心，占据主导位置；技术是手段、是支撑的基本共识，发挥对业务改革的技术实现作用。

同时，业务与技术两者又是密不可分、深度融合的，脱离业务谈技术必然不可取，脱离技术只讲业务，也不符合科学规律。这需要技术与业务紧密合作，共同推进改革进程，在对业务梳理、流程优化再造的基础上，提供适合的技术解决方案。

以"浙食链"数字化应用场景为例，其场景建设的核心目的和实现目标是推进食品安全从农田（车间）到餐桌全链条监管"一件事"改革，这一业务需求在"浙食链"数字化应用场景全生命周期中始终处于主导、引领的位置，并通过 AI、云分析、大数据、物品编码等数字技术得以实现。在这一过程中，业务和技术的关系得到了较为充分的体现。

二、存量与增量的关系

数字化应用场景建设中，还要处理好存量应用、存量数据与增量应用、增量数据的关系，这里需要把握好存量迁移和增量开发，并推进存量与增量的融合。

在存量迁移上，要利用好老应用、老系统以及历史数据、沉淀数据，通过软硬件系统履行、数据映射、数据转换等方式，对存量应用和数据进行识别和迁移，最大程度利用好存量应用与数据，使存量数据焕发“第二春”。放弃存量另起炉灶，不符合业务规律，也不具有经济性。

在增量开发上，针对新业务流程、新业务需求等有必要进行从0到1创新的工作，在现有的应用与数据基础上，迭代推出新的应用场景，以创新的方式推动场景的深化。增量开发需要关注用户需求的变化和技术的发展趋势。

以“浙食链”为例，数字化应用场景建设中一项重要的工作就是将监管部门、企业手上已有的历史数据进行标准化、格式化并迁移到新开发的“浙食链”场景中（数据迁移方法如图3-6所示）。这些历史数据为分析监管问题和需求、科学开发业务流程、提升数据全链条闭环管理能力提供了基础，节约了大量重复采集、加工成本。

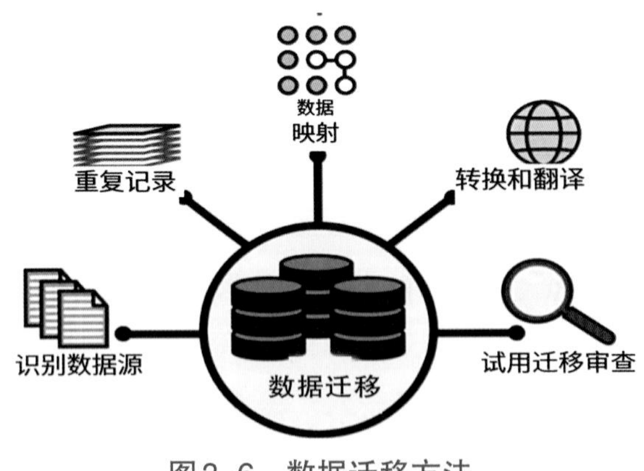

图3-6 数据迁移方法

三、所有与所用的关系

在数字化应用场景中，数据无处不在、无时不有，既是最大的资源，也是重要的保障，离开了数据，数字化也就无从谈起。在数字化应用场景建设中，有的数据可能来自内部，有的数据可能来自外部，有的数据是有自主权限的，有的数据需要外部授权。因此，我们要正确认识数据，科学处理好数据间的关系，强化数据运用，提升数据价值。对于数字化应用场景来说，重点要处理好三种数据。

处理好所有也所用的数据。所有也所用的数据是数字化应用场景建设主体自身拥有并且需要在数字化应用场景中使用的数据。这类数据是最具价值的部分，我们要建立完善的数据管理制度和运用机制，充分加以保护和运用。

处理好所有不所用的数据。所有不所用的数据是数字化应用场景建设主体自身拥有但无法在数字化应用场景中使用或直接使用的数据。这类数据主要是一些不再具有价值的历史数据、错误数据和失效数据，需要根据不同情况加以清理或更新。

处理好所用不所有的数据。所用不所有的数据是需要在数字化应用场景中使用的外部数据。这类外部数据无法直接获取，需要通过建立数据采集、交换、共享渠道，获得数据使用授权后才能在数字化应用场景中使用。对于这类数据，特别要注重合法合规利用和数据知识产权保护。

“浙食链”数字化应用场景在全量归集本部门所拥有的数据基础上，尽可能应用其他非本部门所有但又可用的数据，如通过收集法院发布的食品行业终身禁业人员信息和食品行业行政处罚人员等公开信息，生成“食品行业禁入”名单，对禁止从事食品行业的人员实施全面行业禁入，尽可能使需要的数据为我所用。

四、起点与终点的关系

前面说到数字化改革是一个螺旋上升的过程，旧的问题解决了会产生新的问题，老的需求满足了会产生新的需求，既定的目标完成了又会提出新的目标，而数字化应用场景作为改革的载体，也将一直处于应用系统从 S_0、S_1、S_2……无穷尽地趋向 Sn 的状态中，场景建设的终点也将是场景“迭代升级”的新起点。因此，数字化应用场景建设要处理好起点与终点的关系，注重起点到终点的全过程管理，持续推进场景“迭代升级”。

在数字化应用场景建设过程中，要着重做好从起点到终点的全过程管理，确保每个环节环环相扣、口径一致，每个环节都能得到有效监控和管理，及时发现问题并采取相应的措施进行优化更新，边建设边研究边运用，边运用边优化边迭代。要实现高质量的全过程管控，需要对业务和技术两方面的全过程分析，既包括业务流程的兼容、业务标准的一致等业务环节的管控，也包括数据格式统一、技术接口兼容等技术的管控。

在市场监管数字化应用场景建设中，仅“浙食链”这一数字化应用场景，在正式上线运行后，根据运行中的流程兼容问题反馈和改革需求变化已多版迭代更新，并仍持续保持更新。

五、单元与系统的关系

数字化应用场景建设中，要处理好单元与系统的关系。一方面，各场景需要能够自成系统，每一个数字化应用场景都应该是一个独立的系统，能够独立完成特定的任务或提供服务。另一方面，从更大的场景来看，每个小的数字化应用场景又是大系统的组成单元，小数字化应用场景之间需要能够实现互联互通，不同的单元之间需要符合大系统的业务逻辑和技术规则，实现实时的接口联通和高效的数据共享，共同形成一个整体的系统。因此，数字化应用场景单元与系统之间应当自成系统、互成系统、共成系统、互联互通、共成体系。

例如“浙食链”数字化应用场景，基于食品安全监管全过程，构建了“厂（工厂）场（农场）阳光、批批检测，样样赋码、件件扫码（图3–7）、时时追溯、事事倒查”6个功能相对独立的子系统，在这些子系统下又开发了“流程扫码”“仓储扫码”“消费结算”等不同扫码功能单元，这些功能单元之间、子系统之间形成了互联互通的大系统。

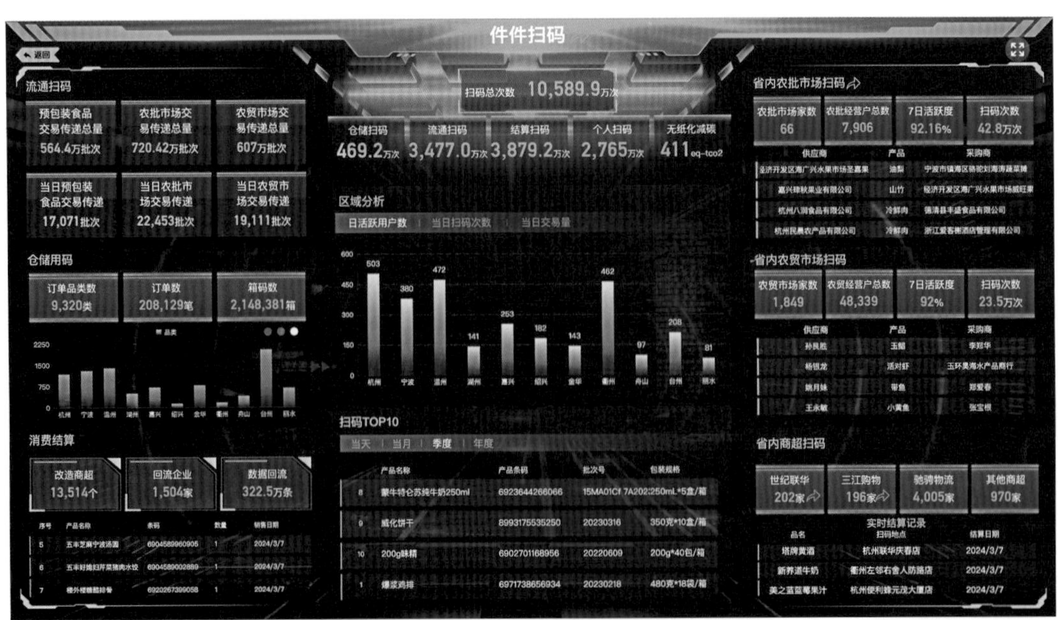

图3–7 “浙食链”“件件扫码”子系统

六、开发与运用的关系

处理好开发与运用的关系，坚持开发上线不是终点，而是起点，数字化应用场景需要在不断运用中持续进行优化升级。

在开发阶段中，首要任务是明确目标和需求，通过开发来提升场景的可扩展性和灵活性，以便适应未来可能的变化和需求，促进场景的应用。数字化应用场景建设是一个持续迭代的过程，通过场景的应用，能够及时发现开发中的不足或产生新的需求，实现对开发的持续优化与升级。

在系统上线后，需要根据实际运行情况和反馈，不断进行优化和升级。同时，开发和应用可以同步推进，边开发边应用，根据业务变化和技术发展，持续更新和升级系统，以保持其竞争力和实用性。

第四节 范式化步骤

数字化转型对于很多领域可能还是个新事物，需要“摸着石头过河”，但对于数字化应用场景建设这样一个具体的工作来说，仍是有规律、有方法、有要求可以遵循的。从浙江大量成功的数字化实践案例来看，“六步方法”是高质量开展数字化应用场景建设行之有效的方法。

一、明任务，深入开展数字化应用场景需求分析

开展数字化应用场景建设首先要搞清楚数字化应用场景的逻辑起点，这里讨论的任务不是如何开发，而是塑造这个数字化应用场景背后的业务逻辑，为什么而做、需要解决什么问题、满足什么需求、达到什么效果。

首先，要找准场景塑造的需求来源，对于数字政府的场景来说，可以从党中央国务院、省委省政府等上层的要求，本组织所在层级事业发展自身的需求，以及社会层面老百姓的需求、高频事项服务的需求等上层、自身及用户三个不同的维度来分析。这些方面的需求分析清楚了，也就有了对标领任务的基础。其次，要尽快形成统一的认识，确保所有成员对数字化应用场景建设的目标和方向有共同的理解，减少认识不同而产生的分歧，从而能够有方向地集聚力量、同向发力，提高任务执行的效

率。再者，要进一步系统分析梳理形成场景建设的具体思路，通过搜集与问题或目标相关的所有制度、信息、数据、流程等要素，使用思维导图等工具来可视化任务的组成部分和它们之间的关系，经过充分调研和反复讨论，构建项目实施的逻辑链条，形成场景开发的清晰思路和实施方案。最后，还要制定项目全生命周期时间表和路线图，根据确定的项目建设思路，制订一个具体的行动计划，包括任务要点、时间节点和责任分工等要素，并在实施过程中进行动态调整和修正，作为整个项目的“施工图”。

例如，“浙江外卖在线”数字化应用场景在开展需求分析过程中，系统分析了《中华人民共和国电子商务法》等103部法律法规的相关要求，深入调研人民群众急难愁盼等问题12项，为数字化应用场景建设摸清现状、把准方向、明晰任务提供了重要基础。其他领域的数字化应用场景建设也是如此。

二、理业务，依法依规全面梳理核心业务

数字化应用场景建设中对业务逻辑和业务流程的梳理过程，是明确部门职责边界的过程，也是实现业务流向数据流转化的过程，这一过程是实现“业务重塑、流程再造”的基本前提和具体措施。

因此，需要高度重视对具体业务的全面梳理工作，依据组织的“三定”职责方案、执行的法律法规规章、权力事项等，依法依规厘清涉及的部门和责任范围，明确哪些是需要开发的场景业务主线、哪些是协同的业务支线，而且需要对每一项核心业务进行细化，达到清单化、场景化、颗粒化程度。业务梳理是场景开发的“基本功”，需要沉下心，擦亮眼，把功夫做真、做实、做细。同时，梳理业务的过程，需要对该业务存在的问题、内外部需求、技术瓶颈等进行关联分析，把“明任务”阶段的需求摆进去，进而归纳形成数字化应用场景建设的需求。最后，综合场景业务各条线，提出符合法定要求的业务集成路径与方法。

仍以“浙江外卖在线”为例，场景设计过程中系统梳理了餐饮平台管理、外卖商家管理、食材安全管理、骑手规范管理四大核心业务板块的每一项业务流程。

三、抓改革，坚持以创新手段实现数字治理

数字化应用场景建设不是一项简单的技术工作，对于政府部门来说，更多是以

数字化的手段、工具来统筹改革发展的一项工作，需要认清创新改革在数字化应用场景建设中所代表的本质要求。因此，在开展数字化应用场景建设中，必须坚持以人民为中心的价值导向，必须综合考虑规范与发展、监管与服务、秩序与活力，必须突出问题导向、需求导向、目标导向、效果导向，找准实施改革的场景切入口，找准工作中存在的需求、困难、瓶颈。

这一过程，需要编好需求清单、场景清单、改革清单，通过“三张清单”把场景建设的需求、业务、技术等内在关系统一起来。需求清单的核心是要从问题导向出发，聚焦到具体的任务上，广泛地调研分析需求，找出关系到场景建设的需求来源、目标定位、技术瓶颈、问题困难；场景清单的核心是要聚焦到实现的效果上，基于需求清单的每一点，把业务理清楚，通过综合集成、流程再造形成更大的多跨场景，最大限度满足需求；改革清单的核心是从实现目标的角度出发，围绕实现数字化应用场景背后的改革目标，推出相应的具体改革举措，把改革的要求转化到数字化应用场景中，使改革通过数字化应用场景更好地达成。“三张清单”之间形成了“需求清单是基础、场景清单是核心、改革清单是关键”的内在关系。

同时，还需要借助数字化应用场景，通过数据集成共享、数据分析以及背后的改革目标及效果进行监测评估，根据评估结果进行调整和改进，确保数字化应用场景运用取得实效。

例如，“浙江外卖在线”数字化应用场景在开发过程中，全面梳理平台主体责任落实、商家规范经营、餐饮安全防控、食品二次污染、外卖配送、消费投诉、骑手交通违章事故等12项细分问题并形成场景建设的问题清单，为改革破题提供了依据。

四、塑场景，运用数字技术解决问题实现目标

塑造场景是数字化应用场景建设的关键环节，应当紧扣流程再造、系统重塑、闭环管理和重在应用的要求，下大力气推进跨部门、跨系统、多业务的场景创新，持续推进场景迭代升级。塑造场景的过程，就是运用数字化的工具和手段，通过数据流、信息流打通、带动、集成决策流、业务流、执行流的过程，这一过程将逐步消除管理和服务边界，达到综合集成的目的。

塑造场景需要设计好题材和立意，体现管理者的思想、理念、素养和价值取向，关键在于写好改革“剧本”。改革“剧本”是施工图、导航仪，写好“剧本”的同时

也是从感性认识到理性思考、从改革构想到实现路径、从明确任务到细化举措的具体过程。塑造场景也需要注重场景特色和亮点，做到量身定制，有的放矢。通过完善的“剧本”，明确好用什么技术、什么方式、什么流程、什么功能、什么界面等一系列场景要素，把问题解决好，把目标实现好。

例如，“浙江外卖在线”通过重塑业务，用数据流、信息流把决策流、业务流、执行流统一起来，由点及面连接各级各部门，形成新的治理模式（图3-8）。

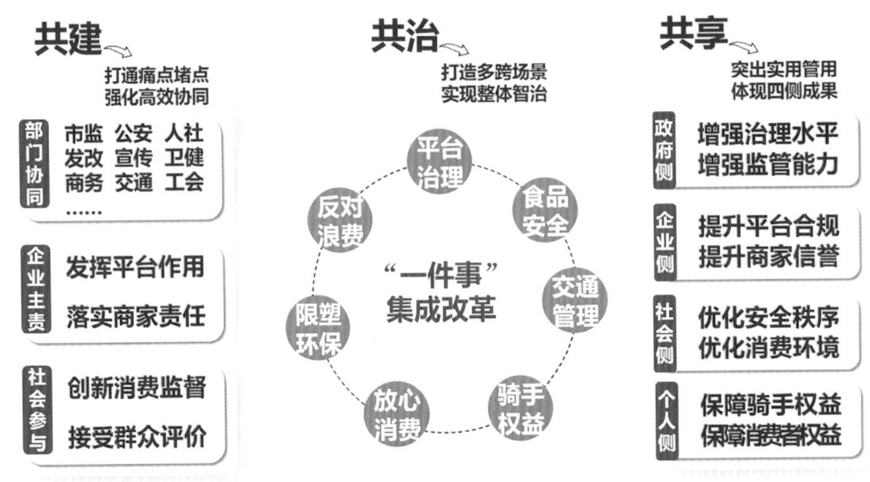

图3-8 “浙江外卖在线”协同治理模式图

五、强保障，完善制度机制有效推动场景实现

制度和机制是实现数字化应用场景的重要保障，要同步从制度供给层面、机制优化层面加强考虑，通过制定支撑改革的法律法规、政策文件、标准规范，形成制度层面、机制层面的底层基础，数字化应用场景才能真正起到推动改革落实、保障改革落地的作用。制度保障应当从底层逻辑上调整完善制度构建和制度运行方式，通过制度规则的调整，确保改革长期有效、持续推进。

数字化应用场景实现离不开先进技术的支持，需要加强GPT语言模型、Sora文生模型、决策树智能算法等新技术运用制度机制保障，加强数字化基础设施建设，建设一体化的智能中枢，为改革提供技术制度机制上的保障。

数字化应用场景是面向广大用户、归集海量数据的数字化设施，网络安全和数据安全保护不容忽视，需要建立完善的信息安全管理体系，加强对网络、数据的保护和管理，采取技术手段和管理制度相结合的方式，防范风险和可能带来的新的问题。

例如，“浙江外卖在线”数字化应用场景有力支撑“网络餐饮一件事集成改革”，促成浙江省“两办”印发《关于加强网络餐饮综合治理切实维护外卖骑手权益的实施意见》，成功推动将网络餐饮“阳光厨房”“外卖封签”等改革要求首次写入地方性法律规范。

六、见成效，坚持数字化应用场景实战实效、好用管用

数字化应用场景好不好用、管不管用，有没有取得实质成效是衡量改革是否取得成功的重要标准，也应该是可以衡量的。

因此，必须加强数字化应用场景的落地应用，持续推进政府侧、社会侧、企业侧和个人侧的“四侧”打通，在更大场景中整合资源、综合集成、重塑体系，不断提升社会的知晓率、覆盖率、触达率，力争取得标志性成果，为解决突出矛盾问题、激发发展活力、增强人民群众获得感、提升治理能力现代化贡献实践方案和经验成果。

要加强数字化应用场景应用效果评估，定期评估数字化应用场景背后改革的进展和效果，通过定期评估等方式，全面客观掌握实现程度和效果，并根据评估结果，及时调整工作方向和策略，确保改革取得实效。各个地区、各个部门应该通力合作，通过各种渠道加强宣传和推广工作，以组织宣传活动、发布成功案例等方式，共同推进数字化解决方案的实施和应用，增强公众对数字化应用场景的信心和支持。

例如，“浙江外卖在线”数字化应用场景上线运行后，仅2022年就接入阳光厨房11.8万家，覆盖浙江省85% 以上订单商家，查纠问题商家8582家，处置后厨违规问题3.2万个，网络餐饮消费环境有了明显改善，消费投诉举报率同比下降12%，获得广大消费者好评。

第五节 全过程质控

一个高质量的数字化应用场景“好”在哪儿不是抽象的，也不是自封的，需要有“好”的标准来指导、来对标、来验证，“好”的标准应当贯穿于数字化应用场景建设的全生命周期，只有高标准要求才会有高质量的场景。

一、谋好：统筹谋划需求、目标和任务

统筹谋划需求、目标和任务的过程就是养成数字化思维、统一规则方法、理清场景思路的过程。数字化应用场景建设始终要与改革方向保持一致，建立成体系的场景体系架构和对应的改革举措，突出创新性、逻辑性、开放性、实战性，在专班化团队的统筹下稳步推进开发工作，按计划分步实施改革和开发任务，进一步优化细化跑道，边研究、边开发、边完善，确保数字化应用场景对应的改革需求、目标和任务都能在正确的跑道上“跑起来”。需求、目标和任务关系示意图如图3-9所示。

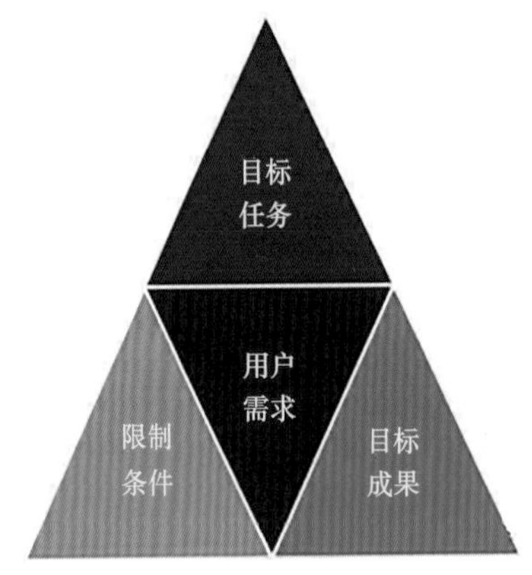

图3-9 需求、目标和任务关系示意图

（一）调研和分析需求

统筹谋划需求、目标和任务的前提是对改革对象和改革任务有清晰的了解，需要对组织内外的需求进行全面调研和分析，包括了解现有业务流程、技术基础设施、人员能力等方面的情况，以及与利益相关方进行沟通，了解各方的期望和需求。

（二）制定明确的目标

根据需求分析的结果，制定明确的数字化应用场景建设目标。这些目标应该是可衡量和可实现的，并与改革的战略目标保持一致。从数字政府治理角度，目标可以包括现代政府治理水平、数字经济产业竞争力、社会建设现代化水平、法治化水平、数据平台集成度和智能化、治理理念和制度体系等不同维度的具体指标，而且要兼顾好长期发展和分阶段目标。

（三）制订详细的任务计划

在确定目标后，需要制订详细的任务计划。这包括确定具体的项目和活动，分

配资源和责任，并制定时间表和路线图。任务计划应该具有可操作性和可追踪性，以便及时调整和监控进展。在制订详细的任务计划时，可以使用项目管理工具和方法来帮助规划和管理任务。

（四）持续监测和评估

数字化应用场景建设是一个持续的过程，需要定期开展监测和评估，系统掌握数字化应用场景的项目质量、完成进度、功能实现、应用效果以及存在问题等情况。根据评估结果，专班化团队需要及时调整和优化任务计划，解决问题和改进工作，确保数字化应用场景建设圆满完成。

以“GM2D在线”数字化应用场景建设为例，以“二维码”这个物品唯一身份证为线上线下联结的“桥梁”，制订了识码、编码、派码、赋码、用码、管码6个业务环节的一系列具体改革任务和计划，并通过“GM2D在线”这一数字化应用场景成功支撑了浙江省的物品编码迁移制度改革。

二、写好：规范编写业务改革方案

数字化应用场景建设的本质是对业务场景的改革，写好场景建设的方案和“剧本”就是从感性认识到理性思考、从改革构想到实现路径、从明确任务到细化举措的具体历程，是推动业务梳理、流程再造、业务重塑的“关键一步”。每一个数字化应用场景建设前，应当要组建专班化团队，编制出优质的场景“剧本”，拿出配套的改革方案。

（一）机制上强调“开放”创作，坚持“开门”创作剧本

数字化应用场景建设要求“人人都是作者、个个都有责任”，围绕上级要求、企业诉求、群众期盼和基层呼声，充分听取相关部门、企业、专家学者、消费者的意见建议，在深入调研中大成集智，在反复论证中形成科学的决策。

（二）内容上遵循“逻辑”规律，突出“一件事”集成

在数字化应用场景建设和改革的方案内容上，可以按照“一个背景、四个体系（目标体系、工作体系、政策体系、评价体系）、一套保障”的“141”逻辑结构进行设计谋划。通过系统性的设计，来深刻理解改革的背景，找准改革的方向和定位，目标体系要能突出“先进”，工作体系注重“协同”，政策体系应当力求“精准”，评价体系尽可能做到“科学”，加强组织领导、人才队伍、政策制度、宣传推广等各方面的保障，尽可能做到改革举措集成、应用集成、效果集成。

例如，“GM2D 在线”数字化应用场景建设特别重视改革方案的设计，制定了《“全球二维码迁移计划”示范区建设方案》，在方案中确立了立足全球物品编码迁移制度原点和首创原创的目标定位，构建了 GM2D 示范区建设“1365”框架体系（图 3–10），厘清了改革的逻辑和路径。

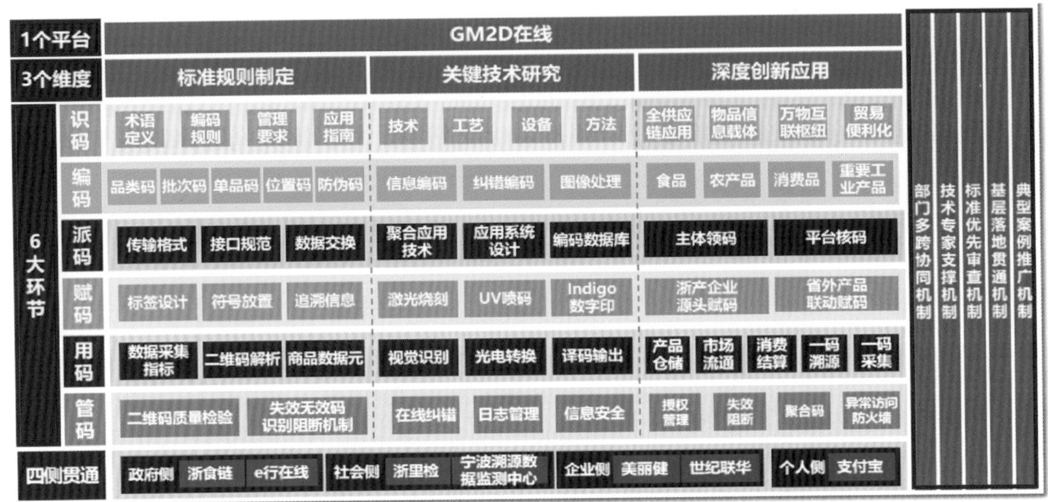

图 3–10　“全球二维码迁移计划”示范区建设体系框架

三、编好：形成和完善需求清单、场景清单和改革清单

梳理好“三张清单”，是高质量开展数字化应用场景建设不可忽视的“规定动作”。大量实践案例表明，梳理好“三张清单”，是进一步认清改革本质、跳出传统思维、谋划更大场景的科学有效方法。

（一）深刻理解改革的核心要义

需求清单的核心要义是坚持问题导向，广泛问需，从中找出关系到数字化应用场景是否好用管用耐用的关键目标、重点问题、高频需求；改革清单的核心要义是坚持目标导向，找准问题和需求的突破口，制定有效的改革举措，大胆推进想做而未做成的事情，才能取得突破、获得成效；场景清单的核心要义是坚持效果导向，瞄准需求，全面深入地梳理业务逻辑和流程，通过综合集成、流程再造形成更大的多跨场景。

（二）紧紧把握内在关系

从数字化应用场景背后的改革来看，改革任务的出发点在重大需求上，落脚点在核心的业务上，支撑点才是数字化应用场景。因此，在数字化应用场景建设中，需要确立“需求清单是基础、场景清单是核心、改革清单是关键”的认知。

（三）遵循科学方式方法

数字化应用场景建设需要遵循科学有效的方式方法，用好“V字模型”等技术方法以及“作战图”、时间表等手段工具，把“三张清单”贯穿在场景建设的始终，并做好持续迭代、动态管理，是高质量做好数字化应用场景建设十分有效的方式。“GM2D在线”“三张清单”如图3–11所示。

需求清单	场景清单	改革清单
合计11项业务需求： **一、群众高频需求（2项）** 1.群众对食品、食用农产品、轻工产品等产品质量高度关注，追溯需求大。 2.群众消费知情权还不够充分。 **二、企业共性需求（2项）** 1.生产经营企业落实产品安全主体责任需要。 2.依规建立质量安全追溯体系需要。 **三、提升政治能力（2项）** 1.国内、国际双循环接轨国际需要专业支持。 2.扩大内需，需要提升重要产品质量安全水平。 **四、推动治理能力和治理体系现代化（3项）** 1.产品安全追溯体系不统一、不健全。 2.重要产品监管全链条全过程集成协同不够。 3.重要产品质量协同治理能力现代化不足。 **五、打造金名片提升竞争力（2项）** 1.发挥物品编码统一标识的地基作用，提升国家编码数据库的数据质量和应用效能。 2.顺应全球物品编码发展，引领全国物品编码创新应用研究。	**合计6项应用场景：** 1.“精准识码”：普及物品编码和二维码定位、功能、作用、知识、工具等。 2.“科学编码”：梳理编码依据、界定编码范围、促进规则兼容。 3.“规范派码”：构建企业领码、平台核码两种派码方式。 4.“分类赋码”：按浙产和省外产品进行源头赋码和首站赋码。 5.“便利用码”：进行仓储、流通、消费、采购、维权、监管用码。 6.“依法管码”：根据相关法律法规和标准规范，对实体码质量和数据质量进行全面监管，对数据分级分类、授权开放。	**合计6项改革举措：** 1.建设“GM2D在线”是高效落实省委事业单位数字化改革的内在要求。 2.建设“GM2D在线”是推进“全球二维码迁移计划”示范区建设的基础支撑。 3.构建从物品生产、仓储、流通、消费到维权等全流程闭环管理。 4.开发企业领码、平台核码两种方式的派码模式，保证数据的统一性、唯一性、开放性。 5.建立仓储无纸化票证流转模式，降低纸质票据凭证成本，提升物品供应链效率，降低碳排放量。 6.建立产品安全风险监测、预警、处置、反馈闭环管控机制，打造科学规范、法治数智的安全风险治理体系。

图3–11　“GM2D在线”“三张清单”

四、审好：优化场景题材立意、过程细节、特色亮点

要把数字化应用场景像艺术品一样用心设计、精心雕琢、悉心擦拭，不断优化场景题材立意，以深入真实的调研，了解改革的真实需求，运用创新思维挖掘潜在需求和前瞻性问题，满足不同主体的多元化差异，从过程细节上不断“迭代升级”，形成具有领域和区域特色亮点的好场景。

（一）好场景是有灵魂的

数字化应用场景的灵魂是管理者的思想、理念、素养和价值取向的体现，这需要管理者以更高站位、更宽视野寻找改革突破点和制度重塑点，跳出数字化的局限理解，从最主要、最关键、最具决定因素的需求出发，设计最急需、最见效、最可复制推广的功能，用数字空间重塑物理空间和社会空间，实现“牵一发动全身”的改革成效。

（二）好场景是靠打磨的

要打磨好场景的过程和细节，在过程中着重处理好业务与技术、增量与存量、所有与所用、单元与系统的关系，在细节上把“数据全不全、质量高不高、功能强不强、效果好不好”作为评价的第一标准，对业务逻辑、数据质量、界面设计、名称规范、用户体验进行集体评审、部门会商、反复论证和严谨测试，力求场景“听得易懂、看得明白、用得简单”。

（三）好场景是能管用的

不同的数字化应用场景需要呈现不同的要求和特色，如浙江省市场监督管理局在数字化应用场景建设过程中，根据数字化应用场景不同应用需求和特色，将其分为过程监管、现场监管、管理服务、平台治理等4类场景。过程监管场景主要突出“闭环”，确保监管能够环环相扣、全程管控；现场监管场景主要突出“阳光”，通过“可视、感知、实时”，实现从源头上进行管控，把现场监管的关口往前移；管理服务场景主要突出“实用”，能够把政府、社会、企业和个人的端口打通，尽可能把管理服务通过线上方式实现办理；平台治理场景主要突出“算法”，通过科学精准的大数据运算、智能分析，瞄准不同类别大型平台治理的关键点、问题点和需求点，使治理手段更加智能、更加便捷，也更加精准实时。

例如，“GM2D在线”以“一码知全貌、一码管终身、一码行天下”为场景建设目标，运用二维码相关原创技术，系统重塑二维码治理业务逻辑和流程规则，建设准确识码、科学编码、规范派码、分类赋码、畅达用码、依法管码等6大场景及N个子场景（图3-12）。

五、用好：推动场景贯通运用、检验成效

数字化应用场景的运用是对改革质量和成效的检验，需要把场景的贯通运用作为一项系统工作进行部署，要选好推进运用的总负责人和推广团队，以全域“一盘棋”“一张网”的方式同步推广。运用过程中，要防止出现“屏上谈兵”“上下脱节”“虎头蛇尾”等现象，需要持续抓好落地应用、抓好线上功能、抓好迭代更新。

（一）在推动场景贯通运用上

数字化应用场景贯通是实现业务协同和整合的重要前提，通过建立跨部门的沟通机制和协作平台，促进信息共享和资源整合，实现场景的贯通运用，这里需要做好

图 3–12　“GM2D 在线”6 大场景

三个方面的工作。

1. 建立高效协同的公共数据平台

围绕数据采集、归集整合、共享、开放、应用等全生命周期构建公共数据平台，不断提高数据质量，实现数据按需归集和高效共享，为各项改革提供扎实的数据支撑。

2. 从最小系统开始构建并逐步完善

省、市、县三级应当分别从党建统领整体智治、数字政府、数字经济、数字社会、数字文化、数字法治各大系统出发，构建数字化改革最小系统，基本涵盖省域治理的主要方面，然后随着实践深化和理论创新，逐步拓展各领域、各层级、各部门改革的广度、深度，通过基层智治系统集成融合落地落细，做到循序渐进、有序构建，直到涵盖省域治理的全过程各方面。

3. 实现数据共享与开放

数字化应用场景的贯通运用需要大量的数据支持，而数据的共享与开放是推动场景贯通运用的关键。建立统一的数据标准和接口，打破数据孤岛，实现数据的互通互联，为不同场景提供全面的数据支持。

（二）在加强检验成效上

检验成效是评价数字化应用场景好不好的重要的闭环举措，也是启动下一步迭代升级的应有举措。数字化应用场景的生命在于应用，通过应用可以客观地评估改革是否达到了预期的目标，是否取得了实质性的成果，发现问题和不足之处，可以及时进行调整和改进，同时也有助于各地各部门增强对改革的信任和支持。

检验成效可通过场景指标设定与评估方式开展，设定关键绩效指标（KPI），定期进行评估和监测，以检验场景开发和应用的成效。用户的反馈和满意度是衡量数字化改革成效的重要指标之一，通过开展用户调研、满意度调查等方式，了解社会各界对场景应用的评价和意见，及时调整和改进，提升场景应用体验和满意度。数字化应用场景应用的效益是衡量改革的另一重要指标，改革往往需要投入大量的人力、物力和财力资源，通过对场景从开发到应用全生命周期的成本效益进行分析，评估投入产出比，可以较好地判断数字化应用场景是否具有经济效益和社会效益。

例如，“GM2D在线”通过打通政府侧、社会侧、企业侧、个人侧186个数字化应用场景，实现二维码数据联通共享，累计为8.7万户经营主体的37.4万种产品成功发放3.2亿张商品二维码，归集流通、消费扫码用码数3.86亿次。

六、讲好：总结、复制和推广场景成果

总结、复制和推广数字化应用场景成果是推进数字化改革的重要一环，总结、复制和推广数字化应用场景成果是一个循环的过程，只有不断地总结、复制和推广才能实现改革的可持续发展和全面进步。讲好数字化应用场景成果对于凝聚数字化共识、传播数字化理念、推广数字化技术、促进数字化改革等方面具有重要意义。

（一）总结成果：凝练0到1的原创首创

数字化应用场景的谋划、建设和运用过程中，无论是业务还是技术，无论是实践还是理论，无论是认识还是行动，都会有原创首创的经验做法，对这些从0到1创新的做法、突破的技术、再造的流程、重塑的业务等方面理念、经验进行总结提炼，既是对数字化应用场景的总结闭环，也是数字化应用场景复制、推广的必备条件。

（二）复制成果：实现1到100的实战实效

复制成果就是对数字化应用场景开发、建设、运用中原创首创的经验做法、理念思路、技术路径等方面进行复制应用，实现由点到面、由1到100的实战实效。

（三）推广成果：放大 A 到 B 的示范效应

数字化应用场景在更大范围内推广应用既是对数字化应用场景的检验，也是放大成果的重要路径，推广成果将放大由此及彼、由 A 到 B 的示范效应。

例如，“GM2D 在线”上线以来，提炼形成理论和技术成果11项，发表核心期刊与国家级期刊论文11篇，成功取得7项国家发明专利，改革成果获2023年第二届全球数字贸易博览会先锋奖（DT 奖）金奖、2022年度浙江省改革突破奖、2022年省政府改革创新项目等一系列荣誉。“GM2D 在线”的系列成果对于全球物品编码领域具有复制、推广意义。

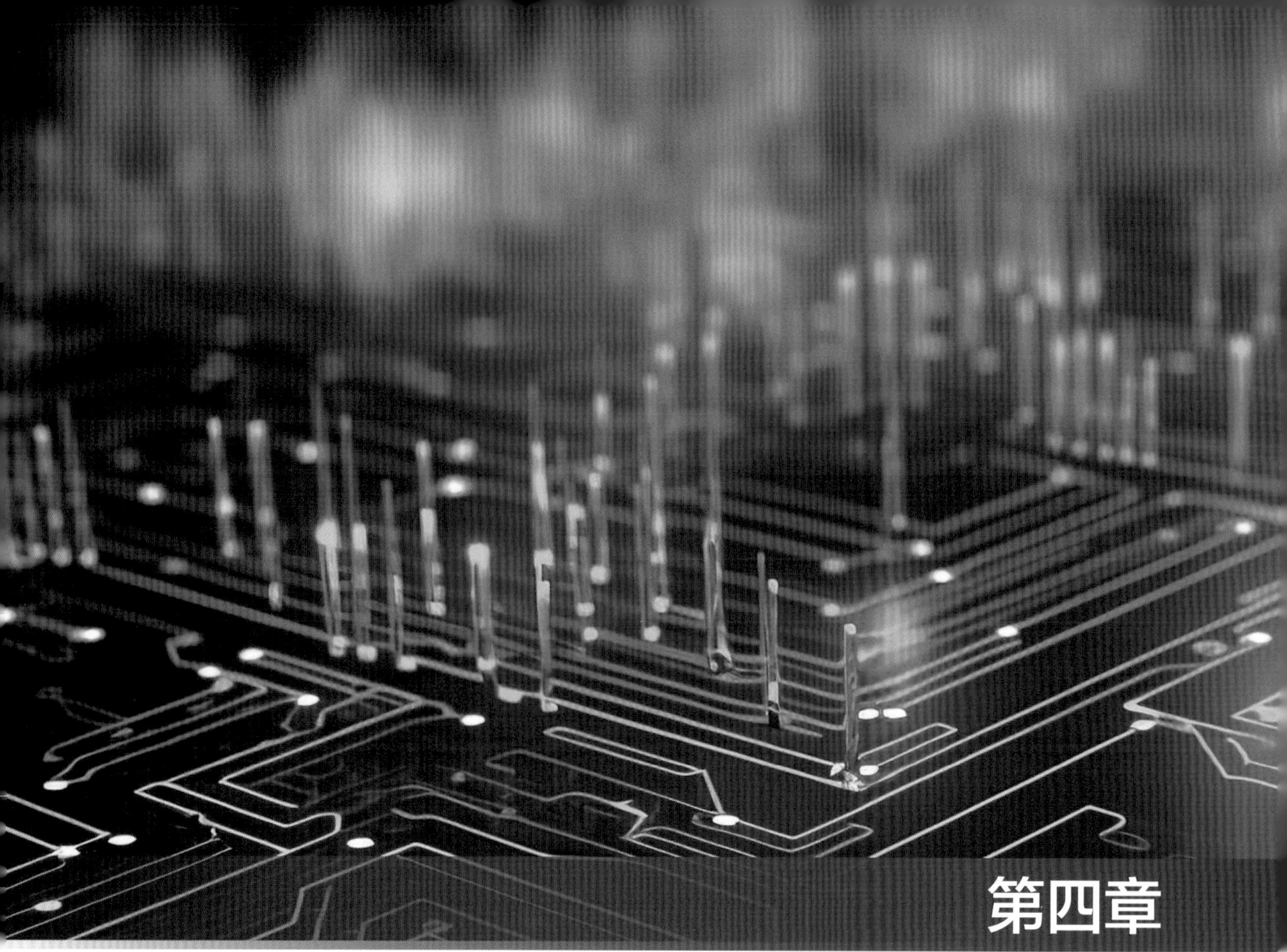

第四章

数字化应用场景架构

在掌握数字化应用场景开发的基本工作方法后，我们做好了场景的思想准备、组织准备和工作保障，接下来就要进入应用场景具体的建设过程中。实施场景建设，管理者开发者必须要明白如何整体规划设计，如何细化分解落实，如何具体实现目标。

数字化应用场景架构是数字化应用场景的四梁八柱。所谓架构，就是谋篇布局，用整体的系统的观点来规划场景体系。每一个应用场景在建设伊始，都要系统性地谋划总体架构、业务架构、技术架构等，不掌握架构的方法要求，就难以取得场景成功。

本章将分别阐述场景的“四横四纵”架构，构建业务体系、内容体系和结构体系的目的方法要求等，给出了数字化应用场景架构的一般设计方法论以及具体示例，目的是使读者循序渐进地学会掌握编写场景规划方案、梳理核心业务、实现场景内容、集成场景单元和优化场景界面等关键的能力，从而打造一个“好用管用、实战实效”的数字化应用场景。

第一节 总体架构

数字化应用场景的总体架构是数字化应用场景设计的蓝图，是应用建设谋篇布局的开始，涉及多个层次和维度，通过集成信息技术、数据资源、业务流程、组织机构和保障措施，实现企业或组织的全面数字化。

以浙江省数字政府建设为例，为构建全面、高效、安全的数字化环境，采用“四横四纵”总体架构（图4–1）。

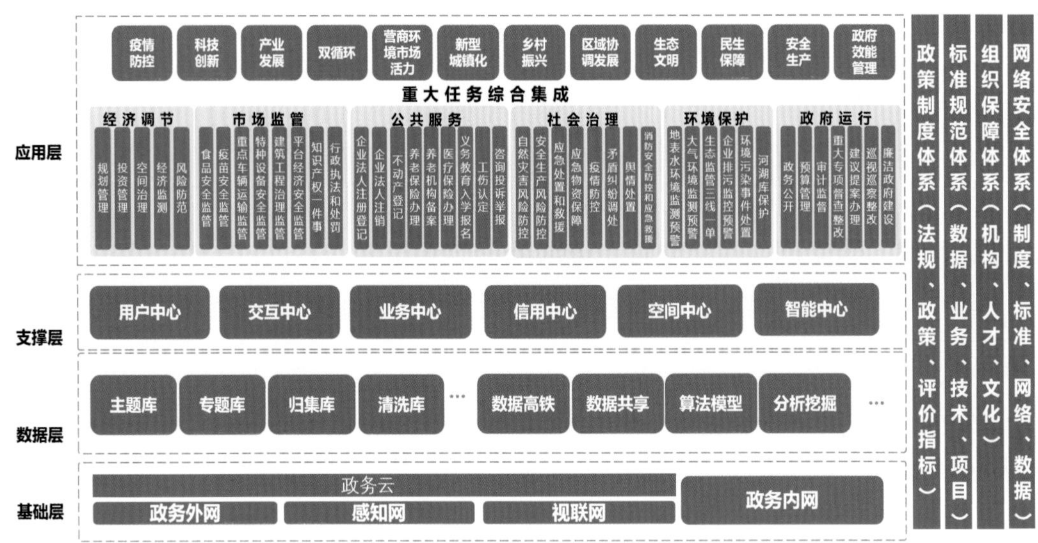

图4–1　浙江省数字政府建设“四横四纵”体系架构

“四横”是指数字化应用场景建设中的四个横向层次。通过逐层搭建和深度融合，构建形成完整且高效的数字化生态系统，确保数据流通、资源共享和业务协同的顺利进行。包括：基础层，即实现数字化应用场景高效运行的底层设施，如硬件设备、网络通信、数据中心、云计算等构成的信息技术基础设施等；数据层，即实现数字化应用场景建设所需的各类数据资源，如原始数据、采集数据、加工数据等；支撑层，即实现数字化应用场景共建共享的协同功能，如能够复用的公共服务组件、应用程序编程（API）接口、微服务架构等；应用层，即实现数字化应用场景核心业务的各类系统、应用、APP、端口等，理想化的应用层建设要覆盖组织内所有核心业务和数字化应用场景，确保有效协同组织内业务工作，实现组织内外管理服务的数字化赋能。

“四纵”是指数字化应用场景建设中的制度设计和管理体系，从宏观政策引导、微观标准执行、组织结构优化和安全风险防控等方面，全方位地支撑和促进数字化应用场景的高质量建设和可持续发展。

1. 政策制度体系：为数字化应用场景建设提供法治化、可预期的制度保障，主要包括制定和实施一系列有关数字化建设的法律法规、政策措施和规章制度，为数字化应用场景建设提供顶层制度设计和法治保障。

2. 标准规范体系：为数字化技术运用提供一致性和可靠性的规则指南，主要包括制定和推行统一技术标准和业务规范，确保数字化应用场景在设计、开发、集成、运维等各个环节有章可循，实现不同系统之间的互联互通和互操作性。

3. 组织保障体系：为数字化应用场景建设推进提供高效协同的管理机制，主要包括建立健全组织内部负责数字化建设与管理的机构，明确职能分工，强化人员配置，落实项目管理机制，培养数字化人才。

4. 网络安全体系：是保证数字化应用场景稳定运行的重要基石，围绕数据安全、系统安全、应用安全等多个维度构建完整的安全防护体系，确保数字化应用场景在运行过程中数据的安全性和系统的稳定性。

“四横四纵”总体框架是较为典型的数字化应用场景架构体系，强调了从基础设施到上层应用，再到政策制度和组织保障的全方位布局，是实现数字化应用场景谋篇布局的重要指导思想。通过这样的体系，可以促进资源整合，提高效能，科学规划，并为数字化应用场景的不断迭代升级奠定坚实基础。其中尤为重要的是其中的“四横”，即基础层、数据层、支撑层和应用层，这四个层次相辅相成，构成了一个从硬件到软件、从数据处理到业务应用的完整技术栈，是所有数字化应用场景架构中的核心层次。它们自下而上构成了一个完整的体系结构。每个层次都有其特定的功能和作用。

一、基础层

基础层是数字化应用场景建设的信息化公共设施，为数字化应用场景建设提供统一高效的计算能力、数据处理能力、物理感知能力和安全保障能力。

基础层主要包括信息化基础设施、云平台架构、网络基础设施和物联网感知基础设施。

在构建数字化应用场景的过程中，信息化基础设施起着至关重要的支撑作用。这主要包括计算机机房，以及网络设备、服务器设备、终端设备等信息化设备，它们共同构成了数字化应用场景的物理基础，为数据的存储、传输和处理提供了坚实的保障。

云平台架构的构建，建议遵循“物理分散、逻辑集中、资源共享、安全可控”的核心原则，按照“两地三中心”的布局（“三中心”，即主中心、同城灾备中心和异地数据备份中心）来构建和优化平台。这一架构为各类用户提供计算、存储、中间件、数据库、AI 及网络安全等基础服务。主中心可以被细分为专有云区、公有云区和行业云区。专有云区专注于承载组织内部的专业应用；公有云区则主要服务于社会公众，提供各类服务类应用；而行业云区则专门处理有特殊要求或专业性强、安全要求高的业务应用。同城灾备中心主要承担核心业务的容灾和备份任务，确保在突发情况下，业务能够迅速恢复。异地数据备份中心则为重要数据提供全面的备份服务，保障数据的安全性和完整性。

网络基础设施的建设，应遵循“统一规划、分级负责”的原则。这一基础设施应涵盖网络平台、组织外网、涉密内网及内外网之间的数据交换设施，确保组织内部各层级和各部门机构实现全面覆盖和互联互通。通过这样的建设，将能够实现非密数据和涉密敏感数据的统一收集、安全治理、按需共享及受控交换。

物联网感知基础设施，涵盖了视联网与感知网等领域。在视联网方面，一般采取“一网一平台”的组网策略，构建视联网骨干传输网络，并统一建设高清视频核心平台。这一架构实现了组织内部各级各部门的无缝连接，为视频信息提供了寻址转发、编解码等关键服务，确保了高清视频的大规模、高品质、实时、双向对称的全交换能力。而在感知网方面，要着力构建一个统一的物联网感知能力共享平台，加强与工业互联网、农业物联网、产业互联网等新型数字基础设施互联互通。通过多样化的网络接入方式，实现物与物、物与人的泛在连接，为物品和过程的智能化感知、识别和管理提供现实条件。

二、数据层

数据层是由数据目录、归集、治理、共享和开放等若干系统组成的数据底座，是数据资源集中存储、调度、供给、使用的总承载、总枢纽。

数据层打通机构内各层级各部门的信息化系统，形成统一的数据主干道，实现全领域各业务板块数据资源的汇聚，确保数据资源的完整性和丰富性。通过对数据资源集中编目、归集、治理、共享和开放，构建一个多元、优质、稳定且高效的数据供给体系，为数字化应用场景建设的数据使用需求提供了全面支撑。

数据层建设遵循一体化构架的原则，紧密围绕数字化应用场景建设的业务需求，不断完善数据资源目录，建立健全数据标准规范，构建高质量的数据供给体系。通过这些措施，提升了数据的及时性和完整性，推动了数据资源的深度开发利用，从而实现了各级各部门之间的互联互通、统分结合和充分共享，为机构的数字化转型提供强大的数据支持。

各级数据层由基础数据、共享数据和开放数据三大部分构成（图4-2），每一部分都发挥着不可或缺的作用。基础数据是数据层的基础支撑，共享数据促进了各部门之间的协同合作，而开放数据则推动了机构与外部世界的互联互通。这三者共同构成了稳健、高效的数据层，为机构数字化发展提供了丰富的“数字燃料”。

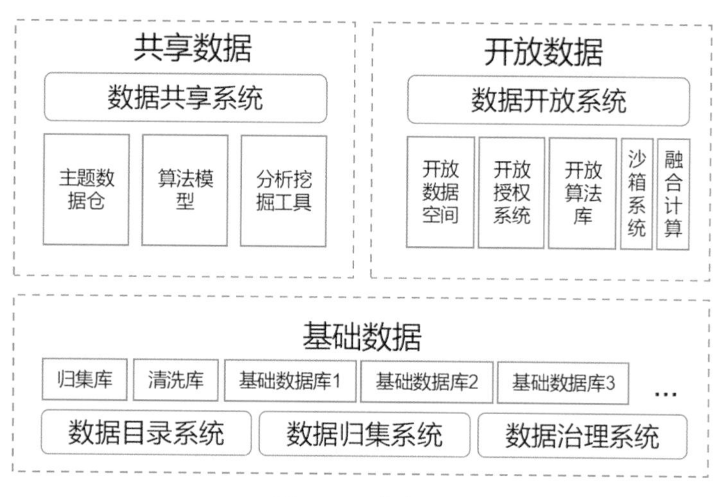

图4-2　数据层

数据层建设具体包括六个方面：

第一，为确保数据资源的统一管理和高效利用，要构建一套全域数据资源目录体系。该体系通常遵循“一套目录、分级建设、分域运营”的原则，通过分级维护、动态管理和协同应用，确保数据的准确性和时效性。此外，还要确保“一数一源”，实现同步更新，以支撑各业务领域的数据需求和应用。

第二，在数据归集方面，主要采取数据交换和开通“数据高铁”等方式。数据交换平台建设关键是要遵循统一的标准和规范，包括数据格式、传输协议、接口标准等方面，以确保数据流通共享高效、稳定、安全。“数据高铁”项目是利用高速数据传输技术来提高数据传输速度和处理效率，实现大规模数据的快速传输，同时确保数据的稳定性和安全性，帮助用户更快地获取所需的数据，加速决策和工作流程。

第三，关于数据治理。为了确保数据的可用性、易用性和实用性，需要实施“一数一源一标准”建设，即确保每个数据项都有唯一的来源和统一的标准。此外，还需要对存量数据进行常态化的治理，并对共享数据进行快速响应治理，从而提供高质量的数据供给，为数据共享和数据开发提供有力支持。

第四，基础库的建设，其目标是统一构建支撑各类业务运作的底层数据库体系。如政府部门用于管理的人口综合库和法人综合库，企业在业务运营过程中积累的用户数据库和交易数据库等。为确保不同业务系统间数据的一致性和准确性，通常采用统一的数据标准和规范进行建设。

第五，数据共享。具体而言，包括接口共享和批量共享两种形式。接口共享主要满足针对特定对象的特定数据调用需求，确保数据的精准传递与高效利用。而批量共享则主要服务于大数据分析、比对等场景需求，为海量数据的处理提供强有力的支持。两者相互补充，共同推动数据资源的有效整合与利用。

第六，数据开放，涵盖无条件开放、受限开放及禁止开放三大类别。对于无条件开放的数据，提供数据集下载、接口访问等多种方式以供获取；而对于受限开放的数据，将借助开放域系统创建“可用不可见”的环境，以确保在保障安全与合规的前提下进行数据开放。

三、支撑层

支撑层是实现跨系统、跨部门、跨地域、跨业务、跨层级互联互通的关键所在，是实现数据协同和业务协同的“工具箱”。

支撑层包括组件体系和组件服务超市系统（公共组件）、业务协同和数据共享服务网关（统一网关）（图4-3）。在应用系统的开发过程中，公共组件扮演着至关重要的角色。这些组件是标准化的软件工具，具备可重复利用的特性，为应用开发提供了坚实的公共支撑。通过运用公共组件，不仅能够显著提升应用开发的效率，还能够有效节约投资成本。为了确保公共组件的有效管理和利用，要统一建立所有公共组件的目录，并对现有智能组件进行全面的梳理，确保组件的规范性和统一性，以便更好地服务于应用开发。引入统一网关，可以实现服务用户请求的协议转换、流量控制、接口监控、鉴权、路由等功能，得益于统一网关高性能、高可用和高安全的服务托管能力，可以支撑各级各部门的应用系统或组件实现业务协同和数据共享。

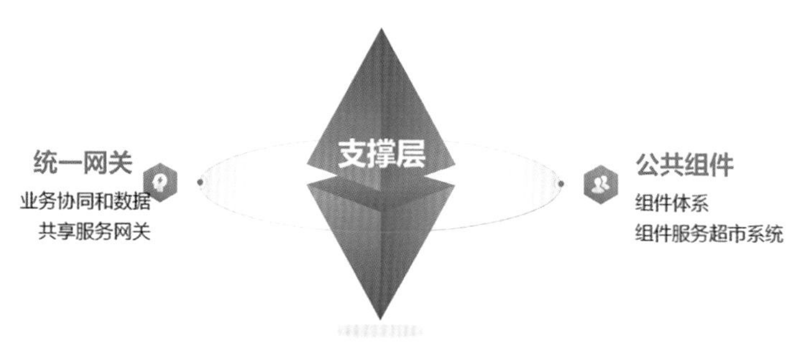

图4-3　支撑层

支撑层建设包括三个方面：

第一是组件建设，可分为强制类组件和推荐类组件。强制类组件，如可信身份认证和电子印章等，是数字化应用场景建设中不可或缺的部分，它们确保了标准的统一性和信息的互联互通。推荐类组件则由各部门机构自主开发，一旦完成解耦并上架，其他场景应用便可申请使用，如自然语言处理和OCR（光学字符识别）文字识别等。这些组件的引入，为数字化应用场景的建设提供了强大的技术支撑和灵活性。

第二是构建组件服务超市系统。该系统具备组件上架与审核、组件使用申请与审核、组件运营以及组件评价等多项功能，从而促进组件的共建共享，优化资源配置，提升工作效率。

第三是统一网关建设，从服务接口资产运行管理、级联和路由运行管理、数据搜索和分析、工作台四个方面开展统一网关建设，提供服务接口资产信息的存储、发布、搜索、对外服务接口等能力，实现机构业务协同和数据共享。

依托支撑层组件，按从数据感知、存储、学习到推理的流程，从知觉、记忆、学习、推理四个层面，多维集成各领域各部门数据、算法、规则、知识、模型等要素，形成业务模型库、专业算法库、业务规则库和业务知识库，可以构建智能能力中心，为数字化应用场景应用核心业务运行监测分析评价、预测预警、战略目标管理等提供动力源和能力集。

四、应用层

应用层建设是数字化应用场景建设的核心，是利用大数据、云计算、人工智能等技术构建的数据智能运用引擎，依托数据的实时共享，利用人工智能和算法提供决策支持和精准化的业务能力。

以浙江省数字化改革应用（图4-4）为例，应用层建设要遵循体系化、规范化、标准化要求。

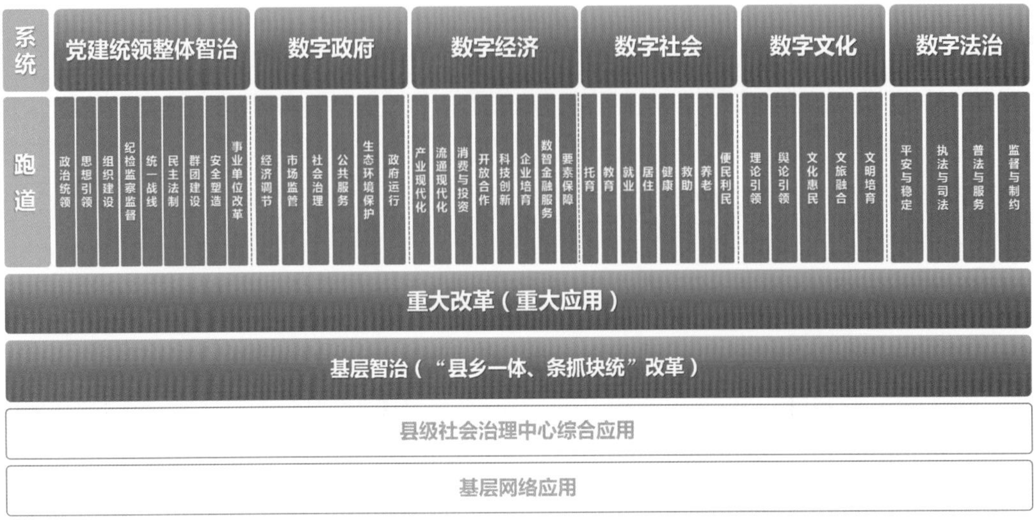

系统
党建统领整体智治
数字政府
数字经济
数字社会
数字文化
数字法治
跑道
政治统领
思想引领
组织建设
纪检监察监督
统一战线
民主法制
群团建设
安全塑造
事业单位改革
经济调节
市场监管
社会治理
公共服务
生态环境保护
政府运行
产业现代化
流通现代化
消费与投资
开放合作
科技创新
企业培育
数智金融服务
要素保障
托育
教育
就业
居住
健康
救助
养老
便民利民
理论引领
舆论引领
文化惠民
文旅融合
文明培育
平安与稳定
执法与司法
普法与服务
监督与制约
重大改革（重大应用）
基层智治（“县乡一体、条抓块统”改革）
县级社会治理中心综合应用
基层网络应用

图4-4　浙江省数字化改革“6+1”综合应用体系

体系化要求即将单个应用建设纳入整体系统框架中谋划、推进、运用。根据企业、政府机关、机构等各部门及业务的具体需求，合理规划应用建设领域或建设跑道，并在这些领域或跑道内建设一系列与核心业务紧密相关的综合应用。这些综合应用之间将形成紧密的联系和互动，通过相互关联、相互贯通、相互作用，共同构成贯通互补、统一衔接的有机整体，实现组织业务和决策更加精准化、高效化、科学化、现代化。

规范化要求主要是确保应用层建设的一致性和稳定性。建立完善数字化应用场景应用建设的工作指南、工作规则，全面梳理数字化应用场景在实际应用中需要遵守的法律法规、政策规定和行业规范，针对业务流程再造、数据共享开放、信息与网络安全等情况，制定适用数字化应用场景应用开发、运行、升级的配套制度，确保应用层建设合法合规、长期持续。

标准化要求主要是建立统一的安全性、可靠性、环境友好性、可维护性、可互操作性等要求。为确保数字化应用场景应用的顺畅运行和高效协同，通常制定统一的技术标准和技术规范，提供一而贯之的技术实施路径，一方面确保各个应用之间的互操作性和可扩展性，提高系统集成度和业务协同效率，另一方面确保项目进度、质量、成本等可控，实现以较低的成本推动系统内各个数字化应用场景应用快速开发、部署和迭代。

五、驾驶舱

驾驶舱的概念来源于航空业，飞行员通过飞机驾驶舱内的各种仪表和显示屏实时监控飞机运行状态，做出快速准确的判断和决策。数字化应用场景中，驾驶舱的核心理念是“数据驱动决策”，通过可视化工具，将复杂的数据转化为直观、易懂的图表，帮助机构快速了解业务状况、发现潜在问题，从而迅速制订针对性的解决方案，提升运营效率和管理水平。驾驶舱根据功能不同可分为总体驾驶舱、视频监控驾驶舱、设备物联驾驶舱、应急指挥驾驶舱、决策分析驾驶舱等。

“总体驾驶舱”通常是基于大数据、云计算等技术构建的数据可视化系统，用于综合管理、全面展示各类关键业务指标和运行数据。如浙江省市场监督管理局“全国市场监管数字化试验区”驾驶舱（图4-5），体系化展示了全国市场监管数字化试验区建设的总体架构和关键指标。其中运用最多的是数据展示、数据分析和数据挖掘功能。数据展示功能通过以图表、看板等形式展示数据，使复杂的数据更加直观、易懂，帮助用户快速获取主要信息、理解数据价值，增强可信度和说服力。数据分析是通过运用各种统计方法和可视化技术，开展对比、分析、预测等操作，帮助用户发现数据的相互关系和变化走向，为决策提供初步支持。数据挖掘比数据分析更进一层，通过聚类、分类、关联规则等方法，识别数据中的模式和关系，发现数据间的内在联系，揭示数据背后的规律；利用时间序列分析、回归分析等方法，预测未来趋势和走向，为用户提供更加有力的决策。

图4-5　浙江省市场监督管理局“全国市场监管数字化试验区”驾驶舱

视频监控驾驶舱、设备物联驾驶舱等驾驶舱通过集成大规模摄像头、物联传感设备信息，实现实时预警、信息推送等功能。如浙江特种设备在线“物联感知”驾驶舱（图4–6）集成锅炉、电梯、场厂内专用机动车辆、压力管道、压力容器、起重机械、大型游乐设施、客运索道等特种设备生产、运行监测摄像头信息。其中运用的数据预警功能是根据业务需求和数据特点设置临界阈值和报警规则，当数据超过或低于这个临界值时，系统就会判定为异常数据，并触发预警机制，对异常数据进行实时预警，提醒用户关注。例如，浙江特种设备在线“电梯安全预警”驾驶舱（图4–7）智能化感知全省智慧电梯物联数据，感知到电梯运行速度、开关门等指标超过临界值，意味着可能存在安全风险，系统会通过预警机制及时提醒相关人员检查并采取措施。数据推送即将实时数据和分析结果通过技术手段自动推送至用户终端，这一过程不仅涉及到数据的收集、整理和分析，还需要高效的推送机制和稳定的数据传输通道。用户可以通过手机、电脑等设备随时接收到推送的信息，及时地获取到业务数据和分析结果，掌握业务动态，从而更好地做出决策和应对变化。数据推送能够极大地提高数据的使用效率和精细度，机构和个人不再需要花费大量的时间和精力去查询、整理和分析数据，从而提升决策的准确性和时效。

图4–6　浙江特种设备在线“物联感知”驾驶舱

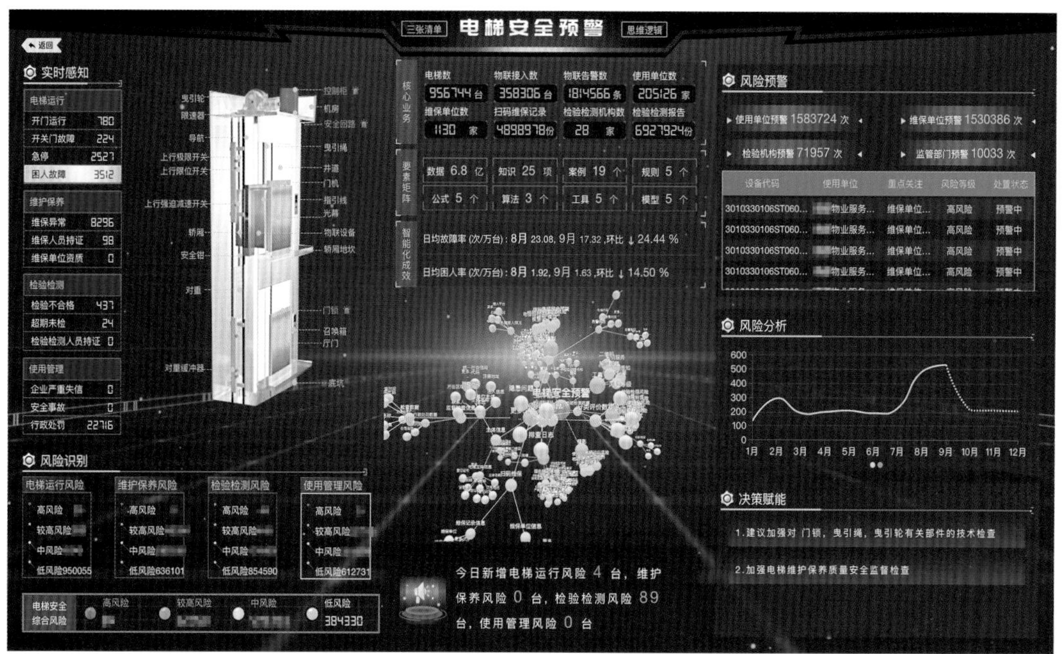

图 4–7　浙江特种设备在线“电梯安全预警”驾驶舱

应急指挥驾驶舱通过高度集成多种来源信息，形成全方位、多层次、立体化的应急态势感知界面，帮助指挥人员迅速获取准确详尽的现场信息，迅速反应作出调整，实现对紧急事件的实时监测、科学调度和高效指挥。

决策分析驾驶舱通过实时提供核心业务数据和关键指标，方便决策者及时、准确地作出战略决策，提高团队协作效率，增强团队的凝聚力，还可以帮助成员实时了解任务进度，方便成员之间在线交流、分享经验，共同解决问题，确保项目能够按时、按质完成。

依托不断进步的关键技术，可以持续深化驾驶舱各方面功能，更加精准地展示业务发展趋势，为决策提供更为科学的依据。随着智慧能力提升，驾驶舱将能够自动适应业务场景的变化，为用户创造更加丰富、便捷的交互体验。

第二节　业务体系

业务体系构建是指根据企业、机构、部门等的业务需求和特点，构建适用于不同业务场景的架构方案，确保业务的高效运行和灵活扩展。基本要求包括核心业务梳理、“一件事”梳理、“三张清单”梳理等。

一、核心业务梳理

核心业务是指机构中的关键业务，如行政机关、履行公共管理和服务智能的事业单位在“三定”规定中确定的履职内容，多元化经营企业中具备竞争优势的业务等。核心业务梳理是明确核心业务范围后对业务范围进行整理和归并，并按最小单元以数字化形式具体表述的过程。

通过核心业务梳理，能够确定业务事项办理流程中涉及的数据集和责任部门，以及事项产生的结果数据集，形成数据清单、协同清单；通过业务范围分段和关系梳理，能够确定业务办理过程中各个部门相互协同流程，并将业务背后的数据集成流程显现化；通过明确业务层级和具体事项，组成核心业务架构，能够构建数据算法，形成任务整体画像。

核心业务梳理要坚持需求导向，横向覆盖企业、机构或部门主要业务或职能；坚持问题导向，业务事项分解要细化到最小集合业务或履职内容，关联到具体责任部门；坚持效果导向、未来导向，着眼流程优化梳理业务事项及涉及的材料，将数据项细化至最小颗粒度。

核心业务梳理要有主题主线，分析确定关键业务事项，围绕关键业务展开事项清单梳理。具体步骤包括业务事项梳理、业务流程梳理、关联逻辑梳理、相关数据梳理。以浙江省电动自行车综合治理业务梳理为例：

1. 业务事项梳理。业务事项不等于业务或职责的罗列，首先要确定组织的核心业务板块，明确组织内具有牵一发动全身的牵引效应的核心业务。选定核心业务的过程包含了对部门定位和未来方向的研究和思考，体现了部门的组织架构和责任归属。其次要对每一项业务活动进行详尽描述，明确其目的、内容、人员责任以及完成的标准和要求。电动自行车集成改革生产环节监管业务事项梳理如表4–1所示

表4–1　电动自行车集成改革生产环节监管业务事项梳理

业务	事项	牵头单位	协同单位	工作目标
电动自行车集成改革生产环节监管	准入准营	省市场监督管理局	各地市场监管部门	实现省内生产企业车、池产品合格赋码出厂，“车码”中有池码信息，“池码”中有车码信息，确保产品质量安全和可追溯
	定标贯标			
	认证获证			
	领码赋码			

2. 业务流程梳理。首先要将各个业务事项串联起来，形成业务流程图，描绘出业务事项间的前后顺序、依赖关系以及流转路径。过程中要分析流程中的瓶颈环节、冗余步骤，探讨优化的可能性和改进方案。

3. 关联逻辑梳理。深入挖掘业务事项之间内在的因果关系和联动效应，比如某个业务动作如何触发另一个业务事件，或者某项决策如何影响其他业务结果。明确跨部门、跨系统的业务协同逻辑，以便在数字化应用场景建设中合理设计信息系统间的接口和交互。电动自行车集成改革生产环节监管业务流程及关联逻辑梳理如图4-8所示。

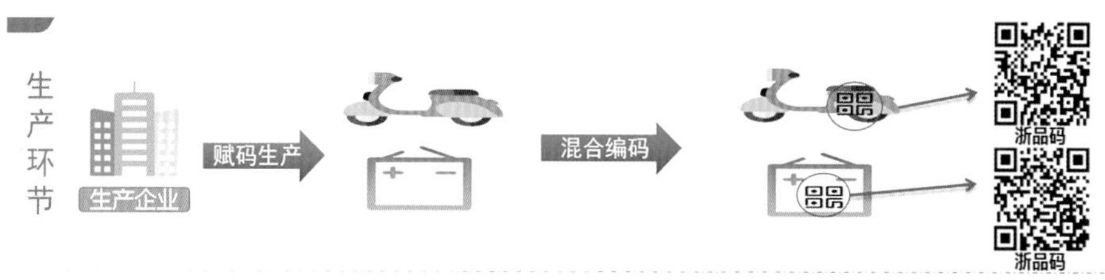

图4-8　电动自行车集成改革生产环节监管业务流程及关联逻辑梳理

通过前两步梳理，实现核心业务的内容及流程重塑。一般要注意多跨协同，全量汇聚跨部门业务事项；注意整合归并，将具有相近业务内容的事项归并成二级业务，同理类推形成模块化的一级业务；注意重塑流程，按照一级业务、二级业务、业务事项顺序逐层逐项检查，对照实际业务存在问题不断调整归并逻辑和组合顺序。

4. 相关数据梳理。根据业务事项办理流程，对支撑各项业务事项运行所需的数据进行梳理，明确输入数据、输出数据的名称、数源部门、类别、更新频率、共享方式、数源系统等。确定关键数据指标，构建数据模型，为后续数据分析、报表生成和决策支持奠定基础。电动自行车集成改革业务数据资源清单如表4-2所示。

表4-2　电动自行车集成改革业务数据资源清单

序号	数源部门	数源系统	数据项	更新频率
1	市场监管	主体登记	主体基本信息	实时
2	市场监管	主体登记	主体法人基本信息	实时
3	市场监管	行政许可	3C认证信息	实时

（续表）

序号	数源部门	数源系统	数据项	更新频率
4	市场监管	浙品码	浙品码关联信息	实时
5	市场监管	主体信用评价	主体信用评价信息	实时
6	市场监管	日常行政监管	主体日常监管信息	实时
7	市场监管	行政执法办案	主体行政处罚信息	实时
8	市场监管	企业信用警示	主体列异信息	实时
9	市场监管	企业信用警示	主体列严信息	实时
10	市场监管	12315投诉举报	主体被投诉、举报信息	实时
11	知识产权	知识产权管理	产品知识产权信息	实时
12	知识产权	商标管理	产品商标信息	实时
13	知识产权	专利管理	知识产权信息	实时
14	消防	消防执法	消防执法检查信息	定期
15	公安	非机动车管理	非机动车上牌信息	实时
16	公安	交通管理	非机动车交通违法信息	实时
17	发改	信用中国	主体信用公示信息	定期
18	企业	共享换电企业	非机动车产品信息	实时
19	企业	共享换电企业	电池产品信息	实时
20	企业	云梯物联网平台	电动自行车入梯信息	实时

二、“一件事”梳理

“一件事”梳理是一种系统化解决问题的方法论，常用于政务服务领域中，从企业群众需求出发，运用整体政府理念，按照一定的逻辑关系、法律关系和数据关系，整合和优化跨部门、跨层级的业务流程，提高政务服务效率，方便群众办事。

“一件事”具有鲜明的数字化“三融五跨”特征，天然地要求相关部门对相关业务全面梳理、综合集成、改革重塑。2018年《浙江省保障“最多跑一次”改革规定》中首次明确“本规定所称一件事，是指一个办事事项或者可以一次性提交申请材料的相关联的多个办事事项”。2021年浙江省地方标准《数字化改革术语定义》中进一步升级“一件事”定义为“从行政相对人的需求出发，通过两个及以上办事服务或两个及以上部门或两个及以上地区的系统、数据、人员相互协同的方式，为行政相对人提供跨部门、跨层级、跨区域的主题集成服务”。以“浙江e行在线”“一件事”梳理为例：

一是要锁定起点（表4–3），基于全生命周期管理理念，深入理解并识别“一件事”的起始点，即用户或实体业务开始的地方。这可能是一个申请、一个事件触发或者一项服务请求等，它标志着整个业务流程的启动。

表4–3　“浙江e行在线”“一件事”梳理

锁定起点：生产环节是产品全生命周期的源头和起点
根据《中华人民共和国产品质量法》规定，产品应当检验合格方可出厂销售，国家对电动自行车施行3C强制性产品认证管理。质量合格、符合国家认证管理要求是电动自行车进入市场的前提。 抓住生产环节这个起点，浙产和在浙销售的企业运用“浙品码”溯源系统，以电动自行车车架号、电池序列号为唯一性标识，对检验合格的车、池产品实施赋码管理，为电动自行车全生命周期管理奠定基础。

二是要梳理环节（图4–9），按照“全覆盖、全过程、全闭环”的原则，逐步拆解整个流程，包括但不限于咨询、申请、受理、审核、审批、办结、反馈等各个环节。梳理过程中要确保涵盖所有相关政府部门、社会服务机构及个人涉及的所有业务操作步骤，形成完整、连贯且闭合的业务链条。

图4–9　“浙江e行在线”“一件事”梳理

三是要定位功能（图4–10），每一个环节都需要详细定义其功能职责和具体内容，如明确工作任务和目标；制定操作标准和服务规范；确定各环节间的数据交换机制；设计和规划必要的技术支持手段（如系统对接、数据共享等）；定义可能出现的问题及其解决办法和应急预案。

各环节功能定位	
生产环节	推动省内外生产企业车、池产品合格赋码出厂
销售环节	推动省内经销商扫码入库、扫码销售，实现车、池匹配规范销售
登记环节	推动车、池扫码核验，将车、池、人信息关联，发放“码牌合一”的数字化车牌
骑行环节	推动扫码核查，加大路面执法力度，遏制交通违法行为
充停环节	推动集中充停规范管理，探索构建车池分离、共享换电模式，预防火灾事故发生
维修环节	推动扫码换池，实现池码更新、车池信息重新绑定，严禁非法改装等违法行为
回收环节	推动车、池解码回收，规范回收行为，防控回收和利用过程中的环境污染，实现闭环管理

图4-10　“浙江 e 行在线”“一件事”梳理

三、“三张清单”梳理

“三张清单”是指重大需求清单、多跨场景清单、重大改革清单。每个具有改革变革作用的数字化应用场景都应是需求、场景、改革三方面要素的集成。从“三张清单”入手才能抓住数字化应用场景建设的根本和关键。

“三张清单”相互之间有内在逻辑，重大需求是场景建设的出发点，多跨场景是改革突破的切入点，重大改革是解决需求的动力源。梳理的逻辑是从重大需求出发，梳理核心业务和流程，谋划多跨协同场景，聚焦需求满足和场景落实，谋划重大改革任务。

需求分析是软件开发的首位任务，是应用建设的基础。因此，“三张清单”中，重大需求清单是基础、是导向。梳理重大需求，要结构化体系化整合零碎的、离散的需求内容，其中包括群众参与或关注的高频事项，经营主体的共性需求，提升政治能力更好落实重大任务的需求，提升治理能力现代化水平的需求，提升参与竞争能力的需求，防范化解重大风险隐患的需求，等等。“浙江 e 行在线”需求清单如表4-4所示。

表4-4 “浙江e行在线”需求清单

合计13项需求：

一、群众高频需求（3项）

1. 电动自行车交通事故多、火灾隐患多，社会关切度高。
2. 群众对解决电动自行车充电难、停放难等问题“民生难事”期盼度高。
3. 网上销售电动自行车3C一致性问题较多，虚假宣传多，期待加大规范力度，切实营造放心网络购物环境。

二、企业共性需求（2项）

1. “共享换电”建设运营规范不完善，影响行业健康有序发展。
2. 外卖、快递等特殊行业对电动自行车续航里程无法有效满足，“快递小哥”“外卖骑手”权益无法有效保障。

三、提升政治能力（2项）

1. 习近平总书记对安全生产作出一系列重要指示批示，中央强调要始终坚持“人民至上、生命至上”理念，要始终把保障人民生命财产安全放在第一位。
2. 《中共中央　国务院关于支持浙江高质量发展建设共同富裕示范区的意见》提出，坚持以人民为中心，瞄准人民群众所忧所急所盼，在更高水平上实现弱有所扶。建立电动自行车综合治理体系，推动实现高质量发展和高品质生活。

四、推动治理能力和治理体系现代化（2项）

1. 电动自行车全链条、全周期闭环监管未形成，构建跨领域、跨区域、跨层级、跨部门的大协同机制，处置闭环体系有待完善。
2. 运用大数据技术分析研判电动自行车违法分布和事故高发等信息，有效支撑监管部门精准管理决策，不断提升科技治理能力。

五、打造金名片提升竞争力（2项）

1. 创新电动自行车“一码统管”管理模式，“一码统管”实现车、池全周期闭环管理，实现产业高质量发展。
2. 创新“以芯智控”数字监管，推动“共享换电”行业新发展，打造共享换电行业发展的标志性成果。

六、防范化解重大风险（2项）

1. 防范化解电动自行车用蓄电池燃爆引发的消防安全风险。
2. 防范化解电动自行车安全问题引发的交通安全风险。

多跨场景清单是指聚焦重大需求，应用数字化手段实现相关联的业务事项的功能模块清单。多跨场景应用是集合这些相关联的功能模块的软件系统。与一般软件系统和APP建设不同，多跨场景特别提出“多跨”的要求，这体现了国家“数字中国”战略提出的“三融五跨”方法路径，即强化系统观念，统筹推进技术融合、业务融合、数据融合，提升跨层级、跨地域、跨系统、跨部门、跨业务的协同管理和服务水平。梳理多跨场景，要按照“大场景、小切口”和急用先行、成熟先行的科学方法，在跨的基础上，对照需求谋划、汇总、分析、筛选相关的政务服务、公共服务、中介服务、管理服务事项及其相关系统。“浙江e行在线”场景清单如表4-5所示。

表4–5　“浙江 e 行在线”场景清单

合计12个场景：

1. “混合编码”：对电动自行车、蓄电池在生产企业端进行“浙品码”赋码，双码中互有信息。
2. “标配销售”：电动自行车经销商按照3C强制性认证车辆合格证中电池的参数，进行车辆、电池的匹配销售。
3. “合体登记”：公安部门对车辆、电池进行查验，将车辆、电池、车主信息进行登记。
4. “文明骑行”：对驾车人员的骑行行为进行监督管理。
5. “规范充停”：对电动自行车的充电、停放进行管理。
6. “诚信维修”：对电动自行车维修点守法经营、不能违法进行电池功率小改大和车辆速度低改高等改装、销售三无、伪劣电池等进行监管。
7. “严禁非改”：对维修站点、车主违反《电动自行车条例》的改装，进行查处。
8. “闭环回收”：对淘汰的电动自行车、电池进行回收，将相关信息传送至公安等部门，办理注销。
9. “存量整治”：对按照《浙江省电动自行车管理条例》到2022年底应淘汰的非标车实施淘汰。
10. “宣传服务”：对消费者进行安全骑行的宣传，开展政策法规服务、保险引导服务。
11. “信用管理”：对生产企业、销售企业、维修企业、登记企业、共享企业、回收企业、职业骑手等开展信用监管、评价。
12. “e 行评价”：按照“平安浙江”“赛马比拼”“文明行为评价”“e 行指数”等维度开展综合治理工作成效评价。

重大改革事项可能是需要突破或者修订的法律法规条款、规章制度规定、需要创新完善的体制机制、需要重塑的业务流程、需要明确的数据产权和运用规则、需要革新的民风民俗等所有制度性、政策性问题事项。通过多跨场景综合分析，找到解决需求和矛盾的堵点、痛点、难点，联动政府部门、组织机构、经营主体、社会团体和广大群众，集体作战、大智集成、高效协同、整体智治，找到最迫切、最重要的改革突破口，解决制度性、政策性问题，形成重大改革事项清单，推动改革可量化、易操作、能落地。重大改革事项编制首先要分析改革的实施背景，提出目标体系、工作体系、政策体系和评价体系，明确组织保障。“浙江 e 行在线”改革清单如表4–6所示。

表4–6　“浙江 e 行在线”改革清单

合计33项改革举措：

1. 严把电动自行车生产许可准入关，加强事中事后监管。
2. 开展电动自行车强制性国家标准的宣贯实施和推广，加大认证活动监管力度，强化认证机构和生产企业监督检查。
3. 建立全省电动自行车信息数据库，对接国家电动自行车强制性产品认证信息。

（续表）

4. 建立“浙品码”数字化追溯链，推动浙江省电动自行车和蓄电池生产企业应用“浙品码”信息管理系统，以电动自行车车架号、蓄电池序列号为唯一性标识生成产品二维码，实施车、池“混合编码”，实现全生命周期可溯。引导外省生产企业应用“浙品码”信息管理系统，实施赋码管理。 5. 加大电动自行车、蓄电池等产品监督抽查力度，强化缺陷产品召回，依法查处违法行为，探索开展信用惩戒。 6. 强化风险隐患监测，加大科研投入，开展防篡改等监测技术研究，推动标准制定（修订）。 7. 实施赋码标配销售，推动销售者落实首站责任，应用“浙品码”信息管理系统对入浙销售的电动自行车和蓄电池进行赋码，形成电动自行车和蓄电池产品数据库。 8. 严格落实电动自行车和蓄电池进货检查验收制度，查验产品合格证明、检验报告和有关标识，严禁销售不符合标准电动自行车及蓄电池。 9. 规范网络销售市场，督促平台经营者加强平台内电动自行车经营者主体资格和产品信息核验，强化内部质量管控，惩戒违规销售行为。 10. 推动行业自律自治，引导销售单位主动开展诚信守法经营承诺，着力破解行业“潜规则”。 11. 全面向社会公布监管信息、典型案例，发布消费警示，畅通投诉举报渠道，及时化解矛盾纠纷，切实维护消费者合法权益。推行经营者首问和赔偿先付制度，创建一批放心消费示范单位，发挥示范引领作用，营造放心消费环境。 12. 创新上牌模式，通过扫描车、池“浙品码”，获取相关数据，严格核验车辆、电池信息，确保符合强制性产品认证一致性要求，并实行车、池“合体登记”，杜绝“道具电池”等现象。 13. 在上牌登记环节，将车辆、电池、所有人三方信息集成并关联绑定，发放“码牌合一”的数字化车牌，实现“一码知全貌”。 14. 优化便民登记，积极拓展多渠道上牌服务模式，迭代升级电动自行车登记系统，实现上牌登记点通过手机端、电脑端核验电动自行车整车和蓄电池主要参数信息，推动全省电动自行车上牌“就近办”“网上办”“掌上办”等各种便利化措施，方便群众上牌。 15. 规范电动自行车变更登记、注销登记管理，依托“浙品码”信息管理系统中，销售点、维修点和回收站点上传的车辆和电池变更及回收信息，非机动车登记系统自动办理变更或注销登记，确保电动自行车登记信息实时更新。 16. 强化重点路口、重点路段电动自行车交通违法行为监控设备应用，探索引入物联感知技术，结合运用号牌识别、人脸识别等技术手段，提高对电动自行车交通违法的发现取证能力，运用大数据技术分析研判电动自行车违法分布和事故高发等信息，有效支撑监管部门和用车单位精准管理决策，不断提升科技治理能力。 17. 督促外卖平台、骑手众包企业、快递服务企业、互联网电动自行车租赁平台及用车较多企事业单位等加强电动自行车驾驶人员安全生产教育和管理，丰富宣传形式，创新教育载体，提升安全教育实效，落实企业道路交通安全主体责任。 18. 创新教育方式，对现场查获的交通违法行为人，采取观看事故视频、学习交通安全法规、参加志愿劝导服务等方式加强现场教育。 19. 规范道路交通路口劝导工作，强化对劝导员技能培训，加强对电动自行车驾驶人员闯红灯、违法载人等行为的法规宣导和劝导，强化交通安全意识，从源头上减少违法行为发生。 20. 引导“共享电池”有序发展。建立“共享电池”建设运营管理规范和标准，在快递、外卖等特定行业探索车池分离、共享换电模式，引导“共享电池”新业态健康规范发展，严格运营商的安全主体责任，建立消防安全事故处理、溯源机制，推进跨平台安全预警信息交换共享。

（续表）

21. 规范集中充停场所建设，规范集中充电电价政策，降低终端用户充电电费支出。 22. 探索“以芯智控”管理模式，及时感知并预警处置蓄电池使用中的风险隐患，多层次全方位做好电动自行车安全使用宣传，提升居民安全和防范意识，拓宽违规充停举报渠道，在“浙里办”平台上线“火灾隐患随手拍”，构建消防安全的“共建共治共享”新格局。 23. 保持高压态势，严肃追究电动自行车火灾事故有关单位和人员的责任，处罚信息纳入相关信用监管系统。 23. 利用“基层治理四平台”“一标三定”系统，定期摸排维修点底数，建立维修点数据库，引导维修点运用“浙品码”系统，核对车、池信息，上传电池更换记录，严厉打击相关违法行为。 24. 引导维修点落实废旧电动自行车、蓄电池回收首站责任，建立电动自行车维修点回收处理规范。鼓励维修点与有相应资质的回收企业开展定向合作，创新建立维修点闭环回收模式，防止废旧电动自行车、蓄电池回流市场。 25. 指导行业协会建立健全从业规范，开展“诚信维修承诺”上墙活动。督促维修点依法从事电动自行车及相关产品维修、销售等经营活动，鼓励具备条件的商家建立电动自行车便民服务站点，通过“浙江e行在线”服务模块，提供政策宣传、维修查询、保险服务、投诉举报等服务。 26. 对备案非标电动自行车，指导地方出台梯次淘汰财政补助、集中换购、回收处置等政策及具体办法，引导电动自行车生产者、销售者通过以旧换新、折价回购等方式回收，推动提前淘汰置换。 27. 全面完善回收网络，落实生产者责任延伸制度，推进电动自行车、蓄电池生产企业通过电动自行车销售企业、销售点逆向回收电动自行车、蓄电池。 28. 建立完善再生资源回收网点，鼓励支持再生资源回收企业加强与电动自行车销售企业、销售点合作，回收不含铅酸蓄电池的报废电动自行车。 29. 开展新能源汽车动力蓄电池梯次产品生产、溯源情况监督检查，加强对新能源汽车动力蓄电池梯次利用企业指导，督促浙江省新能源汽车生产企业、报废机动车回收拆解企业以及综合利用企业在国家溯源管理平台上传溯源信息，并向社会公开，实现有效回收和利用。 30. 加大整治力度，强化电动自行车、蓄电池生产企业的源头管控，强化路面违法查处和违规充停治理，保障改革成效。 31. 推动《浙江省电动自行车管理条例》修订，进一步明确电动自行车全生命周期管理部门相关职责，完善溯源管理、维修管理、回收管理、信用管理、执法规范等内容。 32. 聚合生产、销售、登记、骑行、充停、维修、回收等要素，结合交通、消防安全事故及伤亡的数据，研究建立“e行”指数模型，构建评价体系。 33. 建立电动自行车综合治理“一件事”集成改革考核评价体系，将改革工作绩效纳入省政府对设区市政府年度“平安浙江”工作评议考核，将电动自行车综合治理工作纳入巡查、暗访重点内容，完善争先创优、政策激励等工作机制。

第三节　内容体系

数字化应用场景界面（图4-11）的内容体系，具有可看、可用、可操作的特点。以“浙江特种设备在线”为例，通常包括库、图、指数、场景单元、核心指标以及各类清单、表等。其中库是全量、实时、自动的数字集成，图是空间区域、业务层级的数字呈现，指数是动态科学的数字评价，场景单元是业务功能的数字体现。

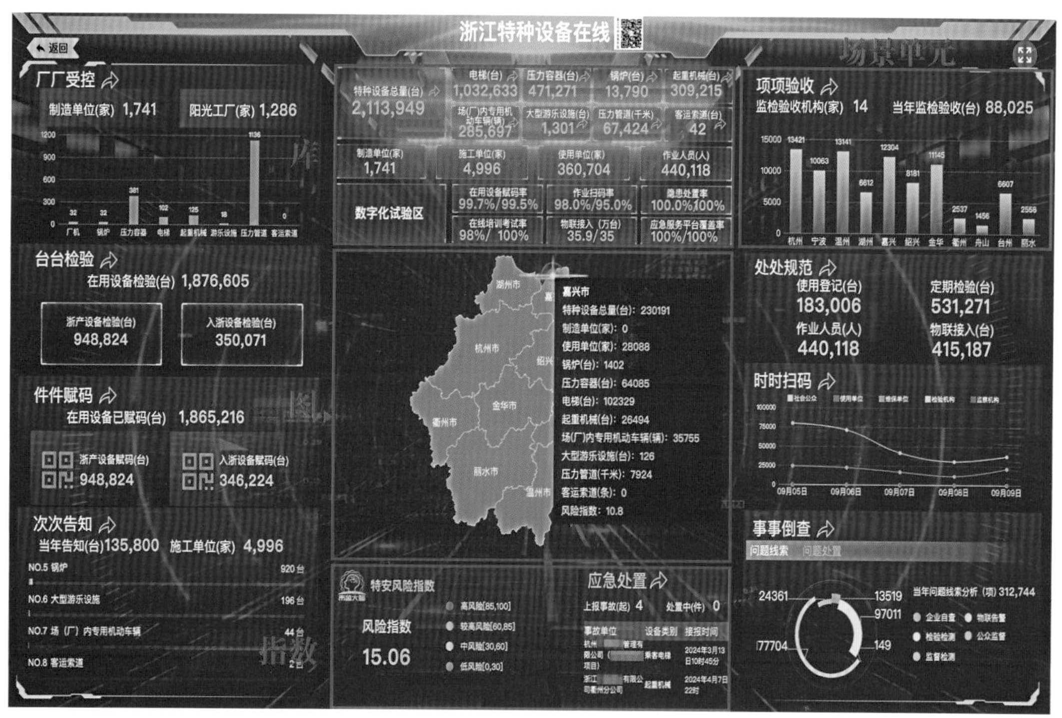

图4-11　“浙江特种设备在线”界面首页

一、库

库是数字化应用场景对应的数据资源的总成，是存储、管理和处理数据的重要工具，是重要的基础设施。通过运用全量、实时、自动的数字集成技术，使得信息检索变得更加便捷、快速，提高了信息传递的效率，提升了数据整合分析的精准性，实现了跨平台应用的开发与部署，降低了开发者的工作量。根据不同的分类方式和应用场景，可以分为总库、子库、专题库、关联库、备份库等。

总库，也称为中央库或主库，通常是指汇集了组织或系统内所有重要数据资源的大型数据库，包含了各业务线的全部或大部分数据，是数据整合和共享的核心。

子库，作为总库的一个衍生体，专注于特定的领域或业务模块，以满足特定的查询效率、安全保障、权限控制或其他特定需求。虽然子库独立存在，但它与总库保持数据同步和关联，确保信息的完整性和准确性。

专题库（图4–12）是针对特定领域、主题或课题研究而创建的数据库，包含着与该主题相关的精选、整理和深度加工过的数据资源，用于满足特定领域分析、研究或决策支持的需求。

图4–12 专题库

关联库系指独立于主库或其他数据库，但与其存在密切关联的数据库。通过预设的关联规则或数据链接技术，关联库能够实现不同数据库间的数据相互引用、查询及联合分析。

备份库是为了数据安全和灾备恢复而设立的，定期或实时复制主库数据，以防止因硬件故障、软件错误、人为误操作或恶意攻击导致数据丢失的情况发生。

此外，还有根据数据结构、管理模式、数据处理方式等划分的关系型数据库、非关系型数据库、文档型数据库、图形数据库、时序数据库等不同类型。在数字化应用场景下，通过合理构建和管理这些库，能够有效地支撑各类业务场景的数据需求。

二、图

在数字化空间中，图是一种重要的数据结构，它将各种实体及其属性数据映射至相应的地理坐标系，形成具备空间位置属性的业务数据视图。通过这种方式，现实世界中的物理空间得以在数字空间中实现精确模拟和可视化呈现。这一技术不仅为我们在数字空间中直观展示和分析物理世界的动态变化、业务规律及地域特征等复杂关系提供了有力工具，还为政府治理、政务服务、商业决策等众多领域提供了坚实的数据支撑和决策依据。此外，图技术还为物联网等前沿技术的应用场景提供了稳固的基础支撑。“浙江特种设备在线”特种设备分布图如图4–13所示。

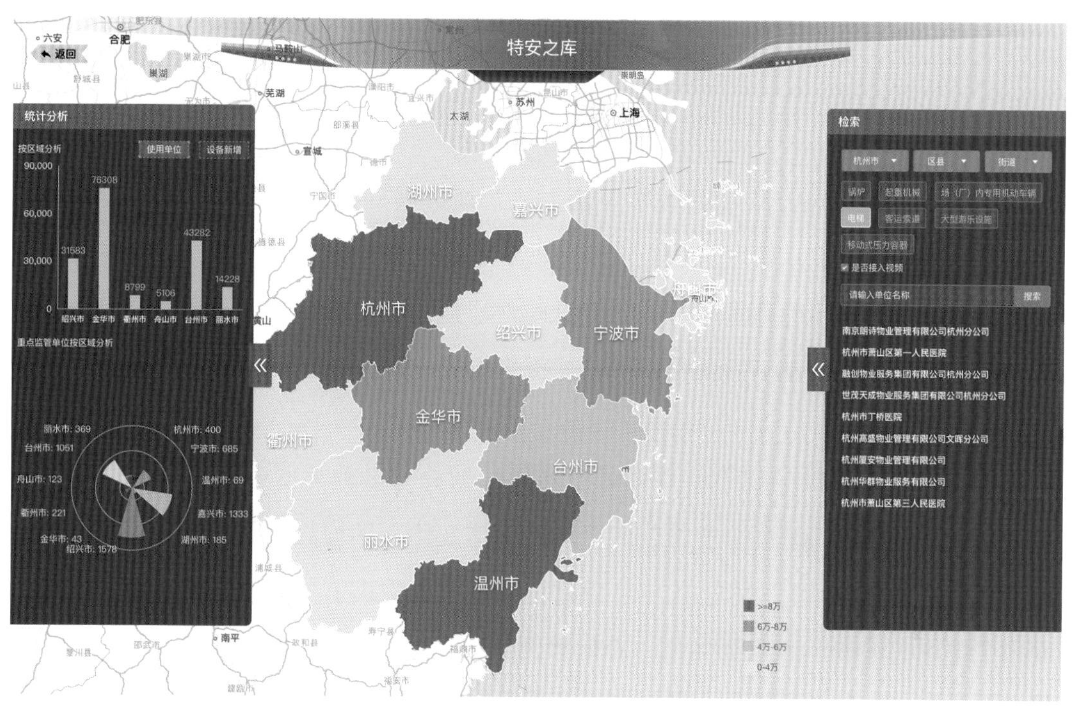

图4–13　“浙江特种设备在线”特种设备分布图

数字化应用场景中的图通常具有以下特点：

一是一屏总览。用户可在单一屏幕界面中，借助图形化手段，如缩放与平移功能，全面且直观地洞察整体分布与数据总览。通过将海量复杂数据汇集于一张图表，运用颜色、形状、大小等视觉元素的变换，清晰展现各项指标的趋势、对比及关联关系，为决策者提供一目了然的整体态势概览，从而优化信息获取与决策效率。

二是分级下钻。在呈现和剖析信息或数据间的关联时，可以采取层层递进、逐步深化的方式，观察并解析不同层次和精度的地图信息。举例来说，可以从宏观的省级地图开始，逐渐深入市级地图，甚至可以细化至街区、建筑物的层面，从而实现各类信息的渐进式细化和深入剖析。这样的处理方式有助于用户从宏观视角逐渐深入微观层面，全面了解数据的细节和内在的逻辑联系。

三是空间分层。经优化数据处理架构，将各类业务数据要素分别安置于独立图层中。每个图层均承载着一类信息数据，它们既能独立展现与编辑，亦可叠加融合，进行综合分析。通过这种方式，我们构建了一个多维、多层次的空间信息展示体系，使用户能够从不同视角深入解读和分析数据。这不仅精细描绘了物理空间在数字世界中的形态，还为用户提供了深度洞察的契机。

三、指数

指数是一种动态、科学的数字评价方法，通过精确计算，揭示不同时间节点与基准期相比的数值变动幅度，从而清晰地展示事物的增长或衰减程度，提供在特定时间段内事物变化的精确画像和发展趋势。此外，指数还为决策分析提供了跨时间、跨规模的比较和分析基础，帮助我们敏锐捕捉事物变化的细微动向，并据此预测其未来的发展趋势。

根据指数所反映的现象特点，可以将指数划分为多种类型。如综合指数与平均数指数，综合指数反映多个变量或多个方面整体变化，平均数指数反映个体指数的平均值来反映总体变动；个体指数与总指数，个体指数反映单个个体（如某个工作指标或某个地区）的数量或质量变化，总指数则反映整个群体或总体的综合变化情况；数量指标指数与质量指标指数，数量指标指数反映数量方面的变化，而质量指标指数则反映服务水平、满意度等非数量方面的变化。

实现指数评价，首先，需要科学构建指数体系，根据研究目的和实际情况，选择合适的指数构建方法，确保指数的科学性和准确性。其次，要完善数据采集与处理，建立健全数据采集、处理和更新机制，保证指数计算的客观性和可靠性。再次，要强化指数分析与解读，通过对指数变动趋势的分析，挖掘背后的原因和影响因素，为决策提供有针对性的建议。最后，要建立指数长效机制，通过持续迭代升级指标体系和采集分析机制，确保指数能够在一个较长时间维度内滚动实施、动态更新。“特安风险指数”计算公式如图4–14所示。

公式清单

序号	公式名称	公式数学表达
1	设备本体风险指数模型	$EQU\_DEV\_SCORE_j = w_{j1} \cdot equ\_basic\_score_j + w_{j2} \cdot \frac{\sum_{k=1}^{m} dev\_score_{jk}}{m} + w_{j3} \cdot higher\_ratio_j + w_{j4} \cdot high\_ratio_j + w_{j5} \cdot accident\_score_j$
2	主体责任风险指数模型	$\max\_a = a_j = \max(a_i); A = \max\_a + (T - \max\_a) * \frac{\sum_{i=1, i \neq j}^{n} a_i}{\sum_{i=1, i \neq j}^{n} A_i}$
3	监管能力风险指数模型	$SUP\_SCORE = \begin{cases} 0, & NUM\_A - [NUM\_DEV] >= 4 \\ 20-(NUM\_A-[NUM\_DEV]) \times 5, & 0 \le NUM\_A - [NUM\_DEV] < 4 \cap NUM\_A >= 1 \\ 60+([NUM\_DEV]-NUM\_A)*10, & 0 \le [NUM\_DEV] - NUM\_A \le 4 \cup NUM\_A = 0 \\ 100, & [NUM\_DEV] - NUM\_A > 4 \end{cases}$
4	事故管控风险指数模型	$ACCIDENT\_SCORE = a_i = \max(d_i)$
5	特安风险指数模型	$TAFX\_SCORE_j = w_{j1} \cdot EQU\_DEV\_score_j + w_{j2} \cdot ONDUTY\_SCORE_j + w_{j3} \cdot ACCIDENT\_SCORE + w_{j4} \cdot SUP\_SCORE$ 本期权重： $w_j = 40$；$w_{j2} = 30$ $w_{j3} = 10$；$w_{j4} = 20$

图4–14　“特安风险指数”计算公式

四、场景单元

场景单元是将复杂业务系统分解为若干个可独立运作且相互关联的基本模块。这种模块化设计有利于业务功能的快速迭代和灵活扩展，同时也便于管理和维护。

按照颗粒度细分，可以分为一级场景单元、二级场景单元、三级场景单元等，直至最少单元。一级场景单元通常是最宏观的业务模块，它代表了一个大的业务领域或者系统的主要组成部分。二级场景单元是在一级场景单元基础上进一步细化的业务模块，更加具体和聚焦。三级场景单元是更加微观的业务模块，具有更详细的业务逻辑和功能实现。通过这种逐层递进的场景单元划分，不仅可以清晰地构建出业务功能的层次结构，还能确保每个单元既相对独立又相互配合，共同组成一个完整的数字化业务场景。“浙江特种设备在线”一级场景单元、二级场景单元如图4–15所示。

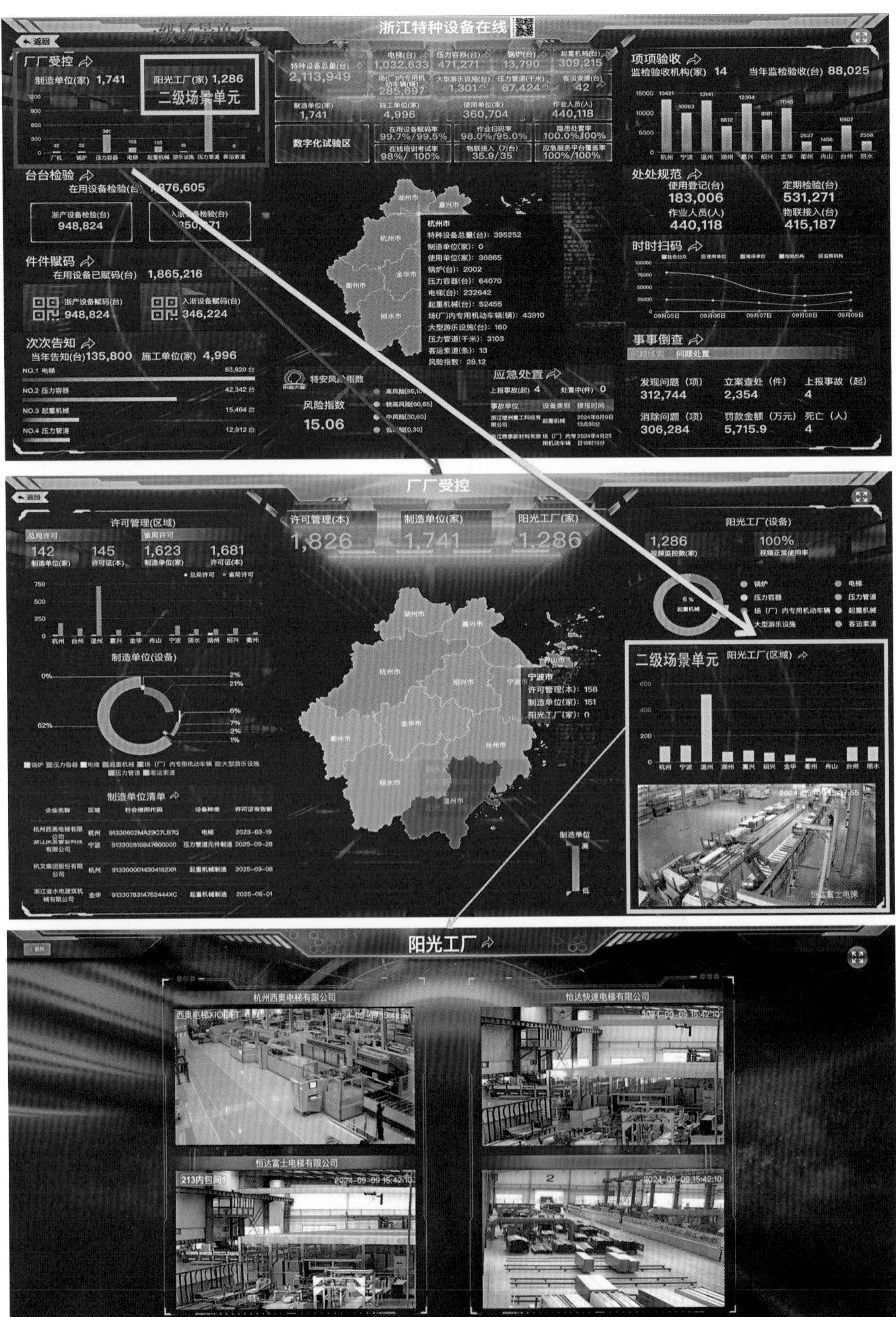

图4-15　“浙江特种设备在线”一级场景单元、二级场景单元

场景单元建设一般运用系统观念，优化流程、提高效率，实现政务服务、业务服务、监管治理等便捷化、智能化，解决事项碎片化、效率低下问题，提升办事获得感和满意度。在推进场景单元建设的过程中，应秉持一体化理念，运用大数据、人工智能等技术手段，进一步整合资源，加强信息共享、数据互通。突出标准化操作，一方面业务标准化，完善业务流程，统一办事材料、办事时限、服务标准，另一方面建设标准化，确保数据接口、技术规范等方面的标准化，便于协同与整合。遵循模块化设计原则，实现功能模块的灵活组合与扩展。突出智能化，深化人工智能等技术应用，实现智能导办、智能审批等功能。

五、核心指标

核心指标（“浙江特种设备在线”“台台检验”场景核心指示如图4–16所示）是数字化应用场景单元中的关键参数，它反映了政务服务、监管治理、业务推进的集中成效，是制定战略规划和工作计划的重要依据。通过监测和分析核心指标，可以及时发现潜在问题，制定相应的改进措施，以实现管理服务、改革创新或业务目标。

图4–16　“浙江特种设备在线”“台台检验”场景核心指标

核心指标的选择，应当充分结合业务事项或改革任务的具体特点和目标，确保所选指标具有代表性、可量化、易于理解以及强操作性。此外，需定期对核心指标进行审慎审查和调整，及时剔除不再适用或无效的指标，并增添新的关键指标，以适应业务或改革发展的实际需求。为确保业务或改革计划的顺利推进，还需设立核心指标的目标值和预警机制，对指标的达成情况进行持续跟踪和严密监控。

利用数据分析工具和技术，对核心指标进行深入分析，可以及时发现业务过程中的问题和短板，采取针对性的措施进行改进，为决策提供有力支持。通过与不同地区同类部门、同行业竞争对手等的核心指标进行对比，可以发现自身优势和劣势，制定相应的竞争策略。核心指标的达成情况也是评价政府机关、组织机构、企业内部各部门和干部职工工作绩效的重要依据，有助于激发员工的积极性和创造力。

六、清单、表

清单、表提供了高效的管理和分析数据的方式。清单帮助记录和跟踪各种事项，确保重要事项全覆盖（“浙江特种设备在线”特种设备制造监检报告清单如图4–17所示）。表可以将数据以清晰、简洁的方式展示出来，便于阅读和理解，提升工作进度和成果展示效果。

制造监检报告			发现问题清单	
企业名称	区域	设备种类	联络单编号	出具报告日期
份有限公司				
杭州川空通用设备有限公司	杭州	压力容器	杭监(CK)2021002	2021-03-03
浙江特富发展股份有限公司	杭州	锅炉	杭监(TG)2021001	2021-03-08
杭州杭辅电站辅机有限公司	杭州	压力容器	杭监(FD)2021001	2021-03-16
杭州皓华压力容器有限公司	杭州	压力容器	杭监(HP)2021001	2021-03-25
浙江杭兴锅炉有限公司	杭州	锅炉	杭监(AX)2021005	2021-05-08
杭州国能汽轮工程有	杭州	压力容器	杭监(GQ)2021001	2021-03-31

图4–17 “浙江特种设备在线”特种设备制造监检报告清单

数字化应用场景建设中，清单常用于逐一列举某一主题下的具体内容。根据清单内容不同，可以分为项目清单、问题清单、工作清单、任务清单、责任清单、时间清单等。

清单设置要主题明确，确保清单中所有内容都属于同一主题内容，按照相近的颗粒度细化。清单文字应简洁明了，使用简单移动的语言，避免使用复杂冗长的语句，谨慎使用专业术语或简写，方便用户理解清单内容和要求，提高工作效率。清单条目要有序排列，按照时间顺序、重要性顺序等一定逻辑顺序排列清单项目，便于用户按照顺序完成任务。清单内容要持续更新，按照实际工作推进不断修改补充调整。

表是组织和整理数据的理想工具，通过对数据进行排序、筛选和汇总，开展基本的统计分析，有助于发现数据中的规律和趋势，为决策提供依据。数字化应用场景建设中，表可以存储大量文本、数字、日期、时间等各种类型的数据，方便用户查看编辑。另外，通过对数据进行筛选排序，用户可以快速找到所需的信息，找到数据中的规律和趋势。

此外，以图表形式将表中数据以直观、易于理解的方式呈现出来，有助于快速识别数据分布规律和趋势变化，提高数据洞察力（“浙江特种设备在线”特种设备检验情况如图4–18所示）。如人口年龄结构图、膳食结构图等，运用金字塔形、正负条形图来展现各年龄段人口数量、各品类食物摄取量等。电梯分解图、古建筑分解图、场馆分解图等，运用物体结构图，将电梯、古建筑、体育场馆的不同部位清晰地呈现出来，并通过屏幕互动显示每一部分的具体数据和详细情况。大脑产品关系图、企业股权关系图等，运用自由关系图将一个复杂系统的各要素以及相互之间的关系可视化，能够快速厘清各要素之间的关系，结合节点的面积大小还能够展示关系中关键节点的地位和作用。市场交易流动图、人才流动图等，运用飞线地图表现投入资金、原材料、产品、销售额、人才等关键因素从地图上哪个地区流入、流向哪个地区，为战略决策提供直观依据。

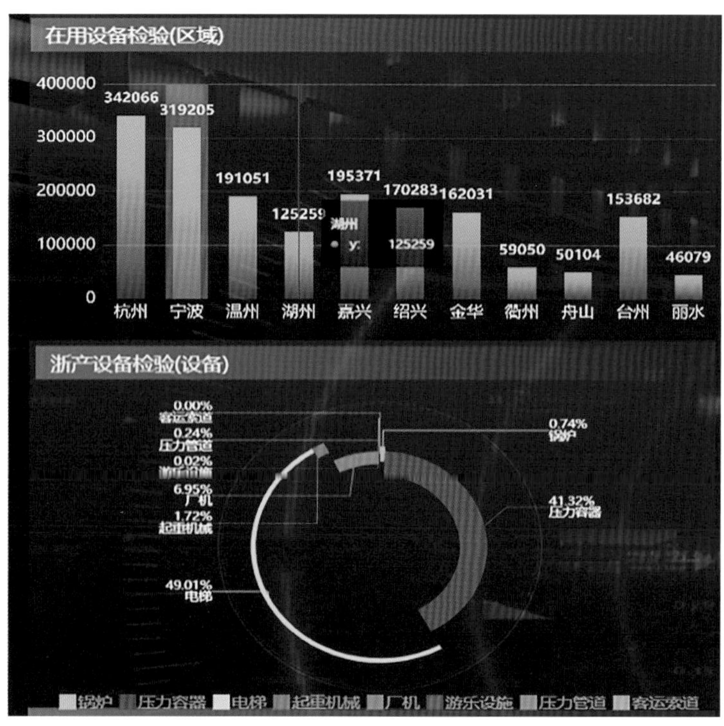

图4–18 “浙江特种设备在线”特种设备检验情况图表

第四节 结构体系

数字化应用场景内容的展现通常遵循一定的逻辑结构，主要包括从业务起点到终点全闭环的链式逻辑结构，业务从横向到纵向全覆盖的团式逻辑结构，以及二者相结合的链团逻辑结构。

一、链式逻辑结构

链式逻辑结构是一种将各个业务环节紧密相连，形成一条完整业务链的管理模式，在政府部门和企业机构业务开展中广泛应用。数字化应用场景建设将这种业务组织模式通过数字孪生在线上再现。

数字化应用场景建设中应用多种链式逻辑结构。一是单链式结构，如审批许可办理流程、企业项目管理流程等；二是双向链式结构，如食品安全监管和问题追溯采用从食品生产源头到食品消费终端全链条安全监管、食品终端到源头全程可追溯，产品供应链管理等；三是循环链式结构，如舆情处置流程、产品研发流程等都采用不断收集新情况推动形成工作新循环的结构模式。"浙江知识产权在线""一窗口统办"链式业务流程如图4–19所示。

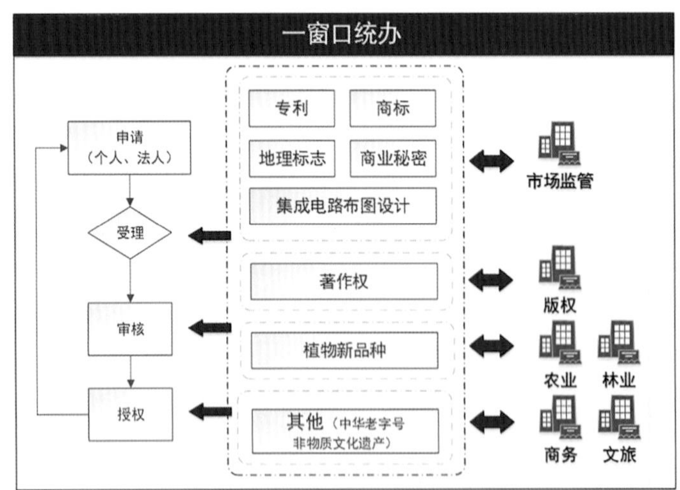

图4–19 "浙江知识产权在线""一窗口统办"链式业务流程

链式逻辑结构具有高度集成、透明度高、响应速度快、持续优化的特点。一是高度集成，链式逻辑结构将各个部门、岗位和业务环节紧密结合，实现信息、资源和任务的共享，提高运营效率。二是透明度高，链式逻辑结构要求对各个业务环节进行实时监控和跟踪，使得业务流程更加透明，有助于发现问题、改进管理。三是响应速度快，通过简化业务流程、提高部门间的协同效率，能够迅速应对外部变化。四是持续优化，链式逻辑结构强调对业务流程的不断优化，以实现整体能力的提升。

在构建链式逻辑结构的数字化应用场景中，首要任务是明晰业务环节，全面梳理各个环节的职责、任务和相互关联，以保障业务链条的完整无缺。核心工作是优化业务流程，需要对链条中的各个环节进行精细化调整，简化操作过程，提升工作效率。成链关键是建立信息共享机制，通过数字化应用场景的构建，实现各环节间的信息流通，提高协同作业的效率。运行保障是加强监控与评估，需实时监控业务链条的运行状态，并定期对业务流程、质量及效率进行全面评估，为持续优化提供坚实的数据支撑。最后，发展要义是建立持续改进机制，持续推动优化进程，确保链式逻辑结构数字化应用场景的不断完善与发展。

二、团式逻辑结构

数字化应用场景建设的团式逻辑结构建立在对业务整体布局的把握之上，通过横向延伸和纵向深入，实现业务数字化全覆盖。团式逻辑结构适合涉及多个部门独立业务的综合业务，相互之间没有明确的先后次序或者轻重排序，但从不同方面对综合业务的整体推进起到了重要作用。团式逻辑结构如图4–20所示。

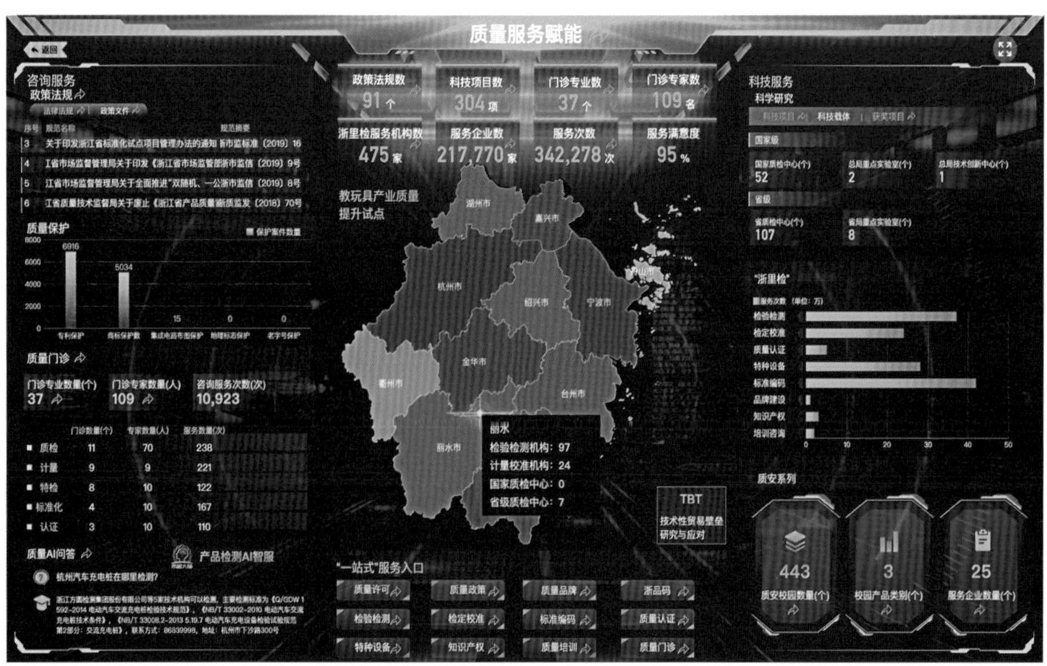

图4–20　团式逻辑结构

团式逻辑结构的重点是运用模块化思维，将一个复杂系统分解为若干个相互独立的模块，每个模块具有明确的职责和功能，这种场景设计方法有助于降低系统的复杂性，提高可维护性和可扩展性。如“浙江质量在线”在建设质量服务赋能场景时，聚焦质量基础设施综合协同不够、服务便利性不高等问题，从群众企业办事的视角，整合惠企惠民的高频刚需服务，在全省统建平台推出“网购式”办事的12大类通用型服务。这些服务内容相互独立，如在“质量门诊”功能模块，5大专业领域、37个细分专业科室的专家在线为企业问诊把脉、答疑解惑。随着建设深入，这些模块可以独立迭代升级，也可以延伸拓展增加新的模块。

三、链团逻辑结构

复杂业务的数字化构建，可以应用链团逻辑结构建设数字化应用场景，从整体上把握问题，发现潜在的关联性和规律，提高场景构建的系统性。两者的合理组合，可以综合链式结构思维的连续性和整体性，以及团式结构思维的模块化灵活优势。

通过将综合系统涉及的不同部门、不同领域或不同行业的知识、技术、资源等进行整合，打破传统思维的界限，开辟新的解决路径，实现创新和突破。如“浙江e行在线”按照“链团组合”架构，设计12个场景（图4–21）。“链式”围绕电动自行车全生命周期管理，设计7个场景：“混合编码”推动省内生产企业车、池产品合格赋码出厂；“标配销售”推动车、池扫码入库、扫码销售，实现车池完整规范销售；“合体登记”推动车、池扫码核验，将车辆、电池、所有人三方信息集成关联绑定，发放“码牌合一”的数字化车牌，确保实物与系统信息一致；“文明骑行”推动扫码核查，加大路面执法力度，遏制交通违法行为；“规范充停”规范集中充停管理，探索构建车池分离、共享换电模式，预防火灾事故发生；“诚信维修”推动扫码换池，实现池码更新、车池信息重新绑定，严禁非法改装等违法行为；“闭环回收”推动车、池解码回收，规范回收处置行为，防控回收和利用过程中的环境污染，实现闭环管理。“团式”按照专项管理业务，设计“严禁非改”“存量整治”“信用管理”“宣教服务”“e行考核”5个场景。

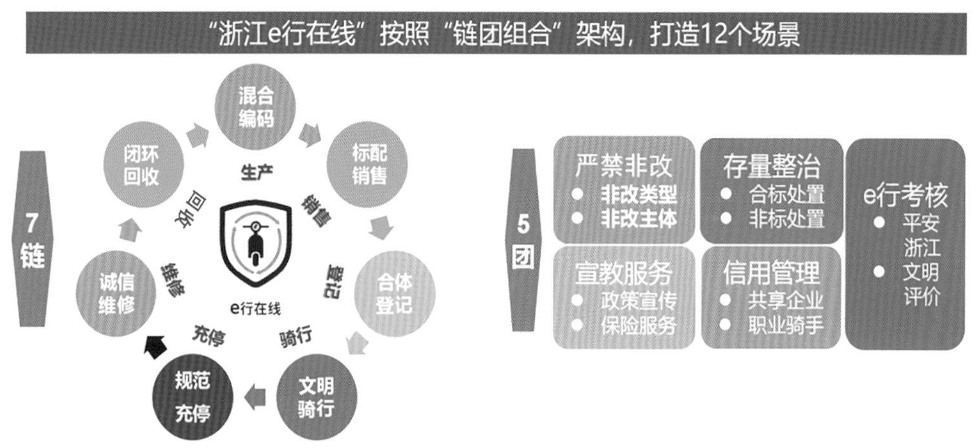

图4-21　"浙江e行在线"

第五节　界面美学

驾驶舱作为展示分析数字化应用场景的实体形式，通常要求具备一定的界面美学，利用合理的界面布局、视觉设计和交互体验，充分体现数字化应用场景的业务逻辑和内容结构。

驾驶舱界面总体要求就是"清晰、美观、大气"。清晰的界面设计有助于用户迅速理解和操作，减少认知负担，使用户能够高效完成任务。美观的界面则能够吸引用户，提升使用时的愉悦感，增强用户黏性。大气的设计能够体现专业性和权威性，给予用户信任感。例如，决策指挥驾驶舱清晰的布局和文字排版确保信息传达准确无误，使决策分析时可以一览无余；业务工作驾驶舱界面的清晰性和高效性直接影响到用户的工作效率，减少错误操作，提升工作流的顺畅度。一个美观且具有包容性的界面设计能够满足更多样化的审美和使用习惯，从而增强系统的普遍适用性，也是提升系统价值、增强场景竞争力的关键因素。

一、驾驶舱界面布局

合理的驾驶舱界面布局可以提高数据展示的效果，使数据分析结果更加直观易懂（图4-22）。

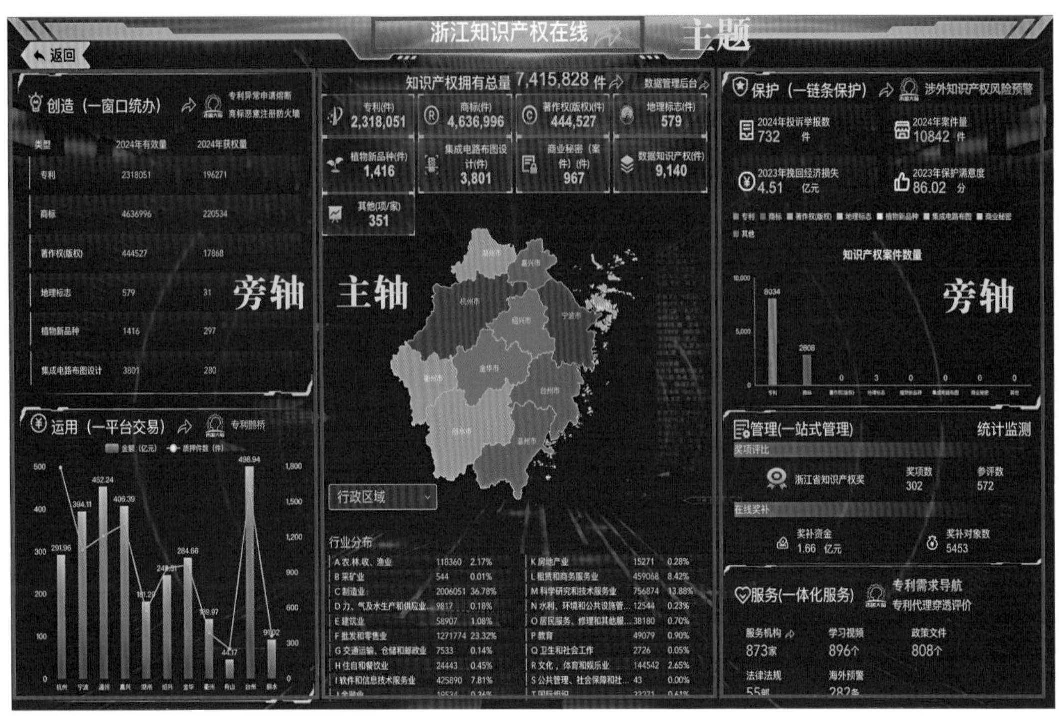

图4-22 “浙江知识产权在线”

驾驶舱正中顶端显示驾驶舱主题，是驾驶舱的灵魂，要用简明扼要、通俗易懂的文字概括，提示观众该驾驶舱展示的主要内容、解决的核心问题和集成的关键业务。

驾驶舱版面布局分为中轴和旁轴。

中轴即画面正中区域，在驾驶舱主题下方，通常集中展示该驾驶舱涉及的主要指标、重点业务逻辑和能够反映业务成果的主要图表。中轴版面设计要确保四个方面：一是结构清晰，将相关数据和分析过程按照逻辑关系进行分类，使观众能够快速找到所需信息；二是界面简洁，避免过多的装饰元素，保持界面整洁，有助于提高观众的注意力；三是操作便捷，提供一键式操作，使观众可以轻松切换查看不同数据和分析结果；四是响应迅速，采用高性能技术，确保数据加载速度快，提高用户体验。其中，主要指标展示要特别注意几个重点：一是指标确定要根据重点任务的要求，反复筛选能够反映关注问题的关键业务指标；二是展示方式要使用大面积和高亮度的方式，运用图表、图形等可视化方式，使数据更加直观易懂；三是指标标注要提炼概括简洁的文字描述，解释数据含义和分析结论，帮助观众更好地理解数据。

旁轴版面是数据驾驶舱的扩展区域，要提供更多细节和辅助信息，着重要体现信息丰富，在中轴基础上提供更多有价值的信息，增强数据驾驶舱的实用性。设计时要确保布局合理，划分版面要清晰，栏目设置要确定层次分明、统一有序的边界、标题、图标，使各项信息相互独立，避免相互干扰。此外，还要确保界面适应，根据不同设备的屏幕尺寸，优化界面布局，确保在各种环境下都能正常使用。

二、驾驶舱界面视觉

驾驶舱设计中，颜色、字体、动态等界面元素决定了驾驶舱的视觉风格，通过直观图像引导人们对驾驶舱内容形成逻辑认识。

颜色是视觉设计中最直接、最具表现力的元素之一。合理运用颜色可以提高驾驶舱布局、数据的可读性，强化关键信息的传达。颜色搭配要简洁、清晰，避免使用过多颜色导致视觉疲劳。一般建议确定一种主色调，选择与之适配的3~5种颜色，分别用于表示不同的数据类型或重要性。其中，相近的2~3种颜色形成不同层次搭配，1 — 2种对比色用于突出关键指标或异常数据，以便快速吸引注意力。同时合理运用颜色可以增强数据驾驶舱的视觉效果，提高用户体验。例如，绿色通常代表健康、正常、有序发展，红色代表警告、危险等。

字体是驾驶舱信息传递的重要载体。字体选择应简洁、易读，避免使用过于复杂或花哨的字体。中文笔画较多，要注意字体单笔笔画不能太细导致在电子屏幕上难以显示，也不能太粗导致整体字形臃肿无法辨认。字体选择要遵循整体一致、局部突出的原则。在整个驾驶舱及同一驾驶舱的各级分屏中，尽量保持字体的一致性，避免使用过多不同的字体导致视觉混乱。同时根据数据的重要性，可以使用不同大小、粗细、颜色等属性来区分信息的层次，提高信息的可读性。

动态效果是驾驶舱吸引用户注意力的有效手段。合理运用动态效果，可以增强数据的表达力和可视化效果。但是过度运用动态效果，会导致注意力分散，起到适得其反的效果。要将动态效果“用在刀刃上”，在关键操作或数据变化时，适时展示动态效果，以提高用户的交互体验。要根据数据的特点和需求，选择合适的动画效果，如平滑过渡、闪烁等。避免使用过于花哨的动画，以免干扰用户关注数据。要控制动画速度和时长，结合视觉注意力特点设计动画起始时间、延续时间和重复次数，避免过快、过慢、过多的动画效果。

三、驾驶舱界面交互

驾驶舱界面交互有助于用户更好地探索和理解数据，主要包括点击、下钻和展示等。

在驾驶舱的交互操作中，点击是最为基本的方式。用户通过点击图表、指标或特定区域，能够实现对数据的筛选、排序以及详细信息的查阅。数据筛选方面，用户可以根据自己的需求，点击图表中的特定类别或指标，从而仅展示符合筛选条件的数据。数据排序方面，用户可以通过点击指标，实现数据按照升序或降序进行排序，从而快速定位到关键数据。在详细信息查看方面，用户可以通过点击某个特定区域或图表，查看详细的数据表格，以进一步深入了解数据的具体情况。

下钻操作是一种数据分析方法，允许用户在驾驶舱内沿特定维度或指标进行深入探索，以揭示数据的详细来源和具体细节。此操作在很多功能模块中均有所应用。如在区域下钻中，用户可通过点击地图上的特定区域，获取该区域的详细数据概览。在维度下钻中用户通过点击如时间、地区等维度的标签，实现数据的逐层细化与深入分析。而在指标下钻中，用户可点击特定指标，查看其详细数据以及与其他指标间的关联性。

用户通过数据驾驶舱展示所需的数据和分析结果的过程，被称为展示操作。这涉及多种图表类型的切换，如柱状图、折线图、饼图等，以满足不同类型数据的展示需求。此外，用户还可以根据实际需求，自定义报告模板，包括图表、文字、颜色等样式，以满足不同场景的展示需求。

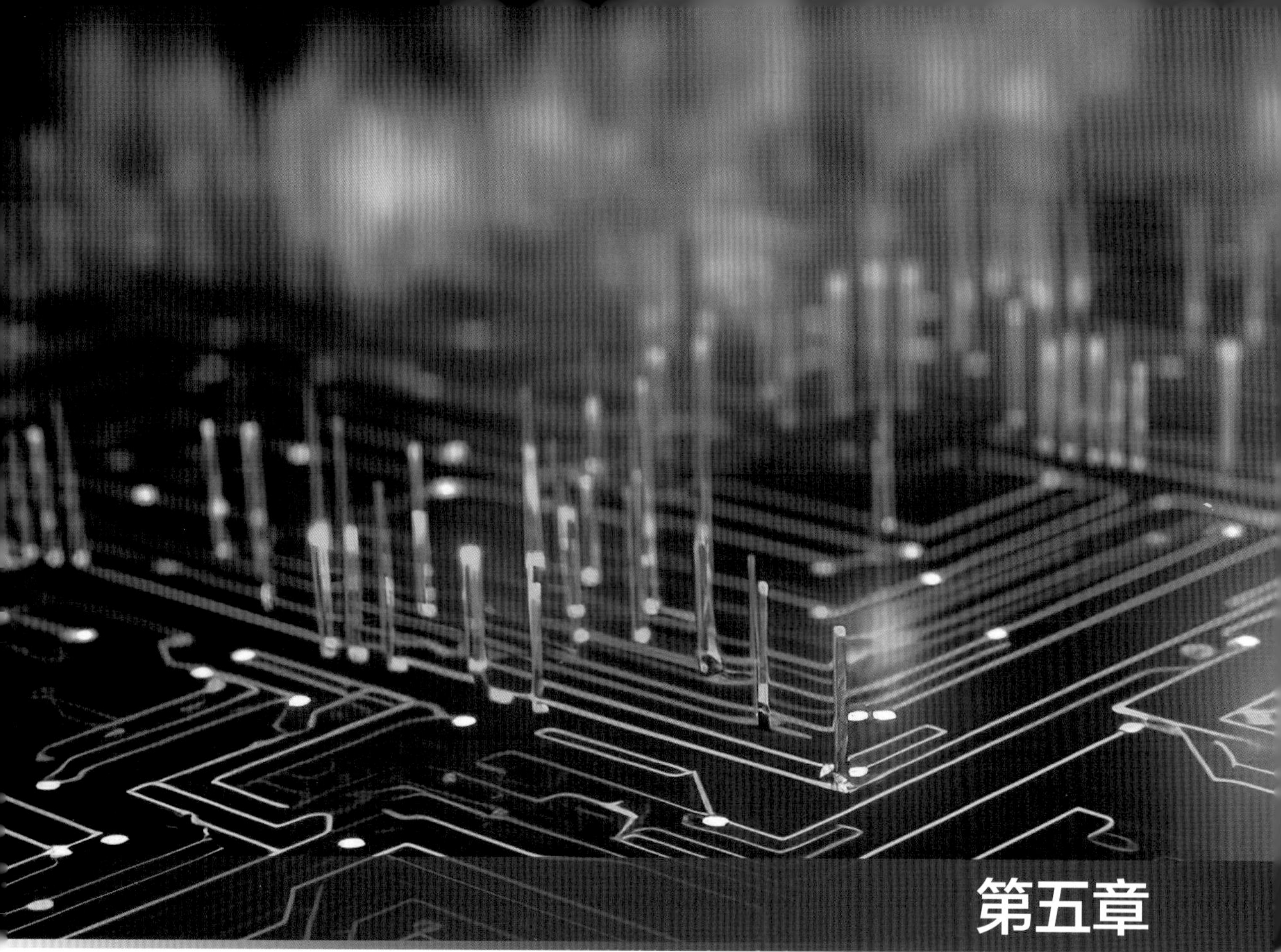

第五章

数字化应用场景要素

解决数字化应用场景架构问题后，接下来的首要任务就是数据资源的准备和配置。数据资源是数字时代的石油，是基础性和战略性资源，更是数字化应用场景的关键驱动力。

在场景建设中，常常遇到的问题就是什么是数据，数据是什么，数据从哪里来，数据如何归集，数据怎么使用……显然这些问题都是事关场景开发、建设、使用的必答题，因此不能不搞清楚、弄明白其中的道理和答案。

本章将分别阐述数据要素的定义内涵等基本概念，业务数据化、数据资源化怎样实现和如何运用数据驱动、如何对数据进行管理等方法手段，给出了发挥数据要素这一关键作用的解决方案。目的是使读者加深对数据资源的重要性的认识，并且将其摆到突出的位置，驱动数字化应用场景发挥更大的作用。

第一节　数据概述

数据的重要性和价值是多维度和深层次的，我们需要从数据的定义、类型、价值等多个角度对其进行深入的剖析和理解，以此来深化对数据要素的全面认识。数据的定义决定了它的内涵和外延，数据的类型则决定了它的表现形式和应用范围，而数据的价值则揭示了它在现实世界中的实际作用和意义。只有深入理解了数据的这些方面，我们才能更好地利用数据，发挥数据的作用。

一、数据的定义

（一）什么是数据？

数据（Data）是记录和表达客观事物属性、状态、关系或活动的符号、数字、文字、图像、声音等形式的载体，它是信息的表现形式和基础。通常而言，在数字系统中数据是基于二进制格式，以比特为最小单位，具有相对固定形式的信息。

数据的技术属性是指对客观事件进行记录并可以鉴别的符号，是对客观事物的性质、状态及相互关系等进行记载的物理符号或这些物理符号的组合。数据以量化的数值来表达客观世界的方式，如采用二进制代码0和1表示的字符、图形、音频与视频数据，它是可识别的、抽象的符号。

数据的信息属性是指通过“数据+规则”表达一切物理空间的和现实空间的对象、行为、过程、结果。数据是信息的表达、载体，信息是数据的内涵，二者是形与质的关系。数据本身没有意义，数据只有对实体行为产生影响时才成为信息。

（二）数据是什么

在不同的应用领域中，数据有不同的内涵：

——数据是新型生产要素。数据作为一种新型生产要素写入《中共中央　国务院关于构建更加完善的要素市场化配置体制机制的意见》国家文件中，与土地、劳动力、资本、技术等传统要素并列为要素之一。该意见明确，加快培育数据要素市场，推进政府数据开放共享，提升社会数据资源价值，加强数据资源整合和安全保护。

——数据是资产。根据中国资产评估协会有关指引，数据资产是指由特定主体合法拥有或控制的，能持续发挥作用并且能带来直接或间接经济利益的数据资源。数据资产的价值在于其能够为企业或组织带来经济利益，并且可以通过不同的形式存在于企业中，如无形资产或存货等。2024年1月1日起，根据财政部印发的《企业数据资源相关会计处理暂行规定》，数据资源正式被视为一种资产纳入财务报表。

——数据是资本。数据不仅能够成为企业增长的催化剂，更是开启新融资渠道的钥匙。从基于数据资产的抵押贷款，到结构化债权产品，再到通过提升企业估值助力股权融资，数据资本化正逐步成为企业融资策略中不可或缺的一部分。

（三）数据的特点

数据作为生产要素及资产的特点包括：

非竞争性与非耗竭性：与传统资源不同，数据可以被多个使用者同时访问而不会减少其可用性，且使用数据不会导致其消耗，具有无限复制和共享的特性。

高度流动性与可传播性：数据以电子形式存在，可以通过网络迅速传播，跨越地理界限，实现近乎零成本的传输，这使得数据能够快速地在全球范围内流动和应用。

累积性与增值性：数据在使用过程中可以累积，新数据与旧数据结合能产生更多价值，通过分析和挖掘，可以发现新知识、新洞见，促进创新和服务优化。

可塑性与可加工性：数据可以根据需求进行多种形式的处理和转换，包括清洗、整合、分析、模型构建等，以适应不同的应用场景，实现数据价值的最大化。

数据作为信息载体的主要特点包括：高精度、高保真、易处理、易存储、可加密及可复制。

高精度保证了信息的准确性。在众多领域，尤其是科技、金融、医疗等行业，数据的精度直接影响到决策的准确性和效率。因此，保持数据的高精度至关重要。

高保真确保了信息的真实性和可信度。在互联网时代，虚假信息和误导性数据充斥着我们的生活，保真数据的出现有助于我们甄别真实与虚假，为各类决策提供有力支持。

易处理和易存储使其在各领域得以广泛应用。随着计算机技术和人工智能的发展，数据处理能力得到了极大提升，从而使得海量数据得以快速分析。同时，数据存储技术的进步为各类数据的长期保存提供了便利，使得数据资源得以不断积累。

可加密为信息安全提供了保障。通过加密技术，数据可以在传输和存储过程中防止被非法获取和篡改，确保数据的安全性。

可复制特性使其具有极高的价值。数据的复制和传播可以迅速扩大其影响力，为各类产业创造价值。

二、数据的类型

数据可以根据不同的划分标准进行分类。通常从几个维度对数据进行分类：

格式层次：根据数据的格式形态，可以将数据分为结构化数据和非结构化数据。结构化数据指的是具有明确格式和规律的数据，如数据库中的表格数据；非结构化数据是指没有明确格式和规律的数据，如文本、图片、音频等。

时间层次：根据数据的时间属性，可以将数据分为实时数据和历史数据。实时数据是指在某一时刻产生的数据，如传感器采集和系统实时采集的数据；历史数据是指过去某个时期的数据，如统计年报、奖项数据。

组织层次：根据数据的所有权限，可以将数据分为公共数据和私有数据。公共数据是指党政机关、企事业单位在依法履职或提供公共服务的过程中产生的数据，如政府公示、公开数据；私有数据是指由企业或个人拥有和控制的数据，仅用户本身可查看和使用，如行业数据、产业数据、人脸、电子证照等数据。

加工层次：根据数据的生产过程，可以将数据分为原始数据和加工数据。原始数据是指直接收集到的数据，如市场经营主体注册登记数据；加工数据是指通过对原始数据进行处理、分析和挖掘而产生的新数据，如统计数据、信用数据等。

三、数据的价值

数据具有多种不同的价值，从管理和治理的视角看具有以下一些关键的价值体现：

战略价值：用数据说话，是指数据能够提供量化精准的事实依据，帮助决策者在战略、政策和措施等领域做出基于数据的明智决定。通过对大量数据的分析，可以洞悉发展趋势、用户行为、工作成果、绩效指标等，从而指导战略规划和日常管理。

运营价值：通过对数据的实时处理和分析，能够优化业务流程、提高工作效率、减少浪费，例如通过数据分析改进工作程序、简化工作流程、合理配置资源、提高工作成效等。

创新价值：数据是科技创新和新业务模式孵化的源泉。通过挖掘数据背后的模式和规律，可以催生新的模式、方案、产品和服务，比如基于算法的平台经济监管、基于区块链的产品追溯、基于物联网的特种设备智控、基于大数据的政策推送等。

竞争价值：拥有高质量的数据和强大的数据分析能力的组织，能够获得竞争优势，更快地响应环境变化，抢占发展机遇。数据可以用来建立“智能大脑”，通过海量的数据情报，帮助领先竞争对手一步。

市场价值：通过数据深入了解客户需求，实现个性化服务和精准服务，提高客户满意度和忠诚度，提高企业群众的获得感。如政务服务运用数据分析，提高在线办理率、即时办理率、一站式办理率等。

风控价值：数据有助于识别和量化潜在风险，例如金融领域的企业信用评估、食品领域的产品风险评估、质量领域的系统性区域性风险研判等。

社会价值：在社会治理和公共服务领域，数据能够助力政策制定和公共服务的精准投放，提高公共服务效率和社会福祉，如智慧城市建设、公共管理和应急响应。

第二节　业务数据化

业务数据化是数字化应用场景开发的基础，本质上是通过对业务自身的细化、量化、指标化，实现用数据表达业务过程、业务状态及业务成果，从而更好地实现数据驱动的决策，提升业务效率。

一、业务内容梳理

（一）确定业务范围

从需求出发，全面分析场景涉及的业务项目、内容、任务、举措、计划、目标等，明确业务事项的边界和要求。

（二）梳理业务流程

深入了解业务的全过程，包括逻辑起点、重要节点和闭环终点等环节。分析业务流程中的关键节点，明确各环节的核心任务。

1. 横向梳理

业务内容的横向梳理主要是指对同一层次或同一领域的各项业务活动、流程、模块进行系统的、全面的整理与分析，以清晰地展现其相互关系、覆盖范围、协作机制及潜在优化空间。

例如：知识产权全链条保护的业务内容主要包括以下几个环节：

创造环节。涉及创新研发和知识产权成果的创造业务，包括基础研究、应用研究和试验发展等工作，以及八大类知识产权的申请、审查等业务。目的是将科研成果转化为具有市场竞争力的知识产权。

运用环节。涉及将创造出的知识产权通过许可、转让等方式进行商业化运用的业务，通过对知识产权的价值评估和风险管理，获得经济收益和社会认可。

保护环节。对知识产权的保护业务，防止侵权行为的发生。这包括法律、行政、经济、技术、社会治理等多种手段的运用，以及审查授权、行政执法、司法保护、仲裁调解等具体措施实施。

管理环节。涉及确保全链条顺畅运行的管理活动。这包括知识产权的奖励、补助、指数分析等环节，以及专业管理人才和制度的建设。

服务环节。对知识产权服务业发展的支持业务，包括服务机构的建设和服务能力的提升，以满足日益增长的知识产权服务需求。

此外，还有知识产权的行业自律、公民诚信等环节，从而构建一个全链条的知识产权保护业务体系。

2. 纵向梳理

业务纵向梳理是指沿着业务的价值链、管理层级或决策层次，自上而下或自下而上地对业务进行深度剖析，旨在理解各层次业务的目标、策略、执行、监控、反馈及优化等环节的内在逻辑与互动关系。

例如：对知识产权中的专利转化使用，自上而下进行深度梳理，包括专利实施许可、转让、入股、质押融资等细分业务。

专利许可业务。任何单位或者个人实施他人专利的，应当与专利权人订立实施许可合同，向专利权人支付专利使用费。应当自合同生效之日起3个月内向国家知识产权局进行许可备案。

专利转让业务。转让专利申请权或者专利权的，当事人应当订立书面合同，向国务院专利行政部门提交“转让合同”和“著录项目变更申报书”，同时缴纳费用办理登记，由国务院专利行政部门予以公告。专利申请权或者专利权的转让自登记之日起生效。

专利入股业务。以专利技术出资的，专利资产占有单位应当委托从事专利资产评估业务的评估机构进行专利资产评估，并依法办理其专利权的转移手续，即以专利入股的，应将专利权转移至公司名下。

质押融资业务。一是专利权评估，在进行专利权质押贷款前，需要进行专利权评估。评估的目的是确定专利权的价值，并作为贷款金额的依据。专利权评估需要由专业机构进行。二是质押合同，质押合同需要详细规定贷款金额、利息、还款期限等具体内容。质押合同应由双方协商确定，必须由双方签字盖章，并在相关机构进行备案。三是质押登记，质押登记是指将专利权抵押给贷款机构，并在国家知识产权局进行登记。登记后，专利权的质押权利才能被有效地保护和行使。登记时需要提供专利权证书、质押合同等相关证明材料。质押到款到期后，专利权利人还清贷款和利息后，需向国家知识产权局办理解押手续。

二、指标颗粒细化

业务指标颗粒度细化，是指将宏观的、总体的业务指标拆分成更为细致、具体的子指标，以便更精确地衡量业务表现、追踪业务进展、识别问题根源和指导精细化管理。指标的最小颗粒度指的是衡量某一数据指标时所能达到的最细致、最基本的数据单位或分析层面。换句话说，它定义了数据细分的程度，决定了数据的详细程度和精确性。

（一）构建业务指标

根据业务流程、关键节点，构建层次分明、相互关联的业务指标体系。业务指标应具有可度量、可对比、可联系等特点。

（二）设定指标表达

为每个业务指标设定数据格式、指标范围、内容属性、关联关系等，形成标准规范。

例如对食品安全综合治理的业务指标细化梳理：

1. 一级指标

食品主体数、激活主体数、上链生产企业家数、上链流通主体家数、上链餐饮主体家数、上链省外主体家数、赋码批次数、出库流转批次数、采购入库批次数、结算扫码数、个人扫码数、24 小时新增赋码批次、24 小时新增出库批次、24 小时新增入库批次、24 小时结算扫码万次数、24 小时个人扫码次数等。

2. 二级指标

阳光工厂接入家数、阳光工厂家数（基数）、阳光农场接入家数、阳光农场家数（基数）、阳光厨房接入家数、阳光厨房家数（基数）、CCP 智控家数、各地市阳光工厂视频监控数、各地市阳光工厂物联感知数、各地市阳光农场视频监控数、各地市阳光农场物联感知数、各地市阳光厨房视频监控数、各地市阳光厨房物联感知数、预包装食品生产批次数、预包装食品企业自检报告、预包装食品完成采样批次数、预包装食品抽检计划批次数、预包装食品抽检不合格次数、预包装食品检验报告万份数、食用农产品首站批次数、食用农产品企业自检报告份数、食用农产品完成采样批次数、食用农产品抽检计划批次数、食用农产品抽检不合格次数、食用农产品检验报告万份数、品类码类数、批次码个数、单品码个数、浙产预包装食品赋码批次数、入浙预包装食品赋码批次数、进口预包装食品赋码批次数、浙产食用农产品赋码批次数、入浙食用农产品赋码批次数、进口食用农产品赋码批次数、仓储扫码　用码仓库个数、仓储扫码 – 扫码入库数、流通扫码 – 扫码主体万个数、流通扫码 – 扫码交易万次数、结算扫码 – 适配商场门店数、结算扫码 – 扫码结算万次数、消费者扫码 – 扫码查询万次数、消费者扫码 – 扫码登记次数、追溯产品品类数、浙产产品个数、入浙产品个数、进口产品个数、产地来源分析、查询端口分析、投诉举报件数、抽检异常批次数、行政处罚起数、上级交办件、外省移送件、行业禁入人数等。

3. 三级指标（厂场阳光为例）

阳光工厂接入家数、阳光工厂家数（基数）、阳光农场接入家数、阳光农场家数（基数）、阳光厨房接入家数、阳光厨房家数（基数）、阳光亚运家数、阳光工厂实拍直播视频流、阳光农场实拍直播视频流、阳光厨房实拍直播视频流、阳光工厂监控点位数、阳光农场监控点位数、阳光厨房监控点位数、阳光工厂物联设备个数、阳光农场智控设备个数、阳光厨房物联设备个数、阳光工厂上月 AI 抓拍数（个）、阳光工厂本月 AI 抓拍数（个）、阳光工厂今年 AI 抓拍数（个）、阳光工厂未戴工帽次数、阳光工厂未穿工装次数、阳光工厂未戴口罩次数、阳光厨房上月 AI 抓拍数（个）、阳光厨房本月 AI 抓拍数（个）、阳光厨房今年 AI 抓拍数（个）、阳光厨房未戴工帽次数、阳光厨房未穿工装次数、阳光厨房未戴口罩次数、工厂违规抓拍图片、厨房违规抓拍图片、关键点位数、关键点位在线率、人员阳光－从业人员数、人员阳光－抽考覆盖率、人员阳光－健康证持证率、人员阳光－体温监测率、原料阳光－原料采购批次数、原料阳光－添加剂合规率、原料阳光－索证索票率、原料阳光－原料监测率、生产阳光－AI 视频点位、生产阳光－金属探测点位、生产阳光－烘烤速冻点位、生产阳光－杀菌点位、环境阳光－温湿度仪点位、环境阳光－挡鼠板检测站点、环境阳光－洁净度检测点位、设备阳光－关键设备数、设备阳光－设备定检率等、阳光工厂－上月物联预警数（个）、阳光工厂－本月物联预警数（个）、阳光工厂－今年物联预警数（个）、阳光厨房－上月物联预警数（个）、阳光厨房－本月物联预警数（个）、阳光厨房－今年物联预警数（个）、阳光工厂物联预警明细、阳光厨房物联预警明细等。

三、数据采集确认

（一）数据来源分析

分析所需数据的来源，包括内部数据和外部数据。明确数据获取的难度、成本和时效性等要素。

（二）建立采集规范

根据数据来源类别，分别确定业务指标的生成方式、频次、质量等具体要求，综合通过共享、复用、计算、填报等不同手段，满足数据需求。将以上规范化要求在场景开发中作为工作机制落地落实。

业务流程图如图5-1所示。

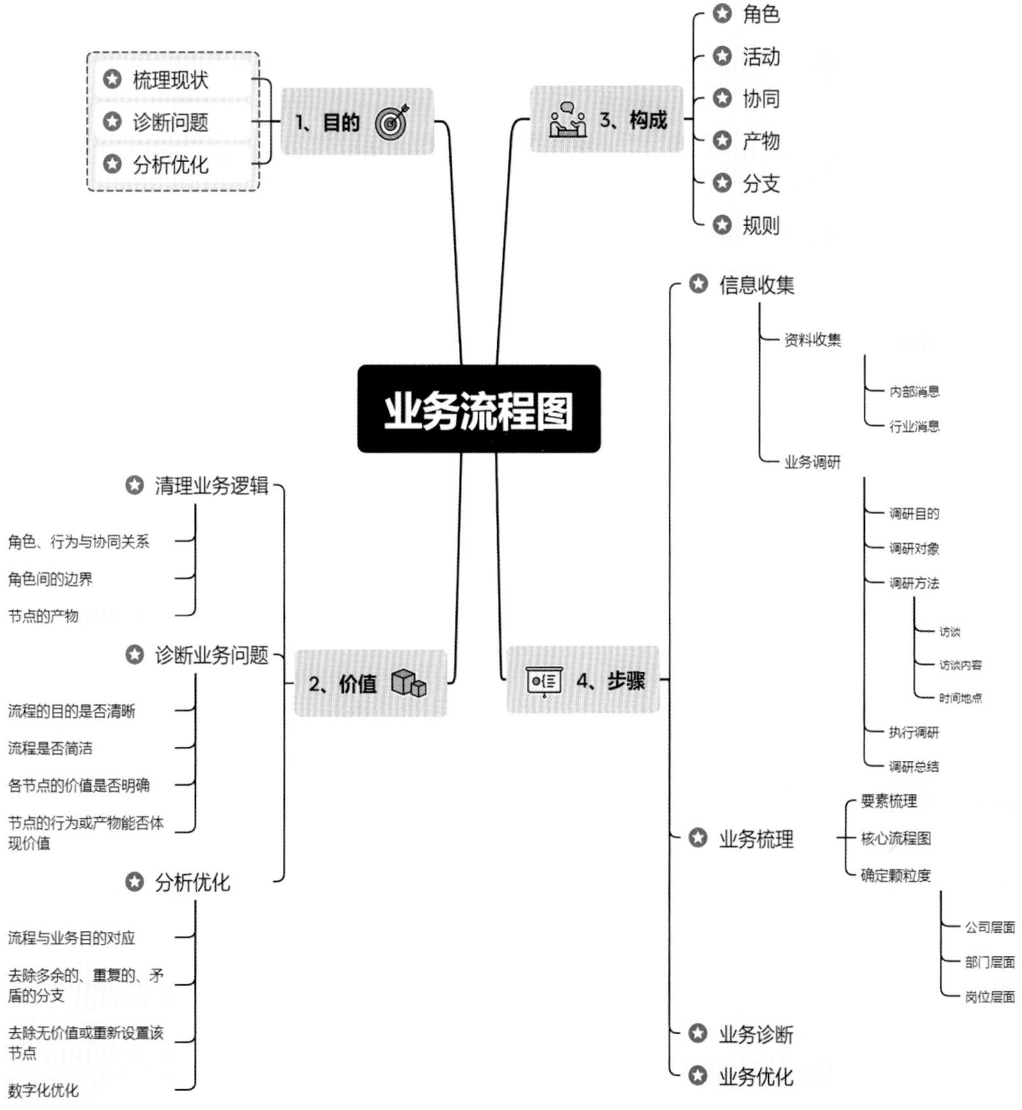

图5-1　业务流程图

第三节　数据资源化

数据资源化（图5-2）是数字化应用场景所需的重要资源配置，重点围绕数据的采集、处理、管理、分析和利用展开，旨在将数据转化为可利用的、有价值的资源，以推动场景的开发建设应用。

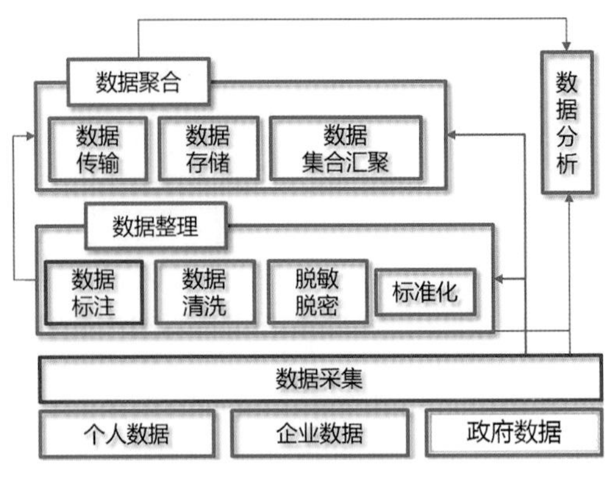

图5-2 数据资源化

数据资源化的任务涵盖了数据从产生、整理、存储、分析到应用的全链条管理，并致力于发掘和释放数据的内在价值，将其转化为场景开发的强大引擎。

一、数据汇聚与整合

数据汇聚与整合是数据资源化的关键环节，旨在将分散在不同系统、平台和位置的数据集中起来，并进行统一处理，以实现数据的价值最大化。通过建立全面的场景数据体系，包括各类业务对象本身的内在数据、支撑业务所需的外部数据、业务生成和挖掘的数据、业务关联的关系数据以及用户使用产生的各类数据等。整合来自不同渠道、不同格式的数据，消除数据孤岛，实现跨业务、跨部门、跨系统的数据共享。需求分析：明确数据汇聚与整合的目的和范围，确定哪些数据需要收集和整合。数据汇聚整合的主要环节包括：需求分析，明确数据汇聚与整合的目的和范围，确定哪些数据需要收集和整合。数据源识别：识别组织内外的数据源，包括内部数据库、外部API、社交媒体等。数据采集：通过API调用、文件上传、爬虫等方式从各个数据源获取数据。

二、数据治理与标准

数据治理与标准化是确保数据质量、可用性和价值的关键过程。数据治理是一种综合性的管理活动，旨在确保组织的数据资产得到妥善管理，主要包括流程管理，即定义数据生命周期中的各项流程，如数据收集、存储、使用、共享和销毁等。合规性管理，即确保数据处理活动符合相关法律法规和行业标准的要求。质量管理，即监督数据质量，确保数据准确、完整、一致。数据标准化是指通过一系列规则和流程，确保数据在组织内部或跨组织之间的一致性和可比性。数据资源化的过程中要正确实施数据治理策略，包括数据质量控制、数据安全与隐私保护、数据生命周期管理等。推行数据标准化，统一数据格式、定义和分类，确保数据的准确性和一致性。

三、数据存储与管理

数据存储与管理是数字化转型中的核心环节，它涉及到数据的保存、组织、访问和保护等多个方面。数据存储是指将数据以某种形式保存在物理介质或虚拟空间中，以便于后期的检索和使用。常见的数据存储方式包括：

文件系统：传统的数据存储方式，如 Windows 的 NTFS 或 Linux 的 EXT4。

数据库管理系统 (DBMS)：用于组织和管理结构化数据，支持事务处理和查询，如 MySQL、Oracle 等。

数据仓库：用于存储历史数据以支持决策制定和分析，如 Snowflake、Amazon Redshift。

数据湖：用于存储大规模的原始数据，支持非结构化和半结构化数据的存储和处理，如 AWS S3、Hadoop HDFS。

对象存储：用于存储非结构化数据，如图像、视频等大文件，如 Google Cloud Storage、阿里云 OSS。

数据资源要构建高效的数据存储架构，满足不同类型数据的存储需求。实施有效的数据资产管理，确保数据的完整、可用和可追溯。

四、数据加工与提炼

数据加工与提炼是数据资源化中非常重要的步骤，它们旨在将原始数据转化为有价值的信息。通过对数据预处理，去除错误数据、不一致的数据以及重复的数据。通过数据集成，合并来自多个源的数据到一个统一的数据池中，解决不同数据源之间的不一致问题。通过数据转换，将数据转换成适合进一步分析的形式，例如通过聚合、标准化、离散化等操作。通过数据规约，减少数据量，但同时保持数据的完整性，以便更高效地进行数据挖掘。数据资源化必须开展数据清洗、转换和整合，提升数据质量，使之适合分析和应用。利用数据挖掘、机器学习等技术，提炼隐藏在大量数据背后的知识和洞察。同时通过提炼数据服务与产品，建设数据服务中台或中心，提供数据查询、分析、可视化等服务，支持业务决策和产品创新。将数据封装成产品和服务，如数据 API、数据报告、数据驱动型 SaaS 应用等，对外输出数据价值。

五、数据资产与资本

数据资产与资本是数据资源化中的重要概念，数据资产是指所拥有的具有经济价值的数据资源。这些数据可以是内部产生的，也可以是从外部获取的。数据资产具有价值性，数据资产能够为企业创造价值，例如通过优化运营、提高客户满意度、开发新产品等。具有无形性，数据资产是一种无形资产，不像实物资产那样具有物理形态。具有可复制性，数据可以被无限次复制而不损失其价值。具有可共享性，数据可以在不同的部门、合作伙伴甚至公众之间共享。具有时效性，数据的价值会随时间而变化，过时的数据可能不再有用。数据资本是指企业利用数据资产所形成的资本积累，它可以被视为一种新型的资本形式。数据资本具有增值性，通过数据分析、处理和应用，可以转化为更高的经济价值。具有流动性，可以通过数据交易市场进行买卖，具有一定的流动性。具有创新性，能够支持组织的创新活动。数据资源化要建立数据资产管理体系，明确数据产权归属，评估数据资产价值。要探索数据交易市场和机制，推动数据资产的合法合规流通和变现，实现数据的资本化。

六、数据责任与规范

数据责任与规范确保了数据的正确使用、保护个人隐私、维护数据安全，并确保数据处理活动符合法律法规的要求，数据责任是指组织和个人在处理数据时所承担的责任，确保数据的合法、正当和透明使用。数据责任的关键要素包括数据伦理，要确保数据处理活动遵循道德准则，尊重个人权利和社会价值观。数据透明度，要公开数据收集、存储、使用和共享的方式，使数据主体了解其数据是如何被处理的。数据问责制，要明确数据处理活动中的责任方，并确保他们负责数据的准确性和安全性。数据公正性，要避免数据处理中的偏见和歧视，确保数据使用的公平性。数据资源化必须守牢底线，遵守国家法律法规和行业标准，合理合规地进行数据采集和使用。组织要重视和关注数据伦理，尊重用户隐私权益，建立健全的数据合规治理体系。

第四节　数据驱动

数据驱动的核心在于系统性地收集、精细地整理以及深入地分析庞大的数据集，从而揭示出潜藏于数据背后的深刻规律和潜在价值。此种决策方式，以数据为基础，相较于传统的依赖经验和直觉的决策模式，展现出了更高的客观性、精确性和效率性，为决策提供了更为科学合理的支撑。

一、以数据融合实现业务协同

以数据融合实现业务协同，主要是指通过整合、共享和智能分析跨部门、跨业务的数据资源，打破信息孤岛，促使各项业务活动在数据层面实现无缝衔接和高效协作，进而优化业务流程、提升整体效率和决策质量。核心是将原本分散、独立的业务活动进行整合和优化，形成高效协作模式。

应用协同：搭建业务协同场景和应用平台，实现业务流程的在线化、自动化和一体化。

数据协同：将各业务线的数据进行集成和标准化，实现数据的实时共享、相互关联。

案例：浙江企业在线－企业开办一件事场景，对接税务、人社、公安等部门系统，统一数据共享标准，确保信息在各系统间的完整、准确、实时推送，实现企业设立登记、公章刻制、银行账户开户、发票申领等信息共享互认、事项全流程网上办，一个工作日（8个工作小时）内办结，所需提交材料按统一标准精简到7份以内，办理环节压缩到4个以内，实现企业开办“一门进出、一窗受理、一套材料、一次采集、一网通办、一日办结”。

流程协同：对业务流程进行重组和优化，确保各环节无缝衔接，提升业务执行速度和质量。

二、以数据分析实现业务评价

以数据分析实现业务评价，是指通过收集、分析和解释业务相关的数据信息，对业务活动的成效、效率、发展趋势等进行科学、客观、定量的评估。

（一）数据收集与整理

确定评价指标体系：根据业务性质和目标，明确需要衡量的各项业务指标。

（二）数据分析与解读

描述性分析：通过统计分析，掌握业务现状，如平均值、中位数、分布区间等，揭示业务基本特征。

探索性分析：寻找数据之间的关联性和规律，通过对比分析、趋势分析等方法发现业务亮点和问题所在。

可视化分析：将复杂的业务数据转化为直观的图表、仪表盘等，便于快速理解业务现状与问题。

预测性分析：运用回归分析、时间序列分析等方法预测未来业务发展趋势。

（三）建立模型与报告

根据业务目标和实际情况，建立业务评价模型，结合定量与定性评价形成报告，确保评价结果全面、公正、客观。根据数据分析结果，提出针对性的业务改进措施和战略决策建议。通过数据连续监测和定期评价，评估改进措施的效果，形成持续优化的良性循环。

案例：浙江企业在线 - 企业信用评价通过对归集的企业数据按照信用风险因子进行数据清洗和多维集成，并综合运用机器学习等大数据技术和决策树等智能算法，实现企业信用风险自动识别，用以指导双随机和重点监管任务的开展，提高监管效能。目前应用双随机任务6019个，实际任务应用率90.36%，累计检出问题企业3.06万户，问题检出率提升67%，大大提升监管精准性。

三、以数据决策实现业务升级

数据决策有助于提高业务决策的精准度和有效性，推动业务模式的变革和升级。其关键在于数据的质量、分析和执行力。

数据质量是数据决策的基础。高质量的数据是决策者制定政策和发展战略的基石。只有确保数据的准确性、完整性和及时性，才能对当前形势作出正确判断，为未来发展制定合理规划。

数据分析是数据决策的核心。通过对海量数据进行深入挖掘和分析，可以发现潜在的趋势和规律，为策略制定提供有力依据。分析方法的科学性和准确性直接影响到决策者对问题的认识和解决方案的提出。因此应不断引进先进的分析方法和技术，提高数据分析能力，确保数据决策的科学性和有效性。

数据执行是数据决策的关键。再好的决策如果没有高效的执行力去落实，也无法实现预期目标。应建立健全决策执行监督机制，确保举措落到实处，加强跟踪评估，为持续优化决策提供反馈。

案例：浙江企业在线－市场经营主体分析报告通过新登记经营主体数量、注销数量、登记注销比、行业情况、来浙投资企业、全国及部分兄弟省份相比等维度分析浙江省经营主体成长形势。在新冠肺炎疫情期间，为浙江省委省政府出台稳定政策，推进助企纾困举措，稳住经济大盘，发挥重要作用。

四、以数据重构实现业务发展

数字化应用场景的使命在于借助数字化强大力量，推动传统业务变革跃迁，实现业务集聚发展、规模发展和创新发展。

1. 业务集聚发展：通过构建数字化应用场景，对原有的业务流程进行重新设计和优化，通过在线协同作业，推动业务上下游实现深度协同，促进各方协同优化资源配置。数字化应用场景可以吸引更多部门和用户入驻，形成线上业务集群，共享资源、技术和信息，提升整体竞争力。

2. 业务规模发展：数字化应用场景突破地域限制，通过互联网、移动互联网等数字渠道，面向更大空间提供服务，从而提升业务规模。利用大数据、人工智能等技术，提供更精准、便捷的服务体验，从而提升业务量。

3. 业务创新发展：数字化应用场景通过数字化手段实现资源的高效匹配和利用，创新业务形态，拓展新的发展空间。通过数据驱动的决策与运营，及时调整战略，加速业务扩张，实现业务快速迭代优化。

案例：浙江企业在线－小微贷场景聚焦小微企业和个体工商户获得信用贷款难这一重大需求，首创小微主体专属信用评价体系，归集数据自26个政府部门系统数据进行接入处理，面向金融机构合规共享。创新“平台赋能＋信用评价＋路径重塑”的线上增信服务新模式。实现“扫码－授权－秒授信－秒贷”的全流程线上化的信用融资服务闭环，累计为20.14万户小微主体发放信用贷款3295.2亿元。

五、以数据价值实现业务增值

业务价值最大化是数字化应用场景的核心目标之一，其本质是对有限资源进行最优化配置，以实现战略价值、服务价值、管理价值、分析价值、文化价值等多方面的综合价值提升。

1. 战略价值：数字化应用场景聚焦明确的战略目标，结合外部环境和业务态势，融入长期发展规划，找准业务定位，以确保资源投入的方向正确，最大程度发挥业务价值。

2. 服务价值：持续创新数字化产品和服务，满足并超越客户需求，优化用户体验，提升用户黏性，促使服务价值最大化。

3. 管理价值：数字化应用场景引入先进的管理理念和工具，实现组织内部流程的高效化、管理对象的精准化，降低管理成本，提高管理效率。

4. 分析价值：数字化应用场景利用大数据分析和人工智能技术，最大程度实时洞察业务动态和用户行为，科学制定决策，释放数据要素的倍增效应。

5. 文化价值：数字化应用场景体现以人为本的理念，以治理能力现代化的目标，形成积极向上的文化，激发各方面潜能，提升组织凝聚力和执行力，为业务价值最大化提供文化保障。

案例：浙江企业在线－互联网＋监管场景利用大数据、物联网、人工智能等领域前沿监测技术，推进智能监管创新应用，探索协同预警、风险预警、电子存证等智慧监管手段。围绕以“双随机、一公开”监管为基本手段、以重点监管为补充、以信用监管为基础的新型监管机制，进一步梳理业务需求，结合基层实践，开发建设“双随机、一公开”、重点监管、事件核查、信用监管、联合监管五大功能模块。建立健全整体智治、高效协同、公平公正的执法监管体系，形成有浙江辨识度和全国影响力的标志性成果。

第五节　数据管理

数据管理是利用计算机硬件和软件技术对数据进行有效的收集、存储、处理和应用的过程，其目的在于充分有效地发挥数据的作用。实现数据有效管理的关键是数据资产管理、使用管理、产权管理和安全管理。

一、数据资产管理

数据资产管理是一项综合性工作，通过统一规划、控制和提供数据及信息资产，以提升其价值。

数据资产识别：全面梳理现有数据资源，包括数据的来源、类型、存储位置、使用频率和价值等，建立数据资产清单。

数据成本计量：对数据生成和管理过程中收集、清洗、存储、分析等环节的成本进行计量，作为数据资源的初始成本。

数据价值评估：通过数据分析、模型构建等方式，评估数据资产的价值，识别数据对业务的贡献潜力。

数据资产入表：根据会计准则，对于符合条件的数据资源，将数据确认为资产负债表中的正式资产项，并在财务报表中体现其价值。

数据资产管控：利用数字化手段，自动化数据资产管理流程，如数据资产注册、资源目录建立、数据地图构建、资产统计分析等。

数据资产审计：持续监控数据资产管理的效果，定期审计，根据反馈调整管理策略，持续优化数据资产的管理。

二、数据使用管理

数据使用的广泛性、深入性以及其对各类场景的适用性，使得数据成为数字化应用场景建设的重要驱动力。在政府治理领域，数据使用分为数据共享、数据开放和数据授权运营等方式。

（一）数据共享

数据共享是指公共管理和服务机构因履行法定职责或者提供公共服务需要，依法使用其他公共管理和服务机构的数据，或者向其他公共管理和服务机构提供数据的行为。公共数据以共享为原则、不共享为例外。公共管理和服务机构应当按照国家和省有关规定对其收集、产生的公共数据进行评估，科学合理确定共享边界。

（二）数据开放

数据开放，是指向自然人、法人或者非法人组织依法提供公共数据的公共服务行为。公共数据开放应当遵循依法、规范、公平、优质、便民的原则。公共数据按照开放属性分为无条件开放、受限开放和禁止开放数据。然而，在数据开放和共享过程中，政府需要平衡信息透明度和隐私保护，制定明确的数据开放政策和法规，规定数据开放的范围、方式以及对敏感信息的处理，以保障公众隐私和社会安全。

公共数据主管部门根据国家和省有关公共数据分类分级要求，组织编制全省公共数据开放目录。设区的市公共数据主管部门可以组织编制本行政区域公共数据开放子目录。公共数据开放目录按照实际需要实行动态调整。

（三）数据授权运营

数据授权运营，是指县级以上政府按程序依法授权法人或者非法人组织（以下统称授权运营单位），对授权的公共数据进行加工处理，开发形成数据产品和服务，并向社会提供的行为。

数据授权运营的主要目的是将数据的所有权和使用权分离，让专业的机构和专业的人员来管理和运营数据，以更好地发挥数据的价值。

三、数据产权管理

在数字时代，由于数据的无形性和流动性等特点，数据产权的确立和保护面临着诸多探索，各国和地区正在积极探索和制定相关的法律法规和政策，以明确和规范数据产权的界定和流转，保护数据所有者的合法权益，同时也鼓励数据的合法合理利用和流通，推动数字化应用场景的发展。数据产权主要包括以下几个主要内容：

1. 所有权：指谁拥有对数据的所有权，即谁有权决定数据的收集、存储、使用、处置和转让。数据所有权明确了数据产生的源头和初始控制方的权利。

2. 使用权：拥有数据使用权的主体可以合法地使用特定数据进行分析、挖掘、传播或在商业活动中加以利用，但并不意味着拥有数据的所有权。

3. 许可权：数据许可权是指数据所有者授予第三方在一定期限内、在特定范围内使用数据的权利，这种许可通常受到合同约束，规定了使用条件、用途、期限等。

4. 收益权：数据收益权涉及数据的商业化应用中产生的经济效益归属，数据所有者有权获得数据开发利用带来的收益。

5. 管理权：数据管理权涉及对数据的保存、更新、删除、安全保障等方面的权利和义务，包括数据质量管理、数据安全防护和隐私保护等。

6. 共享权：在特定条件下，数据所有者可以选择与其他主体共享数据，共享的程度和方式取决于数据所有者的意愿和法律规定。

7. 转移权：数据所有者有权将数据产权的部分或全部权利转让给他人，包括出售、赠与、质押、租赁等行为。

四、数据安全管理

任何时候数字化应用场景都必须最大限度地降低数据安全风险，保护数据资源的安全，确保业务的稳定运行和持续发展。

数据安全的目标主要包括以下几个方面：

1. 保护数据的机密性：确保敏感信息、商业秘密和个人隐私等数据不被未经授权的个人或组织非法获取和泄露。

2. 维护数据完整性：保证数据在存储和传输过程中不被篡改或损毁，确保数据的真实性、准确性和一致性。

3. 确保数据可用性：确保授权用户在需要时能够及时、可靠地访问和使用数据，防止数据丢失或系统瘫痪造成业务中断。

4. 保障数据合规性：遵循相关法律法规和行业规范，如个人信息保护法、数据安全法等，确保数据处理活动合法合规。

数据安全的主要任务包括：

1. 数据加密：采用适当的技术对静态数据和传输中的数据进行加密，确保即使数据被盗取也无法轻易解读。

2. 访问控制：实施严格的权限管理，确保只有授权用户和系统可以访问相应级别的数据。

3. 审计追踪：建立数据安全审计机制，记录数据的访问、修改和删除等操作，以便在发生安全事件时进行追查和溯源。

4. 脱敏处理：在不影响数据分析和业务需求的前提下，对敏感信息进行脱敏或匿名化处理，保护个人隐私。

5. 安全防护：构建防火墙、入侵检测系统、反病毒软件、漏洞扫描系统等多重安全防线，防范黑客攻击、病毒感染等安全威胁。

6. 灾备恢复：建立数据备份机制，并确保在主系统出现故障或遭受攻击后，能够快速恢复数据，保障业务连续性。

7. 安全策略：制定并落实数据安全策略、规程和管理制度，强化全员的数据安全意识和行为规范。

8. 依法依规：根据法律法规和行业标准的要求，进行数据安全风险评估与管理，确保数据处理活动符合合规要求。

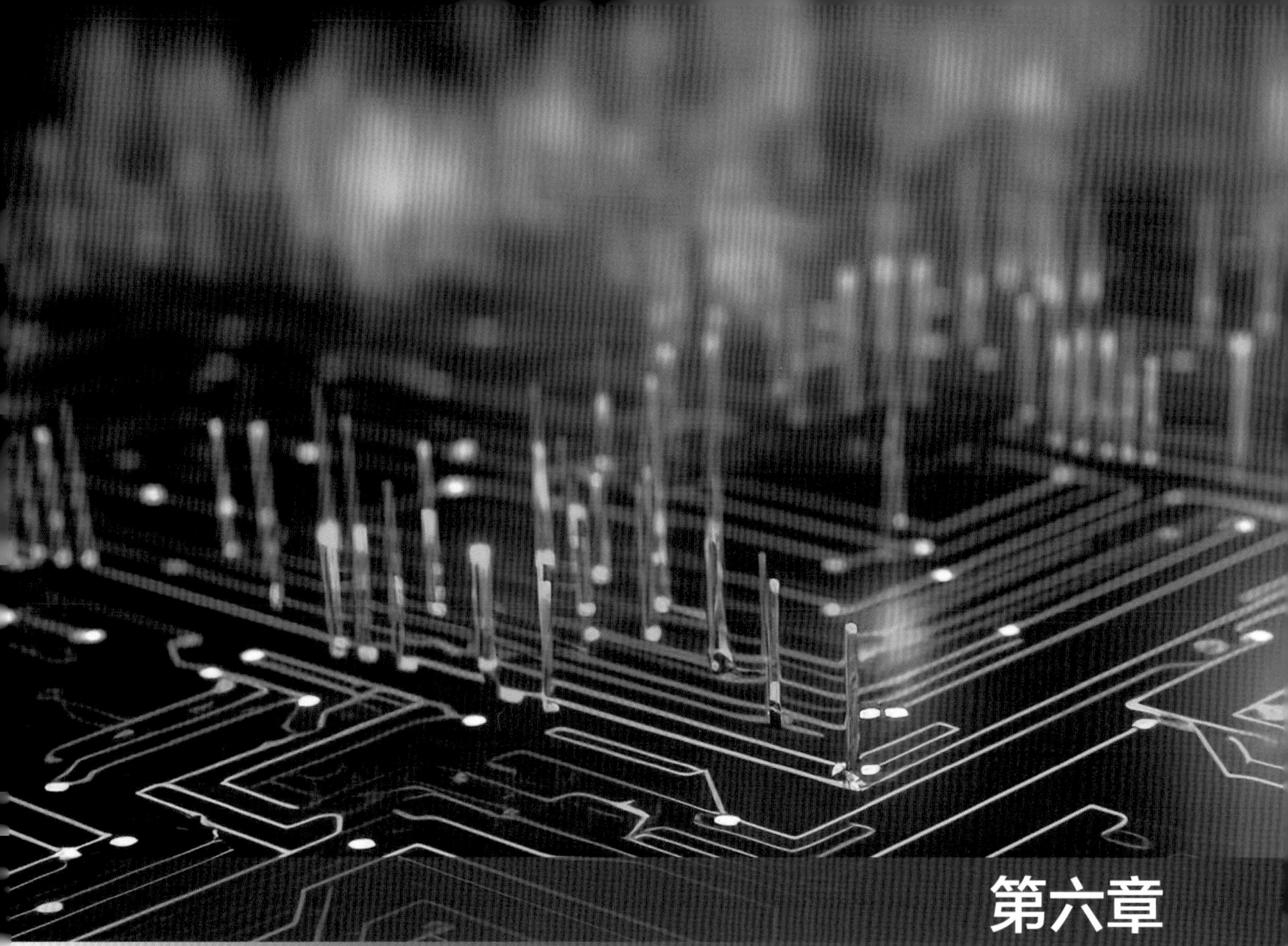

第六章

数字化应用场景工具

数字化应用场景建设需要相应的技术工具，尤其需要数字技术工具。数字技术工具是数字革命的重要产物，其不仅仅是看得见的键盘和鼠标，更重要的是看不见的“云”“网”“数”“算”等先进技术工具，其为数字化应用场景提供了强大支撑。

对管理者建设者来说，掌握技术工具的前提，是要懂得每一项工具是什么、能干什么、好在哪里、如何来使用。不同于一般意义的科普性了解，其还要结合数字化应用场景的具体实践，借鉴成功做法、少走弯路，才能让场景建设实现“好”“快”“省”的要求。

本章将分别阐述若干重要的通用关键数字技术、工具箱的重要概念以及能力组件工具的主要类型和作用特点，强调指出基础支撑工具的重要保障，给出数字技术工具支撑应用场景的具体示例，目的是使得读者能够掌握技术工具量身定制的重要性和可行性，推动场景不断迭代功能、优化体验、提升效率。

第一节　数字技术

数字技术“黑科技”正加快社会的发展，每一次技术的革命都改变着我们的生活和生产关系，技术引领生活正在进一步加快进程。本节重点展示物联网感知、大数据、区块链等数字技术领域的前沿科技突破和最新应用趋势。

一、物联网感知

物联网（Internet of Things，IoT）技术是指通过各种信息传感设备，如射频识别（RFID）、红外感应器、全球定位系统、激光扫描器、各类传感器等装置，将任何物品与互联网相连接，进行信息交换和通信，以实现智能化识别、定位、跟踪、监控和管理的一种网络技术。物联网技术的核心是通过赋予物品数据通信能力，将物品与互联网紧密结合，使得物品之间、物品与人之间，以及人与人之间能够进行高效的信息交互。

物联网技术为政府提供了前所未有的数据资源和智能化管理工具，有助于提升政府监管效能，提高公共服务水平，促进社会经济的可持续发展。例如：

智慧城市运行管理：政府利用物联网技术连接城市中的各类传感器和智能设备，如交通信号灯、环境监测站、公共安全摄像头等，实时收集交通流量、环境污染、治安状况等数据，实现对城市运行状态的实时监控和智能化管理。

公共安全监管：通过物联网技术，公安部门可以对重点区域进行实时监控，智能分析异常行为和突发事件，提升应急响应速度和打击犯罪效率。此外，消防部门可以利用物联网监测火灾隐患，及时预警并采取措施。

环保与资源管理：物联网技术在水资源、电力资源、废弃物处理等领域发挥作用，通过传感器实时监测污染物排放、能源消耗等情况，帮助政府进行精准环保监管，制定科学的资源分配和管理策略。

食品药品安全监管：物联网技术可应用于农产品追溯系统、药品冷链物流监控等，通过唯一标识码和 RFID 技术，全程跟踪食品和药品的生产和流通环节，确保食品安全和药品质量。

交通管理与交通安全：智能交通系统利用物联网技术，实时收集道路拥堵信息、车辆行驶数据等，进行交通流量分析和疏导，同时对交通事故进行预警和快速响应。

城市基础设施维护：物联网技术应用于桥梁、隧道、建筑物等基础设施的健康监测，通过实时监测结构应力、振动等参数，提前发现潜在安全隐患，保障城市基础设施的安全运行。

政务服务与民生服务：物联网技术可为政府提供精准的公共服务数据，如人口流动、居民健康、社区服务等，帮助政府制定更贴近民生需求的政策和服务。

物联网案例：电梯安全智控

电梯是日常生活中接触最多的特种设备，在电梯安全管理中引入物联智控、大数据、AI 等技术，可提升电梯安全管理水平。

“浙江特种设备在线”在电梯中增加物联设备对电梯运行情况、故障情况等数据进行实时在线采集；通过 AI 图像识别对电动自行车进电梯等危险乘梯行为进行劝阻；结合监管数据、物联监控数据等利用大数据分析和机器学习等技术建立电梯安全风险预警模型对电梯安全情况进行量化分析评价，智能提升电梯安全管理。

二、大数据分析

大数据分析（Big Data Analysis）是一种处理大量、多源、异构数据的高级分析方法和技术，目的是从数据中发现有价值的信息、知识、模式和趋势，从而为企业决策、政府治理、科学研究等领域提供精准的洞察和预测。通过大数据分析，组织能够处理传统方法难以应对的海量数据，挖掘出隐藏在数据背后的深层次关联和规律。大数据分析已经成为数据要素价值释放的重要驱动力，改变了我们对数据处理和分析的传统认知。大数据分析在政府治理中的应用十分广泛，它能够显著提升政府决策的科学性、预见性和精确性。例如：

政策制定与决策支持：通过分析各类社会经济数据，如就业率、物价指数、产业结构等，来评估现有政策效果、预测未来趋势，从而制定更精准的政策。在公共服务领域，政府可以利用大数据分析市民需求，优化资源配置，例如通过分析居民区的人口密度、年龄结构等数据，合理规划公共设施建设。

社会管理与预警：大数据分析可以帮助政府实时监测社会舆情动态，对潜在的社会热点和不稳定因素进行预警，提早进行干预。在治安管理上，通过分析犯罪数据、监控视频等信息，可以实现犯罪预防和案件侦破的智能化。

应急管理与公共服务：在灾害预警与应对方面，通过对气象、地质、环境等多源数据的融合分析，政府可以更准确地预报自然灾害，提升应急救援效率。在疫情防控、公共卫生管理中，大数据分析在疫情传播路径追踪、感染风险评估、疫苗接种策略制定等方面起到了关键作用。

政务服务与行政效率提升：通过大数据分析可以优化行政审批流程，提高办事效率，例如通过分析民众的办事业务需求和办理效率数据，推动政务服务的流程再造和线上化转型。

经济调控与产业发展：通过大数据分析宏观经济发展趋势，细化到各行业发展情况、市场供需关系等微观层面，进行有针对性的产业扶持和结构调整。

财政税收与审计监督：大数据分析技术能够帮助税务部门有效打击逃税行为，优化税收征管效率，同时也能对政府开支进行透明化监管，强化财政预算执行的监督力度。

大数据分析在政府治理中的应用不仅有助于提高决策的科学性和前瞻性，也有助于提升政府服务质量和管理水平，实现社会治理的精细化和智能化。

大数据分析案例：检验检测报告显微镜

“浙里检”数字化应用场景，运用大数据技术对检验检测报告信息进行采集，采用 OCR、语义分析，对报告 PDF、图文进行识别分析，对报告内部关键数据项进行定义并提取。建立报告异常数据诊断模型，采用大数据碰撞比对、机器学习分析、文本相似度比对等技术，对关键数据屏幕进行动态分析，通过合规性、准确性等维度对报告内容进行判断，定期进行异常报告预警。

三、区块链追溯

区块链是一种基于去中心化、分布式、不可篡改的数据存储和传输技术，以链式数据结构为基础，通过密码学算法保证数据传输和访问的安全。它允许多个参与者在没有中心化的第三方机构干涉下达成共识，并且所有数据都是公开的、透明的。区块链追溯（Blockchain Traceability）在政府治理中的应用主要集中在提高政务管理的透明度、可追溯性和安全性等方面。例如：

公共产品供应链管理：在政府采购、食品安全监管等领域，区块链技术可以用于记录和追踪商品从生产、加工、运输到销售全过程的数据信息，确保商品的真实性和安全性，打击假冒伪劣商品，保障公众利益。

公共资源交易：区块链可以用于土地、矿产、知识产权等公共资源的登记、交易和流转，确保交易过程的透明公正，防止欺诈和腐败。

许可证与证书发放：通过区块链技术，政府部门可以发放和管理各类电子许可证和证书，如学历证书、职业资格证书、进出口许可证等，确保证书的真实性和不可篡改性。

公共服务透明化：在政府项目招投标、公共资金使用、福利分配等方面，区块链可以确保所有流程和资金流动的透明化，方便公众监督，增强政府公信力。

司法存证与仲裁：区块链技术可以应用于司法证据的存证和证明，确保证据的真实性和完整性，便于法院进行公正裁决，加快诉讼进程。

身份认证与公民服务：政府可以利用区块链技术建立公民身份验证系统，提高公民信息的安全性和隐私保护，同时简化各类公共服务的申请和审批流程。

区块链追溯技术在政府应用中，实现了政府事务流程的透明化、可追溯和高效化，促进了政府服务和管理的现代化和智能化，有助于提升政府治理效能和公众信任度。

区块链案例：“市监链”在平台经济监管中的应用

“市监链”是我国市场监管系统首条联盟区块链，构建了体系完善、服务坚实、生态兼容的市场监管领域新基建（信证链），成为支撑可信数据、可信社会的新型基础设施。利用信证链的可信存证与数据跨域协同技术，提供平台经济监管手段与知识产权保护创新服务能力，支撑网络监管、行政执法、存证确权、流通交易及权益保护等创新应用场景，打造跨行业、跨地域的创新应用生态。依托信证链上40余家公信联盟节点，将新基建的服务能力延伸至30个省（自治区、直辖市），应用单位从省市监局扩展到全国各地市监局、其他行政机关（网信办等）、社会机构（律所、企业等）。

第二节 能力组件

能力组件可以理解为数字化应用场景中的某个功能模块或服务组件，它可以独立地提供某种业务功能或技术能力。这样的组件化设计有助于系统的模块化、松耦合和可扩展性，使得场景可以根据业务需求灵活组合和调整，快速响应实现敏捷开发和持续交付。能力组件的本质是将复杂系统拆分成可重用、可组合的基本单元，以提高整体系统的灵活性和效能。

构建和管理可复用能力组件的策略，主要是“开发一批、组建一批、管理一批”。开发一批能力组件，是采用模块化设计原则，根据需求设计并实现一系列通用的、可独立使用的功能模块，包括基础服务、特定业务等；组建一批能力组件，是将开发完成的能力组件进行打包、版本控制，并将其发布到组件库上，以便于调用、复用；管理一批能力组件，是对其进行全生命周期管理，监控组件的使用情况，评估其性能和安全性，包括组件的升级、维护、注销等，确保组件库的健康和高效运作。

一、应用端口

（一）通用服务端（以浙里办为例）

浙里办（图6-1）是浙江政务服务网APP的简称，是浙江省政府为了方便企业和群众办事而开发的一款移动政务服务平台。该平台通过整合全省各级政府部门的政务服务资源，提供涵盖各类行政事项的在线办理、查询、咨询等服务，旨在打造“掌上办事之省”。浙里办具备以下特点：一是便捷性。用户无需出门，只需在手机上下载并安装浙里办 APP，即可随时随地办理各类政务服务事项，如企业注册、税务办理、社保查询等。二是高效性。采用先进的技术架构和安全保障体系，确保政务服务的高效性和安全性。用户提交办事申请后，系统会自动进行材料审核和办理，大大缩短了办事时间。三是智能化。运用人工智能和大数据技术，为用户提供智能化的政务服务。用户可以通过语音、文字等方式与机器人进行交互，快速获取所需信息。四是一站式。整合了全省各级政府部门的政务服务资源，为用户提供一站式服务。用户可以在一个平台上完成多项政务服务事项，无需在多个部门之间来回奔波。五是互动性。注重用户的互动体验，提供了多种互动方式，如在线客服、评价反馈等。用户可以随时与平台工作人员进行沟通，反馈意见和建议，不断提升政务服务的质量和水平。

图6-1　浙里办

（二）通用监管端（以浙政钉为例）

“浙政钉”（图6-2）是浙江省政府精心打造的智能移动办公平台，旨在助力全省各级政府及其部门实现政府数字化转型，构建“互联网 + 政务服务”体系。该应用凭借其核心功能，如待办、已办、待阅、已阅及督查等，有效加强了政务协同，打破了层级、地域和部门的限制。

图6-2 浙政钉

浙政钉的开放平台特性，为其赋予了丰富的API接口与业务应用集成能力。这不仅简化了各级政府部门的政务应用搭建、配置及运行流程，更为政府内部管理、移动办公及跨部门业务协同提供了有力支撑。通过开放平台，任何用于政府行政监管的应用，可直接挂载使用，为政府监管人员提供统一入口、一站式服务。

浙政钉已全面覆盖全省各级政府机关及公共企事业单位，成为数字化转型进程中不可或缺的重要工具。通过浙政钉，各政府机关与公共企事业单位得以进一步提升政务处理效率、加强内部协作并优化信息传递，从而实现服务质量的显著提升，深度推进数字化转型。

二、大脑产品（以浙江市场监管大脑为例）

浙江市场监管部门围绕“监测分析评价、预测预警和战略目标管理”等功能定位，初步打造了“风险预警、触网熔断、评价预报、动态指数、全景画像、智能领航、分析研判、决策赋能”等八类大脑产品。

（一）预警类

“风险预警”（图6-3）突出对风险的监测、感知，及时发出预警。通过对潜在风险的监测和预警，及时发现和应对风险，提高风险应对能力，降低风险带来的损失。

图6-3　浙江市场监管大脑“风险预警”

（二）熔断类

“触网熔断”（图6-4）通过智能化的手段，对违法违规行为进行有效的拦截。“触网熔断”的智能化拦截，是基于大数据和人工智能技术的结合。通过对海量数据的分析，系统能够及时发现异常行为，并迅速采取措施进行拦截。这种智能化的识别和拦截，避免了人工干预的延迟和疏漏，提高了风险控制的效率和准确性。“触网熔断”机制的设立，充分考虑了业务的复杂性和多变性。在实际业务过程中，违法违规行为的表现形式多样，且常常伴随着外部形势波动而变化。而“触网熔断”的智能系统，能够实时抓取对象动态，并根据业务变化调整风险控制策略，使得该机制具有较高的适应性和灵活性。

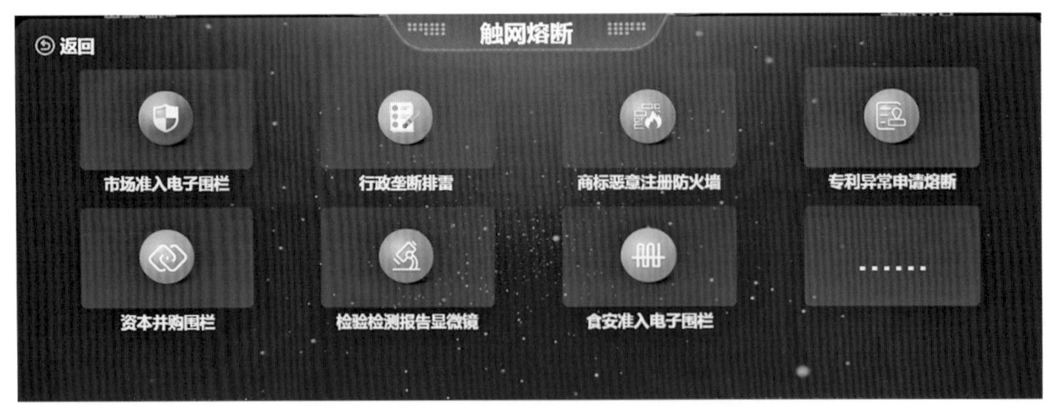

图6-4　浙江市场监管大脑“触网熔断”

（三）评价类

“评价预报”（图6-5）突出对特定对象、区域、行业现状的评价和未来趋势的预判预报，不仅能够更好地了解当前的情况，还能为未来的发展提供有益的参考。

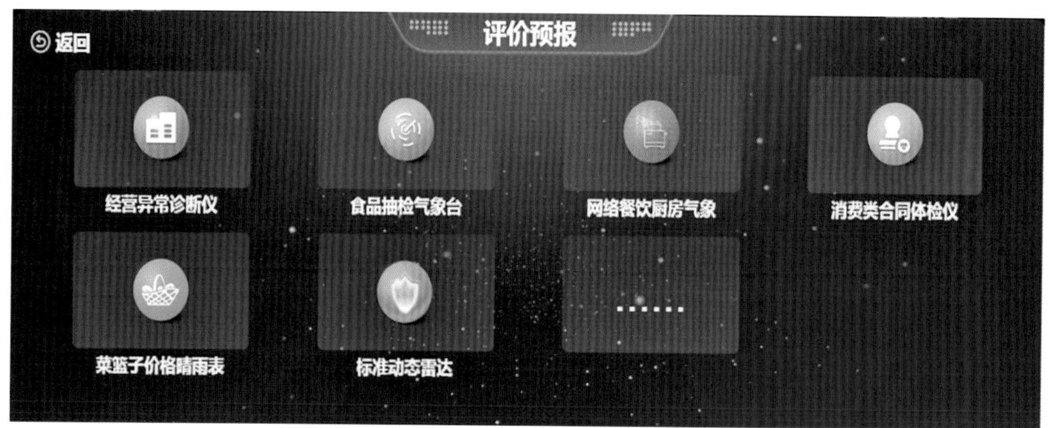

图6–5　浙江市场监管大脑“评价预报”

在评价预报工作中，需要注重数据的收集和分析。只有通过对大量数据的深入挖掘和分析，才能得出更加客观、准确的评价和预判结果。同时需要关注各种因素之间的相互关系和影响，例如经济、政治、社会、技术等方面的因素，这些因素都可能对评价和预判结果产生影响。在进行评价预报时需要注重方法的科学性和合理性。以确保评价和预判结果的准确性和可靠性。

（四）指数类

“动态指数”（图6–6）突出对特定领域进行综合评价并形成指数。它通过收集、整理和分析大量的数据，对特定领域进行综合评价并形成指数，为决策者提供了一种全新的视角和决策依据。与传统的静态指数相比，动态指数更加注重时效性和变化性，能够及时捕捉到业务的波动和行业的最新动态，为决策者提供更加及时、准确的信息。

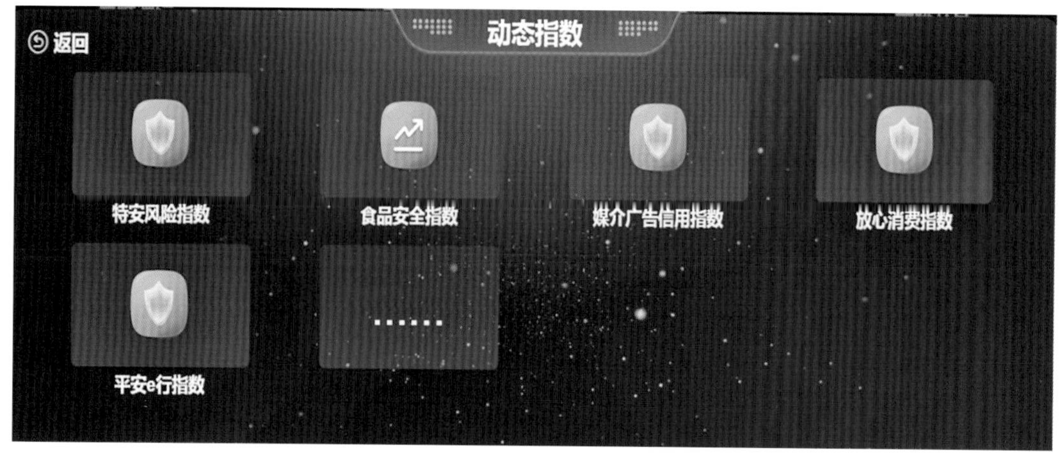

图6–6　浙江市场监管大脑“动态指数”

（五）画像类

“全景画像”（图6–7）深入剖析特定区域或主体的状况，通过多维度、全景式的反映和评价，全面展现其内在特点和外在表现。这种画像不仅涵盖了主体所涉及的各个方面，更强调对其内在逻辑和关联性的深入探究。多维度是指在进行画像时，要从多个角度、多个方面对主体进行考察，以获得更全面、更丰富的信息。

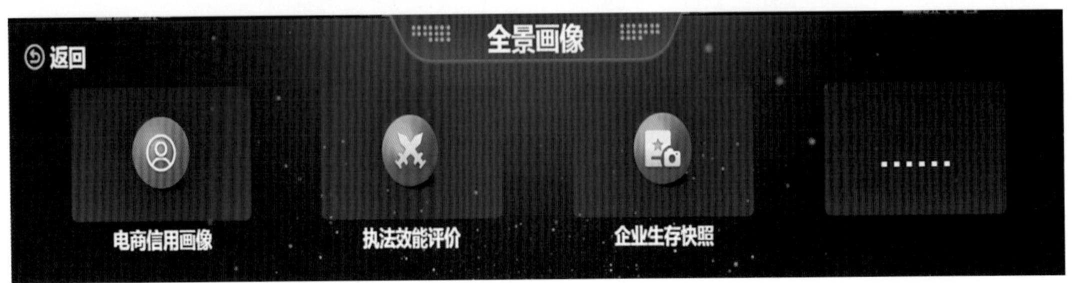

图6–7 浙江市场监管大脑“全景画像”

画像可以帮助我们了解主体的优缺点、内在逻辑和外在表现等方面的信息。在评价过程中需要运用多种方法和技术，例如数据挖掘、统计分析、文本挖掘等，从大量数据中提取有用的信息，对其进行归纳、总结和提炼。

（六）领航类

“智能领航”（图6–8）突出运用大数据分析研判对企业进行精准指引服务。智能领航的应用主要体现在对海量数据的收集、整理、分析和应用上。通过对各类数据的挖掘和分析，政府部门可以精准地掌握社会发展的动态和趋势，为政策制定提供科学依据。同时，智能领航还可以帮助政府部门优化服务流程，提高政务服务效率，增强政府治理能力。

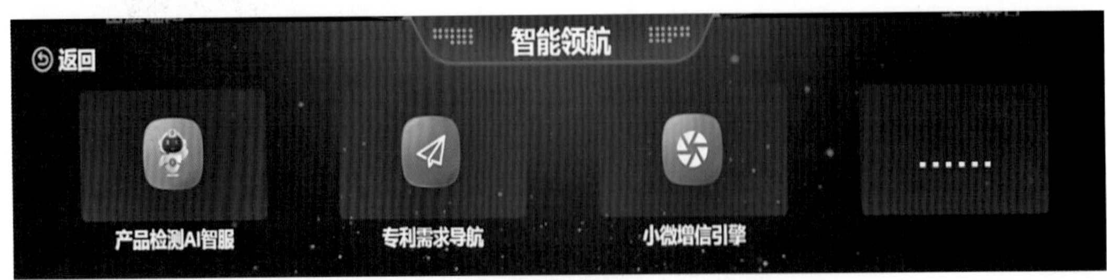

图6–8 浙江市场监管大脑“智能领航”

（七）研判类

“分析研判”（图6–9）是对监管对象和产品的各类数据进行全面而深入的研究，并揭示其背后的规律和趋势。

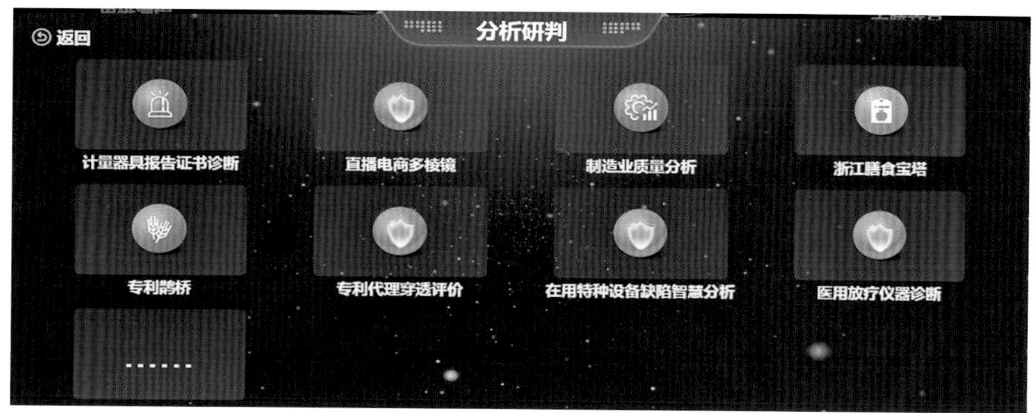

图6-9　浙江市场监管大脑“分析研判”

（八）赋能类

“决策赋能”（图6-10）通过深度分析和挖掘海量政务大数据，为政府决策提供有力支持。

图6-10　浙江市场监管大脑“决策赋能”

三、要素矩阵及大模型

以“浙江市场监管大脑”为例，要素是大脑运作的基础，聚焦市场监管核心业务智能化目标，着重围绕模型、公式、规则、知识、算法、工具、案例等，构建大脑要素矩阵（图6-11）。规则就是对业务逻辑的深入梳理，提出定义、要求、流程和约束；公式就是对规则的量化特征指标的数学表述；算法就是对公式进行运算求解的方法；模型就是将业务场景需求转化为规则、公式、算法等集合；知识、案例和数据等，都是模型运行中将要用到的重要输入参数和变量。要素的组合集成，为市场监管大脑智能化智慧化提供强大的“动力源”。

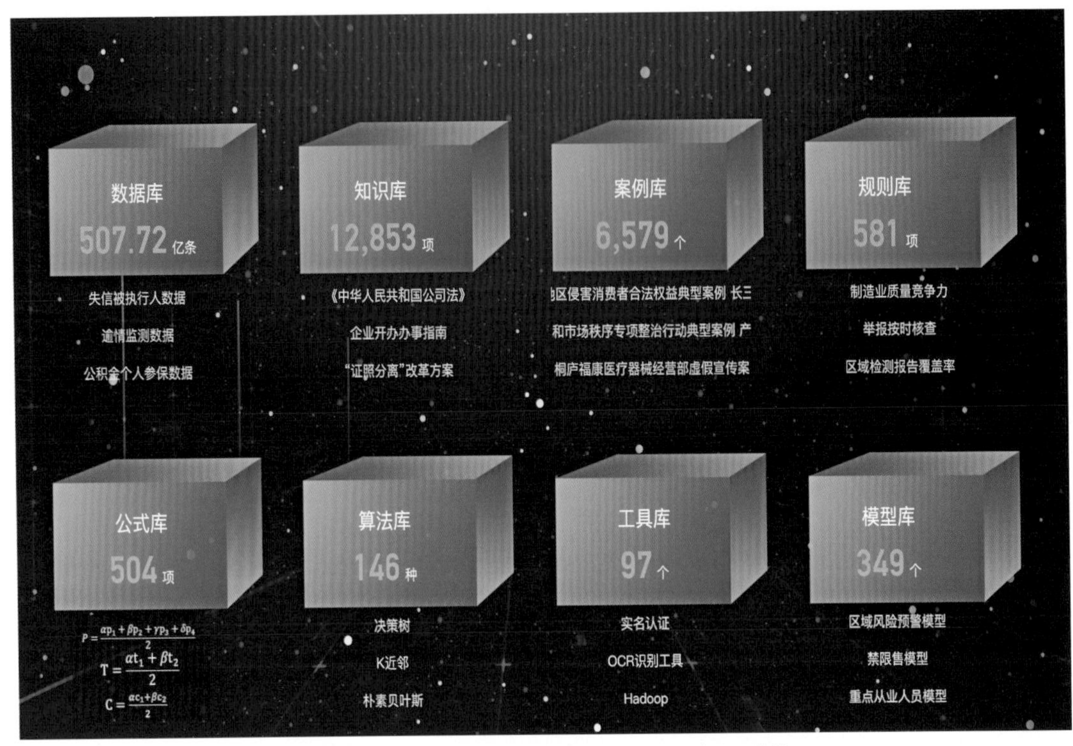

图6-11　浙江市场监管大脑"要素矩阵"

市场监管大模型是指应用在市场监管领域的大型人工智能模型，这类模型具备处理大规模数据、进行复杂分析和提供决策支持的能力。主要利用机器学习、深度学习等先进技术，针对市场监管的具体需求，如市场秩序维护、消费者权益保护、企业合规监管、产品质量安全监控、反垄断和反不正当竞争执法等，构建起高效、精准的监管工具。例如：

大数据风险识别模型：通过分析海量市场交易数据，识别潜在的违规行为，如价格操纵、虚假宣传等，提高违法线索发现和案件查处的效率。

信用评价与风险预警模型：建立企业信用评估模型，实时监控企业信用状况，对可能出现的信用风险进行预警，助力市场监管部门提前介入，防范市场风险。

消费者投诉分析模型：自动分析消费者投诉数据，识别热点问题和趋势，帮助快速响应消费者关切，优化市场环境。

广告监测与内容审核模型：利用自然语言处理和图像识别技术，自动审查广告内容是否合法、合规，打击虚假广告和不良信息传播。

智能执法辅助模型：为执法人员提供智能化辅助决策工具，如通过模型预测违法概率，指导执法资源的合理分配，提升执法效率和准确性。

产品质量安全追溯模型：通过区块链等技术结合大模型分析，增强对产品全链条的追溯能力，保障食品安全和商品质量，打击假冒伪劣产品。

四、编码工具

在政府治理中，企业编码和产品编码不仅是市场监管的基础性手段，也是推进社会治理精细化、智能化的核心组成部分。通过标准化、信息化的编码体系，政府可以更有效地履行职责，提升社会治理效能，同时也为企业营造公平公正的竞争环境和有序的市场经济秩序。

（一）企业信用码（以“浙江企业在线”企业码为例）

企业编码通常指的是统一社会信用代码，它是对企业法人和其他类型市场经营主体赋予的一个在全国范围内唯一的、不变的法定标识码，用于规范市场秩序，加强信用体系建设。政府通过此编码能够准确识别和追踪企业的经营活动，对企业的注册登记、税务申报、行政处罚、守信激励和失信惩戒等进行有效管理。政府各部门间通过企业编码实现数据共享和联动，有利于跨部门协同执法，提高政府监管效能，及时发现并打击违法违规行为。

“浙江企业在线”企业信用码（图6-12）的应用广泛而深入，极大地推动了企业信用体系建设。“企业码”是以“电子营业执照”为载体，归集整合了市场经营主体的营业执照信息、部分许可信息（食品生产许可证、食品经营许可证等），可在各类涉企办事场景应用。赋能后的“企业码”一方面记载了证照信息，是行业综合许可准入的数字化展示形式，另一方面确保了市场经营主体证照信息展示更加真实、透明，同时满足便捷化、个性化、电子化展示许可证的需求。近年来，浙江大力推广电子营业执照，让越来越多的创业者可以享受到电子营业执照带来的企业登记、公章刻制、涉税服务、社保登记等便利。该应用还为政府监管提供了便利，使得监管部门能够更加有效地监管企业信用。此外，浙江省企业信用码的应用还促进了市场交易的公平公正，降低了交易风险。

图6–12 “浙江企业在线”企业信用码

（二）产品二维码（以浙品码为例）

产品编码如国际通用的商品条形码（EAN/UPC）、中国的商品条码、国际物品编码组织系统下的全球贸易项目代码（GTIN）等，是产品在全球市场流通的身份标识。政府可通过这些编码实现对商品从生产、流通到消费全过程的追踪和监管。“浙品码”旨在确保浙江省内产品的质量和安全。通过浙品码，可以追溯产品的来源和去向，以及产品的生产、销售等全过程。这有助于提高产品的透明度和可追溯性，增强消费者的信心和信任。

在“浙品码”（图6–13）建设中，确保每个产品都有一个独特的标识码，建立数据库系统，记录产品的生产、销售等全过程的信息。同时制定了相关的制度和规范，确保产品的质量和安全。

图6–13 “浙品码”

五、公共组件

（一）身份认证工具（以浙江省政务服务网统一身份认证为例）

浙江省政府服务网的统一身份认证是为了确保网上政务服务的安全性和有效性，为用户提供便捷、安全的在线身份识别和授权服务。通过该服务，用户只需注册一次，即可凭同一套账号和密码在多个政府部门和公共服务平台上进行登录和办理业务，大大提高了政务服务的效率和用户体验。

统一身份认证系统通常会结合多种安全技术和措施，如数字证书、手机短信验证、人脸识别、指纹识别等，以确保用户身份真实有效。用户在完成实名认证后，可以在浙江政务服务网上办理涵盖工商注册、税务申报、社保公积金查询、行政审批、公共服务申请等在内的多项政务服务事项。

具体操作流程一般包括用户注册、实名认证、登录使用等步骤。用户在首次使用浙江政务服务网提供的服务时，需按照网站指引进行账户注册，并通过官方指定的方式进行实名验证，验证成功后便能享受到一站式的在线政务服务。

（二）人脸识别工具（以浙里办为例）

人脸识别技术基于生物特征识别技术，通过捕捉和分析人脸特征信息进行身份认证。其核心算法包括人脸检测、特征提取和比对识别等步骤。在人脸检测阶段，算法自动在输入的图像或视频中检测出人脸区域；在特征提取阶段，算法从人脸区域中提取出各种特征信息，如面部的轮廓、眼睛、鼻子等部位的形状、大小和相对位置等信息；在比对识别阶段，算法将提取的特征信息与已注册的人脸特征信息进行比对，从而完成身份认证。

在“浙里办”应用中，人脸识别技术作为一种重要的身份验证手段，被广泛应用在许多业务场景中。

实名认证：用户在初次注册或办理某些业务时，需要通过人脸识别技术进行身份核验，确保用户身份的真实性和合法性。

业务办理：在办理涉及个人隐私、财产安全等敏感业务时，例如查询个人社保、公积金、税务、驾驶证等信息时，要求用户通过人脸识别进行二次身份确认，确保信息安全。

电子签名：在签署电子协议或办理电子政务服务时，通过人脸识别进行电子签名确认，替代传统的手写签名，提高业务办理的便捷性和安全性。

养老金领取资格认证：老年人或其他受益人可以通过“浙里办”应用的人脸识别功能进行养老金领取资格认证，无需现场办理，方便快捷。

政务服务大厅自助终端服务：部分政务服务大厅的自助终端也采用人脸识别技术，用户可以“刷脸”快速登录个人账户，办理相关业务。

“浙里办”通过人脸识别技术，实现了线上线下相结合的身份认证服务，极大地方便了用户办理各类政务服务事项，同时也是政府推行“最多跑一次”改革，提升政务服务效能的重要举措之一。

（三）智能客服工具

政务服务智能客服（图6–14），作为人工智能技术在政务服务领域的应用，正逐渐成为提升政务服务效率与质量的重要工具。智能客服具备诸多优势，其中最为显著的是提高服务效率与质量。传统政务服务模式常常面临人力不足、服务效率低下等问题，而智能客服能够快速响应、准确解答用户问题，有效缓解这些问题。此外，智能客服还能提供24小时不间断服务，满足用户随时随地的需求。

图6–14　政务服务智能客服

智能客服目前已在多个领域得到广泛应用。在政府门户网站、政务APP等领域，智能客服能够提供智能问答、信息推送等服务；在政务热线，智能客服能够实现语音交互，为用户提供更加便捷的服务体验。一些地方政府还通过政务服务智能客服实现了政务服务的线上办理引导，进一步提高了服务效率。

政务服务智能客服将朝着更加智能化、人性化的方向发展。一方面，随着自然语言处理、深度学习等技术的不断进步，智能客服将更加准确地理解用户意图，提供更加精准的服务。另一方面，智能客服将更加注重用户体验，通过优化交互方式、提升服务质量等方式，使政务服务更加贴近民心。通过提升服务效率与质量、优化用户体验等方式，政务服务智能客服将成为推动政府数字化的重要力量。

第三节　基础支撑

数字化基础设施和基础支撑平台是推动数字化产业发展的关键动力。不仅关乎技术层面，更涉及政策、法规、安全等多方面的因素，要加大对数字化基础设施的投入，打造一个高效、安全、稳定的网络环境。

一、一体化智能化公共数据平台

一体化数字资源系统（Integrated Resources System，简称IRS），是将四横四纵两端的离散体系，综合集成为一个有机整体，向下统筹管理各类资源，向上支撑应用系统建设，实现平台整体集约联动，从数字资源一本账、资源配置一本账到资源运行一本账的跃升。

例如浙江省IRS共纳入应用、数据、组件、云资源等6类资源。对12926个应用、311.1万项数据、1123个组件、13.2万个云资源实例全目录实时在线管理。实时掌握数字资源底数，减少全省低水平重复建设。通过一本账管理实现7个方面作用：

一体申请（图6–15）。省市县三级数据、组件、政务云等数字资源实现统一入口、统一表单、统一流程申请。跨层级跨部门资源申请更便利、更规范、审批更高效。

图6-15 一体申请

一体应用。建设“应用工厂”（图6-16），初步提供标准查阅、低代码开发工具、代码托管等服务，提升应用开发质量和效率，降低开发成本。

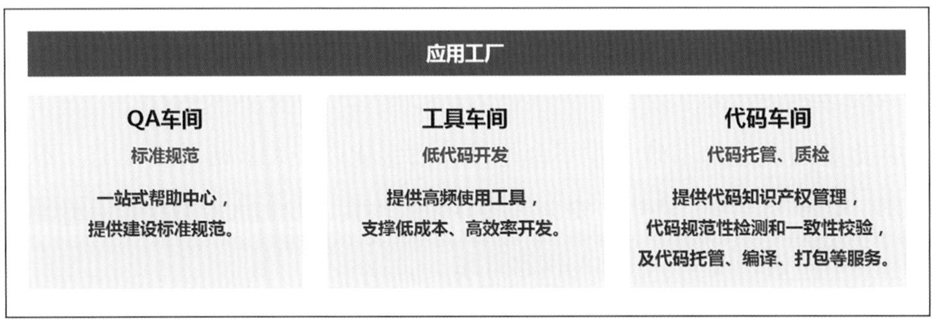

图6-16 “应用工厂”

一体发布（图6-17）。持续推动应用一体化发布，将面向企业、群众的应用集中发布在“浙里办”，将面向政府工作人员的应用集中发布在“浙政钉”，实现数字化改革应用用户统一、服务同源、渠道统管。

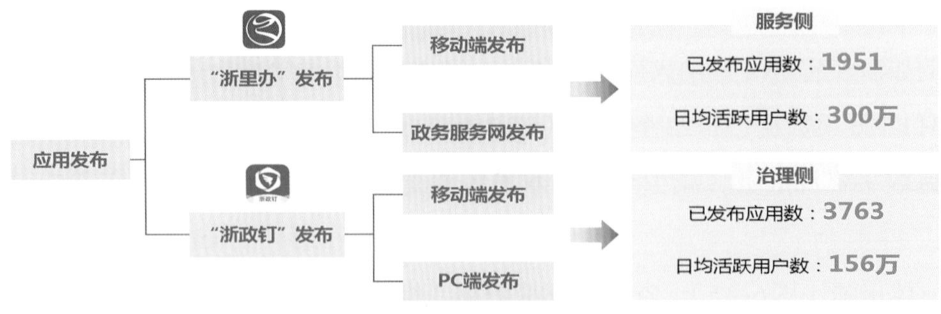

图6-17 一体发布

1. 一地创新，全省共享。探索“一地创新、全省共享”一般性方法：“六步四类法”，依托IRS推动优秀应用的快速复制，全省共享改革成果。

2. 一体监测。建设统一网关体系，监测应用互联互通情况，结合现有 IRS 资源数据，形成资源运行一本账，实现对应用运行状态和使用情况的动态监测。

3. 一体运维。通过构建省市县三级一体化运维体系，确保全省数字资源高质量供给。

4. ISV（独立软件开发商）一体管控。开展 ISV 备案管理，监控公司和人员的变动，实现“底数清、权限明、能力升”，提升在浙政务应用系统开发商的整体规范性、安全性基线。

5. 通过 IRS 的建设，浙江省力求实现政府治理、公共服务和社会治理的数字化转型，促进经济社会的全面发展。

二、应用和数据中台

应用中台（图6–18）是指一个集成了多种通用业务能力和技术组件的平台，旨在加速应用开发和交付过程。它提供了可复用的业务模块、服务组件和开发框架，让开发者能够快速构建和迭代企业应用，而不需要从零开始编写所有代码。应用中台关注于业务逻辑的抽象和封装，比如用户管理、订单处理、支付服务等通用功能，以及微服务架构、API 网关、开发工具链等技术支撑。其目的是减少重复开发，提升开发效率，促进业务敏捷性。

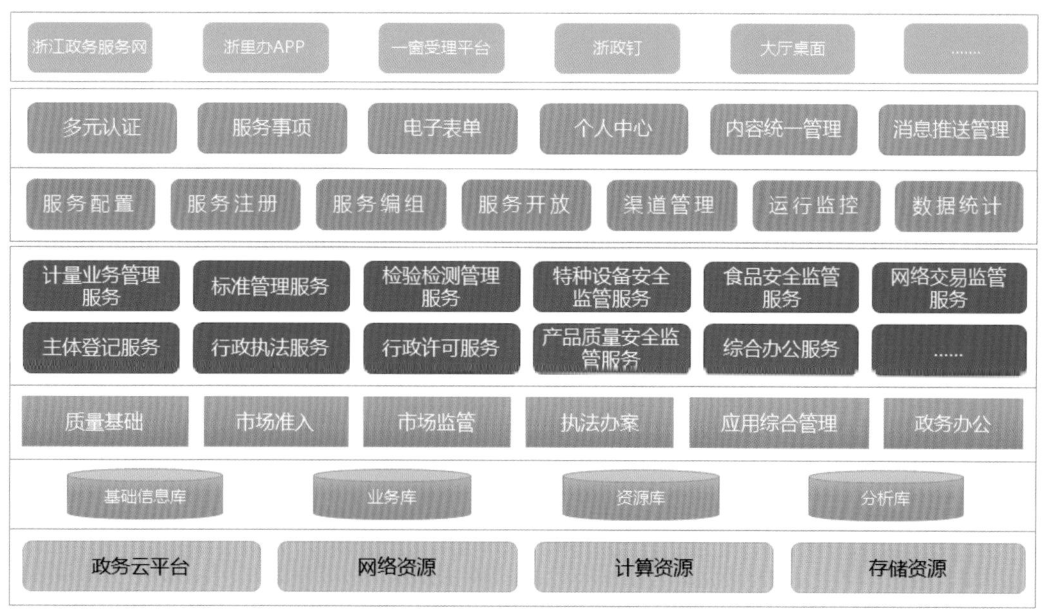

图6–18　应用中台

数据中台则是专注于数据的集成、处理、管理和分析的平台，它的目标是将分散在不同系统中的数据统一汇聚起来，通过数据清洗、整合、分析，形成可供决策支持、业务优化和新产品创新的数据资产。数据中台通常包括数据采集、数据存储、数据处理（如 ETL）、数据质量和安全管理、数据服务（如 API、数据仓库、数据湖）等功能模块。实现数据的标准化和一致化，进而为前端应用提供高质量的数据服务，支撑数据驱动的决策和智能化应用。

应用中台和数据中台相辅相成，它们共同构成数字化的基础设施。应用中台负责快速构建和运行前端业务应用，而数据中台则为这些应用提供所需的数据支撑。数据中台可以视为应用中台背后的数据供应链，为应用提供实时或近实时的数据支持，使得应用能够基于丰富的数据洞察做出更智能的响应。同时，应用产生的数据又可以反馈给数据中台进一步分析和利用，形成数据闭环。

例如：浙江省应用和数据中台是浙江省在推进数字化改革进程中，针对政务数据资源管理、应用服务建设和智能化决策支持的重要基础设施。它主要包含两大部分：

应用中台：应用中台是承载和支撑各类政务服务、社会治理和民生服务应用开发、运行和管理的平台。它通过提供通用的功能组件、接口服务和开发框架，降低了应用开发的复杂度和成本，支持快速构建和迭代各类业务应用，实现业务流程的线上化、数字化和智能化。应用中台能够促进政府部门的服务创新，提高服务质量和效率，同时也为数字化政府建设和治理现代化提供了技术支持。

数据中台：浙江省数据中台是实现全省公共数据资源汇聚、共享、开放和应用的核心枢纽，它通过统一的数据标准和规范，将来自各部门、各层级的业务数据进行整合、清洗、标准化处理，形成数据资源池。通过数据中台，政府部门能够实现数据的统一管理和高效利用，支撑跨部门、跨层级的数据共享交换，为决策提供数据支撑，同时也能为公众和企业提供便捷、精准的服务。

通过建设应用和数据中台，浙江省旨在解决数据孤岛问题，打通数据壁垒，促进数据要素的高效流通和价值释放，推动数字政府、数字经济和社会治理现代化的纵深发展。

三、云资源

云资源是指在云计算服务中，通过网络提供的各类计算、存储、网络、应用程序和服务等资源的总称。这些资源通常由云服务提供商维护和管理，用户可以根据需求随时随地通过互联网访问和使用，而无需直接管理底层硬件基础设施。

云化资源池如图6-19所示。

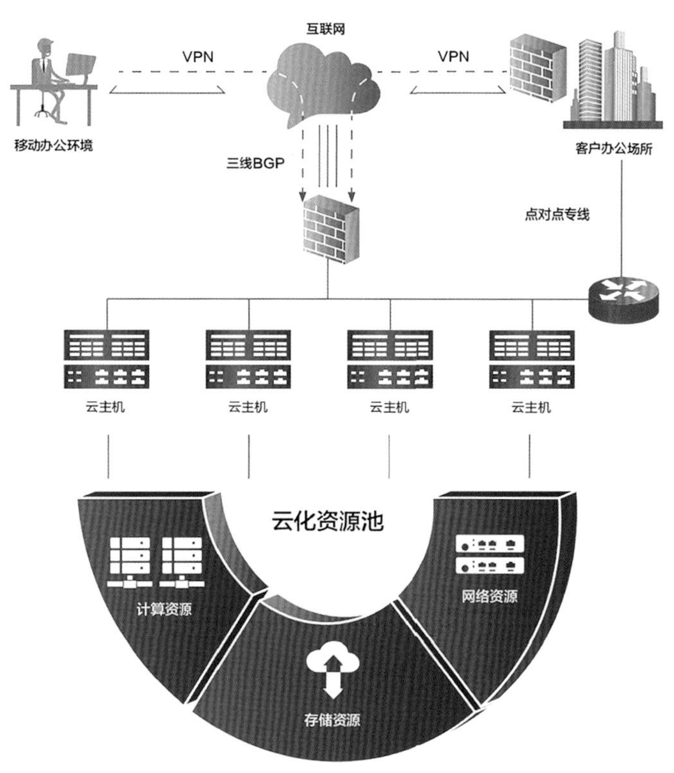

图6-19　云化资源池

云资源的核心特点包括：

弹性与可扩展性：用户可以根据实际需求动态增加或减少资源，如计算能力、存储空间等，实现资源的快速扩容或缩减。

按需付费：用户仅需为所使用的资源量付费，减少了前期投资和运维成本，提高了资源利用效率。

广泛资源池：云服务提供商维护着庞大的资源池，包括分布式服务器、存储设备、数据库服务、网络设施及各式各样的应用程序，用户可以从这个资源池中获取所需的服务。

虚拟化技术：通过虚拟化技术，物理资源被抽象化并转换为逻辑资源，使得多个用户可以共享同一物理资源而彼此隔离，提高了资源分配的灵活性和效率。

地理位置无关性：云资源遍布全球，用户可以在任何有互联网连接的地方访问云服务，不受地理位置限制。

高可用性和容错性：云服务商通过数据中心的地理分布、数据备份、故障转移等机制确保服务的连续性和数据的安全性。

例如：浙江省政务云是浙江省政府为了推进政务服务数字化转型、提升政府治理能力和服务效能，所构建的一体化、集约化、智能化的云计算服务平台。通过政务云，浙江省各级政府部门可以将原来分散在各部门的信息系统整合至统一的云平台之上，实现资源的共享和优化配置，降低运维成本，提高政务信息化水平和服务质量。

浙江省政务云以其特有的优势和功能，在推进政务服务数字化、智能化的过程中发挥了重要作用：

集约化建设：浙江省政务云采用集约化建设模式，将原本分散在各个政府部门的IT设施和资源进行整合，避免了重复建设和资源浪费，实现了基础设施的统一建设和高效运维。

资源弹性分配：通过云计算技术，政务云能够根据各政府部门的实际需求动态调整和分配计算、存储网络资源，既满足高峰期的服务需求，又能避免资源闲置。

数据共享与安全：构建了高效的数据共享交换体系，打破信息孤岛，实现跨部门、跨层级的数据互通和共享。同时，采用严格的数据加密、访问控制等安全措施，保障政务数据的安全和公民隐私。

业务协同与流程优化：政务云平台支持各类政务应用的统一部署和运行，促进了政府部门间的业务协同，简化了政务服务流程，提升了服务效率和质量。

智能化服务与决策：借助大数据、人工智能等先进技术，政务云能够提供智能分析和决策支持，帮助政府部门基于数据进行科学决策，同时推动政务服务智能化，如智能客服、自助服务等。

标准规范与合规性：浙江省政务云遵循国家和地方的相关法规、标准和规范，确保政务信息化建设的合法合规，以及数据管理和服务的标准化。

持续创新与服务能力：政务云平台为政务应用创新提供了坚实的支撑，促进了新技术、新模式在政务服务领域的快速应用和迭代升级，持续提升政务服务能力和水平。

PPP（Public-Private Partnership，公私合作）模式与多方共赢：部分情况下，浙江省政务云建设项目采用PPP模式，集合政府、企业和社会力量共同建设，实现投资和风险共担，以及资源互补、合作共赢的局面。

浙江省政务云致力于打造一个高效、安全、智能的政务服务平台，为推动浙江省数字政府建设、深化“最多跑一次”改革等目标提供了有力支撑。

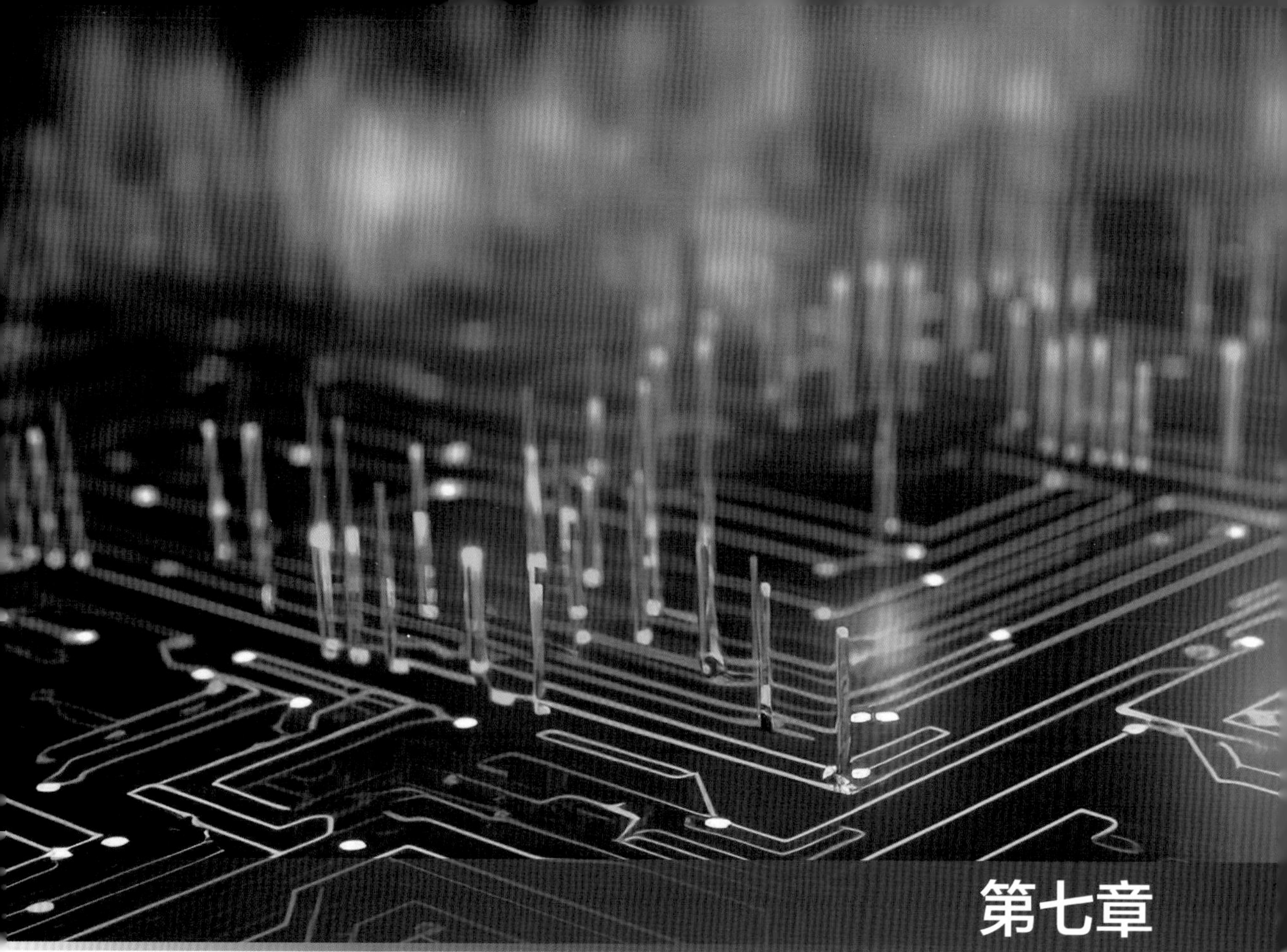

第七章

数字化应用场景改革

数字化应用场景建设本质上是改革的过程，必然会触及改革的痛点、难点、堵点、盲点。因此，数字化应用场景建设要跳出数字化应用场景的形式束缚，准确把握并贯彻数字化应用场景背后的改革本质和改革逻辑，以场景功能、逻辑、流程的创新支撑改革实现，让数字化应用场景真正成为破解改革痛点、难点、堵点、盲点的“金钥匙”“主引擎”。本章希望通过对数字化应用场景的改革作用、创新定位以及成果产出的阐述，让本书的读者进一步深化对数字化应用场景的本质和价值认识，以改革的更高站位、更广视野、更大格局来实践数字化应用场景建设的精彩过程。

第一节　改革推动重塑

改革的意义不仅仅在具体的场景应用上，它具有极强的引领性、整体性和撬动性，是引领发展格局、治理模式和生活方式变革的关键变量，是党的领导、政府治理、经济发展、社会建设和法治建设的整体性变革。数字场景化过程全面体现了改革的本质属性，通过对各领域各方面流程再造、规则重塑、功能塑造、生态构建，推进省域治理体系和治理能力现代化，激发改革活力，增添发展动力。

一、重塑战略路径

数字场景化是一次深刻的战略路径重塑，可以把推进发展战略的坚定性和策略的灵活性有机结合，确保改革举措能够精准落地。就省域层面而言，在数字场景化过程中，综合运用数字化思维和方法、系统工程理论、先进数字化技术，系统性地接轨对省域发展具有重大意义的战略部署，既保证这些战略的推进始终与党的路线方针政策保持一致；同时，对战略的具体路径实现及时的校准和调整，确保战略实施的准确性和有效性，防止了偏差的出现，保证战略的连续性和稳定性，丰富战略实施的路径。

例如，“现代化先行”是浙江的重要战略安排，数字场景化把“现代化先行”的目标、要求、路径等各项改革要素在数字化应用场景中交融聚合、形成裂变效应，以打造全球数字变革高地的路径重塑设计，打破数字壁垒，消除数字鸿沟，提高政府运行评价科学性，提高数字规则话语权，形成全社会共享数字红利的良好氛围，提升改革的核心竞争力，实现党政决策科学化、经济体系现代化、社会治理精准化、公共服务高效化，支撑实现高水平自立自强、高水平对外开放、供需高水平动态平衡、高水平超大规模国内市场建设等现代化先行任务。

二、重塑体制机制

改革通过数字技术与现代经济社会运行的全面融合，在宏观层面，数字场景化以“小切口、大场景”撬动了各重点领域的深化改革，推动了经济社会的高质量发展；在微观领域，数字场景化支撑改革的精准有效推进，实现从底层逻辑上改变制度建构、制度运行等方式，支撑实现制度创新、服务优化、监管创新、产业升级、社会参与和风险防控等多维度的微观流程优化再造，帮助重塑了政府治理、经济治理、社会治理等省域治理“四梁八柱”，增创数字时代省域体制机制新优势。

传统的体制机制往往建立在特定历史条件和社会需求的基础上，然而随着时代的变迁，一些体制逐渐显现出不适应性和局限性。数字场景化通过先进的数字化技术手段，对这些体制进行深入的剖析和反思，帮助政府更加精准地了解和把握社会各方面的动态，从而更好地履行其管理和服务职能，转变治理角色，进而打破其固有的框架和限制。例如，在传统的公共服务体系中，人们常常面临办事流程复杂、效率低下等问题。而数字化应用场景通过构建线上服务平台，实现政务信息的共享和流程的优化，大大提高了公共服务的质量和效率，这是对体制的打破和重建。

三、重塑发展动能

数字化变革带来的数字技术创新与应用，是以新质生产力为代表的新一轮技术革命引致的生产力跃迁。新一代数字技术的迅猛发展，不仅实现对产业全方位、全链条、全周期的渗透和赋能，同样赋予了生产资料数字化属性。智能传感设备、工业机器人、光刻机、云服务、工业互联网等数字化劳动资料，在算力、算法上所展现出的高链接性、强渗透性、泛时空性，都是以往任何技术革命无可比拟的，直接作用于数据这一新型劳动对象，促进资源要素快捷流动和高效匹配，推动着生产力的跃迁，为产业变革、社会变革创造无限的可能性。

改革通过数字场景化促进数字全面赋能，加快物联、数联智联“三位一体”，实现了物理世界与数字世界的深度融合，催生了新的商业模式和产业形态，为经济发展注入了新的活力，并通过数字场景化应用大数据、云计算、人工智能等先进技术，打通创新链、人才链、产业链、金融链、价值链，能够有效推动经济竞争力、制度竞争力、营商环境竞争力、企业竞争力迭代升级，激发全社会内生动力，实现质量变革、效率变革、动力变革，构建形成新的区域发展动力体系，全方位增强发展活力。

第二节　改革重在创新

数字场景化是一道理论创新和实践创新相结合的重大集成改革题，要牢牢把握“创新”这一贯穿始终的鲜明特征和动力之源，找准改革背后的社会规律、业务流程、手段工具、文化差异等底层逻辑，激发创新动能，凸显改革的变革味、科学味、数字味、法治味、特色味。在解决问题上要突出“变革味”，在遵循规律上要突出“科学味”，在推进多跨协同上要突出“数字味”，在强化保障上要突出“法治味”，在争先创优上要突出“特色味”。通过“五味俱全”的创新导向，才能做出“人无我有、人有我优、人优我强”的数字化应用场景，助力改革取得实效。

一、变革味：数字化应用场景的核心要义

改革代表着对传统模式的革新和对既有问题的解决。在数字场景化的过程中，变革味体现为对过去做不到的事情的实现，对过去堵牢的环节的打通，以及对难点和问题的解决。这要求我们在开发中坚持需求导向、问题导向、目标导向、效果导向和现代化导向，不断创新路径和方法，深入寻找和实现改革的突破口。只有通过这样的改革实践，我们才能真正实现数字化转型的目标，推动社会向更加高效、便捷的方向发展。

例如，浙江聚焦数字经济平台“二选一”“大数据杀熟”“全网最低价”等垄断行为，以及“网络禁限售”“虚假宣传”“价格违法”“网络传销”等网络违法行为，系统改革平台经济治理模式，在全国首创上线“浙江公平在线”数字化应用场景，成为我国互联网领域具有开创性的重大创新。

二、科学味：数字化应用场景的基本准则

数字化应用场景的创新不是简单地将线下流程搬到线上，也不是脱离实际盲目地应用新技术、新方法。数字场景化过程应当注重改革的规律性，尊重其自身发展的客观规律、历史规律、实践规律，在综合考量社会基础、业务逻辑、文化习惯、技术现状等客观实际的基础上，充分考虑人民群众的利益和需求，选择既符合实际又具有适度前瞻性的方案，以科学的态度和方法稳步推进数字化应用场景的创新进程。

"浙江公平在线"在场景开发中坚持强调遵循平台经济发展和治理规律，在充分调研分析浙江省551个网络交易平台治理现状的基础上，以规范和发展两手抓的改革创新定位，依据法律法规系统梳理确定核心业务，设定整体框架，最后结合改革任务，编制形成"三张清单"，选择科学适用的数字技术实现对电商平台监管、商家主体监管、网络交易监管、垄断行为监管"四大核心业务"的采集、识别、固证、审核、流转"五大核心功能"。

三、数字味：数字化应用场景的标志特征

数字味是数字化应用场景的本质特征，它体现在数据的全面性和质量、场景的优化、功能的强化和效果的提升上，这是检验数字化应用场景有没有数字味的标准，同时也是区分传统工作方式的重要标志。在开发实践中，我们需要关注数据的完整性和准确性，大力创新数据驱动的场景设计，强化功能实现，确保数字化应用场景的效果最大化。数字味的核心在于，通过数字化手段提升工作效率和服务质量，实现"人无我有、人有我优、人优我强"的数字化应用场景。

"浙江公平在线"数字场景化中应用了大数据、机器学习、深度学习、自然语言处理、图像识别和关联分析等人工智能技术，运用评分卡算法（基于逻辑回归）、决策树（收益率）、舆情情感分析算法（LSTM）、线性回归算法、区块链共识算法等100余种算法，推进平台经济监管实现静态与动态结合、被动与主动结合、事后与事前事中结合，体现了浓厚的"数字味"。

四、法治味：数字化应用场景的重要遵循

法治味在数字场景化中体现为对法治环境的重视和维护。随着数字化应用场景

的快速发展，法律法规也需要不断完善，以确保数字化应用场景的健康有序发展。法治味体现在数字场景化过程中以法律法规、标准规范等形式对新的治理机制、业务规范、监管要求等改革内容的合法固化，以此为数字化应用场景的运用及其改革工作创造良好的法治环境。在数字场景化实践中，我们需要牢固树立依法治理、依法办事的理念，严格遵守法律法规，确保数字场景化全过程合法合规。

例如，“浙江公平在线”坚持依法行政的理念，以平台经济涉及的法律法规、规章制度为场景建设遵循的根本依据，系统梳理出了网络交易监管（82部）、反垄断反不正当竞争（8部）、知识产权保护（7部）和三品一械监管（18部）4个领域的法律条例（图7-1），使所有改革创新活动在合法合规框架下实施，确保其建设的规范化和法治化。

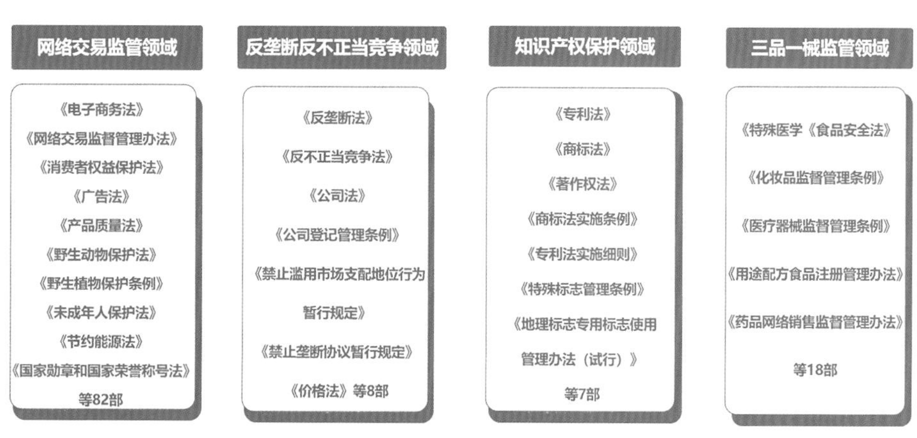

图7-1　“浙江公平在线”法律法规依据

五、特色味：数字化应用场景的独特魅力

特色味是数字场景化的独特魅力所在，强调结合地方、部门、系统、单位特色和实际需求，形成具有特色的数字化解决方案，打造具有区域治理理念、地域文化、风俗习惯辨识度的数字化应用场景。特色味的核心在于，需要关注那些其他地方没有解决的问题，迈出其他地方没有迈出的步伐，做成其他地方做不了的事情，做好当地想做的事情。在开发实践中，专班化团队应该充分考虑地方的文化、经济和社会背景，发挥地方的特色和优势，解决地方特有的问题，推动地方在改革中走在前列。

例如，“浙江公平在线”以服务浙江平台经济发展为目标，面向浙江省550余个各类网络交易平台、1500万家网店和全球近10亿个消费者，符合浙江的治理理念、发展模式。同时，“浙江公平在线”是在浙江全域推进改革的大背景下的改革成果，具有浙江省数字化改革集成改革、制度重塑、高效协同的显著特征，具有明显的浙江辨识度。

深入学习和理解变革味、科学味、数字味、法治味和特色味这五大特点，可以更好地指导数字场景化的实践。

第三节　凝练改革成果

数字化应用场景不是数字场景化的唯一成果产出，作为理论、技术、实践、制度等综合性的改革集成，可以形成丰硕的成果。这需要所有参与者有意识地将实战中行之有效的经验、方法进行固化，主动思考凝练数字化的理论成果、实践成果、制度成果和技术成果，让更多人能够了解、学习、借鉴和运用。

一、实践成果

实践成果是改革的核心，要强调实践成果的示范性，突出原创和首创，注重实战与实效，形成提高工作效率、优化服务流程、创新管理模式等方面可复制可推广的硬核成果。

实践成果主要包括数字化应用案例、数字化解决方案和数字化服务模式等，这些成果通过实践应用验证了改革的可行性和有效性，为社会、企业、人民群众带来了实际的经济效益和社会效益。

2022年，浙江省评选数字化改革“最系列”成果“最佳应用”共104项，成为经济社会各领域的典型实践成果案例（图7-2）。以浙江省市场监督管理局“浙江公平在线”应用为例，其针对平台经济领域发展中存在的垄断及不正当竞争等违规违法风险，运用大数据、云计算、人工智能等互联网技术，对重点平台、重点行为、重点风险等实施广覆盖、全天候、多方位的在线监测和靶向监管，推动平台经济整体智治的应用，实现平台经济事前事中事后全链条智慧协同监管体系，制定平台经济监管从静态到动态、从被动到主动、从事后向事前事中的有力转变，成为全国平台经济治理的典型案例。

图7–2　数字政府建设优秀实践成果评选活动

二、理论成果

数字场景化中，应注重把实践成果上升为理论成果，通过深入研究数字化应用场景背后的改革本质和规律，总结提炼出完整的、系统的、科学的理论体系，为实践的不断探索和创新提供坚实的理论基础，形成实践催生理论、理论指导实践的滚雪球效应。

理论成果（图7–3）可以是数字化理论体系，也可以是数字化方法论、数字化管理模型等。这些成果通过对不同领域数字场景化理论的研究和总结，为改革提供了科学的指导和支持。

人民日报　9 观察

以数字化提升国家治理效能

人民观察

观察者说

新一代人工智能给国家治理带来新机遇

更加敏捷高效、协同有力

提高基层治理智能化水平

图7–3 《人民日报》刊登数字化理论成果

数字化理论体系可以帮助政府、社会和企业更好地理解改革目标定位、数字化技术和方法路径，推动改革的深入发展。

数字化方法论（图7–4）可以指导各行各业主管部门在改革过程中的规划、实施和评估。数字化管理模型可以帮助建立适应数字化时代的管理模式和管理机制，提供实操指引。

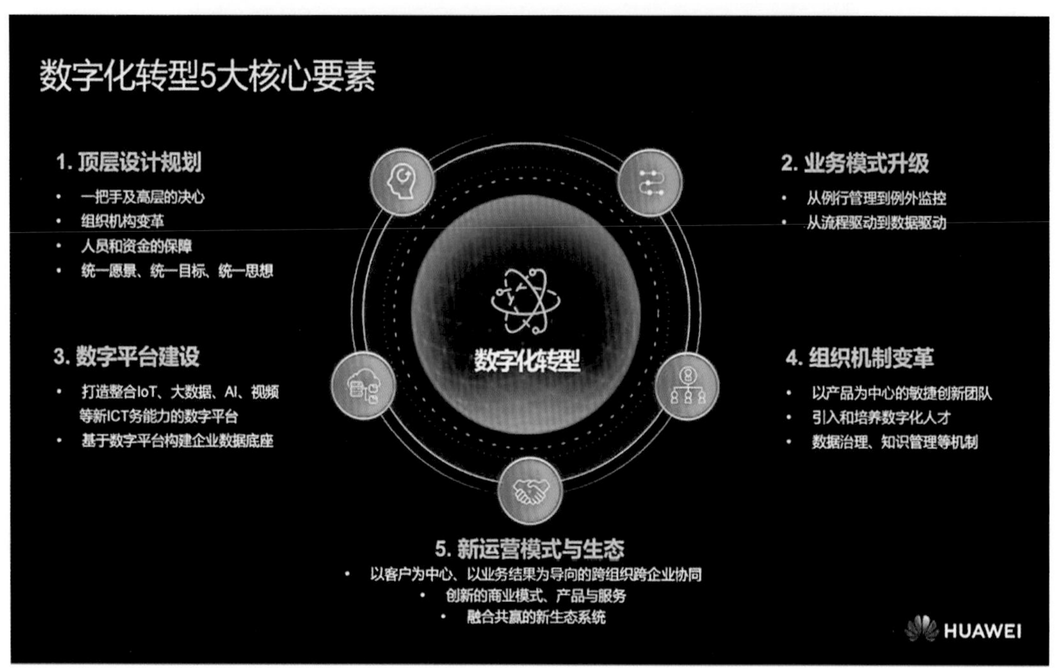

图7–4　数字化转型方法论示例

三、制度成果

改革不仅仅是技术和方法的革新，更涉及深层次的制度变革，将改革中行之有效的做法巩固提升为法律法规、政策措施和标准规范等制度成果，可以丰富和完善国家治理制度体系。法律法规可以明确改革的法律地位和法律责任，保护企业和个人的权益，保障业务改革有法可依、有章可循。政策文件可以鼓励和支持企业和社会参与改革，提供资金和资源支持。标准规范可以统一数字化技术和服务的接口和要求，促进不同系统和应用之间的互操作性和协同性。浙江省数字化改革2022年法规成果示例如图7–5所示。

一、法律法规类

	项目名称	牵头单位
1	《浙江省公共数据条例》	省人大常委会办公厅
2	《浙江省民生实事项目人大代表票决制规定》	省人大常委会代表与选举任免工委
3	《浙江省数字经济促进条例》	省经信厅
4	《浙江省综合行政执法条例》	省司法厅
5	《浙江省道路运输条例》	省交通运输厅
6	《浙江省动物防疫条例》	省农业农村厅
7	《浙江法院在线诉讼规则体系》	省法院
8	《湖州市绿色金融促进条例》	湖州市

图7–5　浙江省数字化改革2022年法律法规成果示例

以“GM2D在线”为例，数字场景化过程中，总结制定了《商品条码　服务关系编码与条码表示》等5项国家标准、《基于GS1系统的重要产品统一编码规范》等4项省级地方标准以及《农用地膜追溯信息管理要求》等6项全国团体标准，并获批发布，极大地丰富了物品编码的标准规范体系。“GM2D在线”标准成果展示如图7–6所示。

图7–6　“GM2D在线”标准成果图示

四、技术成果

数字场景化离不开关键技术的创新应用，将先进技术和工具进行研发和应用，形成一套先进的、实用的技术体系，推动经济社会各领域深入应用新数字技术，助力技术革新，为改革提供更加坚实的技术支持和更加可靠的技术借鉴。

数字场景化的技术成果是多样化的，新型数字化技术可以实现数据的采集、存储、处理和分析，为企业和社会提供有价值的信息和洞察；数据资源利用技术可以挖掘数据资产价值，为企业和社会创造更大财富；信息安全技术可以保护企业和社会的敏感信息和隐私，防止信息泄露和网络攻击。此外，数字场景化中，还会促进创新形成新的产业技术或新设备、新装备，对推动产业转型升级起到至关重要的作用。

例如，“浙食链”数字化应用场景，在食品生产安全管理中，针对关键控制点（CCP），创新开发“CCP诊断仪”技术模型，提供“AI抓拍”“在线巡查”“线上处置”“决策建议”功能，推动6900余家企业运用CCP防控举措加强食品生产安全风险管理，极大地节约了企业和监管部门的管理成本。

数字场景化需要强化知识产权意识，注重对创新性成果进行知识产权保护，可以通过专利、专著、论文等形式进行确权和固化。同样，在“浙食链”“GM2D在线”数字场景化中，其通过创新性成果清单化管理方式，第一时间将创新成果进行了专利申请，共获得发明专利10项（图7–7），发表论文20余篇。

序号	名称	类别
1	识别田间农产品合格证并无纸化流通的解决方案	发明专利
2	农产品流通追溯的批次三色码风险预警体系	发明专利
3	基于动物检疫证的无纸化流通解决方案	发明专利
4	食品生产CCP企业的生产投料过程监控及投料超标预警模型	发明专利
5	食品生产企业自检考核预警模型	发明专利
6	食品生产企业生产配方中主辅料及添加剂品类超范围预警模型	发明专利
7	一种基于物联网技术人员信息预警方法	发明专利
8	供应链信息的商品溯源模型和应用方法	发明专利
9	商品二维码扫码的过期商品阻断方法及装置	发明专利
10	离线状态下的商品二维码扫码结算方法及装置	发明专利
11	重要产品统一编码管理平台GM2D在线手机扫码展示界面(外观专利)	实用新型专利

图7–7 “浙食链”“GM2D在线”专利成果

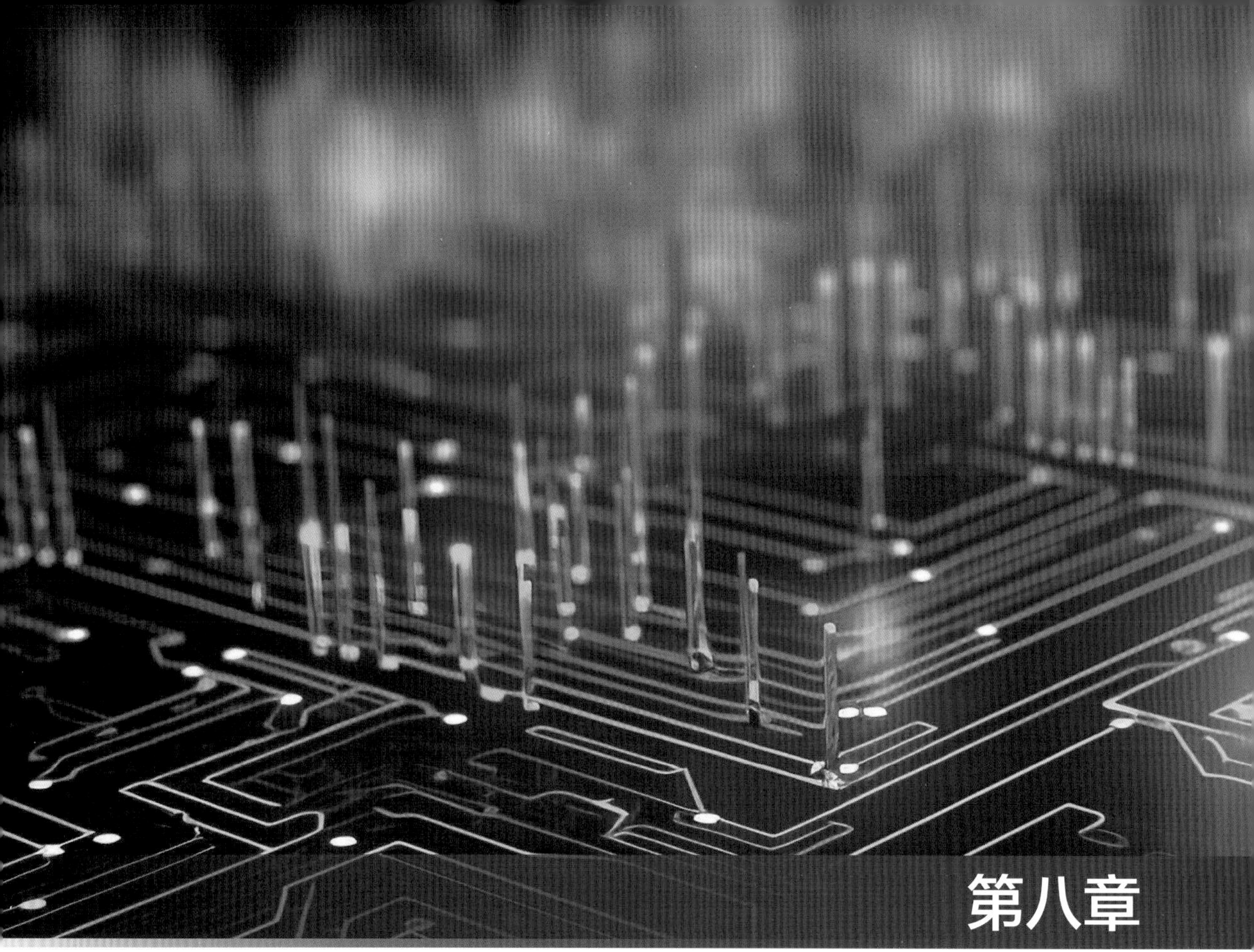

第八章 数字化应用场景案例

案例一　全国市场监管数字化试验区建设

2022年8月，国家市场监督管理总局批复同意浙江建设全国市场监管数字化试验区，浙江省人民政府与国家市场监督管理总局共同签署试验区共建协议。深化市场监管数字化建设，是推动市场监管事业高质量发展、实现市场监管现代化的“船”和“桥”。在浙江开展全国首个市场监管数字化试验区建设，具有突破性的重要意义，要求浙江不断巩固市场监管数字化先行优势，为全国市场监管智慧监管先行探索、积累经验。

浙江紧紧抓住试验区建设这一重大机遇，凝聚共识、创新理念、深化探索，系统建立全域、全类、全量的一体化工作机制，持续放大浙江省数字化改革优势“金名片”，推动市场监管机制、方法和模式重塑变革，积极响应党中央国务院重大部署，有效破解群众期盼的热点难点问题，解决企业发展面临的共性需求，实现市场监管治理体系和治理能力现代化的整体跃升。

一、建设背景

全国市场监管数字化试验区建设是贯彻落实习近平总书记重要论述的必然要求。近年来，习近平总书记高度重视数字中国建设。2022年4月，习近平总书记在中央全面深化改革委员会第二十五次会议审议《关于加强数字政府建设的指导意见》时强调，要全面贯彻网络强国战略，把数字技术广泛应用于政府管理服务，推动政府数字化、智能化运行，为推进国家治理体系和治理能力现代化提供有力支撑。会议还强调，要以数字化改革助力政府职能转变，统筹推进各行业各领域政务应用系统集约建设、互联互通、协同联动，发挥数字化在政府履行经济调节、市场监管、社会管理、公共服务、生态环境保护等方面职能的重要支撑作用，构建协同高效的政府数字化履职能力体系。

全国市场监管数字化试验区建设是贯彻落实党中央国务院战略部署的必然要求。

2022年6月，国务院印发《关于加强数字政府建设的指导意见》，提出要大力推行智慧监管，提升市场监管能力。充分运用数字技术支撑构建新型监管机制，加快建立全方位、多层次、立体化监管体系，实现事前事中事后全链条全领域监管，以有效监管维护公平竞争的市场秩序。以数字化手段提升监管精准化水平，以一体化在线监管提升监管协同化水平，以新型监管技术提升监管智能化水平。

全国市场监管数字化试验区建设是全面落实浙江省人民政府《关于深化数字政府建设的实施意见》关于“构建公平公正的数字化市场监管体系”的重要任务。2022年7月，浙江省人民政府印发《关于深化数字政府建设的实施意见》，专章明确要“构建公平公正的数字化市场监管体系”，提出依托全国一体化在线监管平台，大力深化“互联网＋监管”，提升监管精准化、协同化、智能化水平，高标准建设全国市场监管数字化试验区，打造营商环境最优省。

在浙江开展全国市场监管数字化试验区建设有着良好的工作基础和推进条件。早在浙江推动政府数字化转型期间，市场监管系统就将数字化作为强化监管、赋能发展、保障安全的“船”和“桥”，积极探索，勇于创新，率先积累了“互联网＋监管”“浙冷链”等行之有效的数字化建设经验。2021年以来浙江省委在全省开展数字化改革工作，市场监管系统将数字化改革作为市场监管现代化先行的“主引擎”“金钥匙”，努力争当数字化改革领跑者，推动改革举措集成、应用集成、效果集成，不断探索“数字化＋商事改革”“数字化＋公平竞争”“数字化＋知识产权”等市场监管数字化实践，数字化理念不断强化，数字化认知不断深入，数字化技术不断提升，数字化成效不断积累，为开展全国市场监管数字化试验区建设提供了实践基础和有利资源。

二、重点任务

自试验区建设启动以来，浙江省市场监督管理局坚持“全域全类、先行先试、原创首创、实战实效、变革变好”建设原则，深化“三融五跨”，推动变革重塑，以数字化改革牵引市场监管各项改革迈上新台阶。

（一）系统重塑体系架构

全面综合集成市场监管业务、中央和省重大任务、数字化应用场景和技术底座，构建“1+10+X+Y”试验区建设体系（图8–1），即1个支撑体系——“市场监管大脑＋”数字化智能化管理中心、10大核心模块、X项重大改革、Y个重大应用，形成“支撑体系＋业务

体系 + 改革体系 + 应用体系”的整体架构。

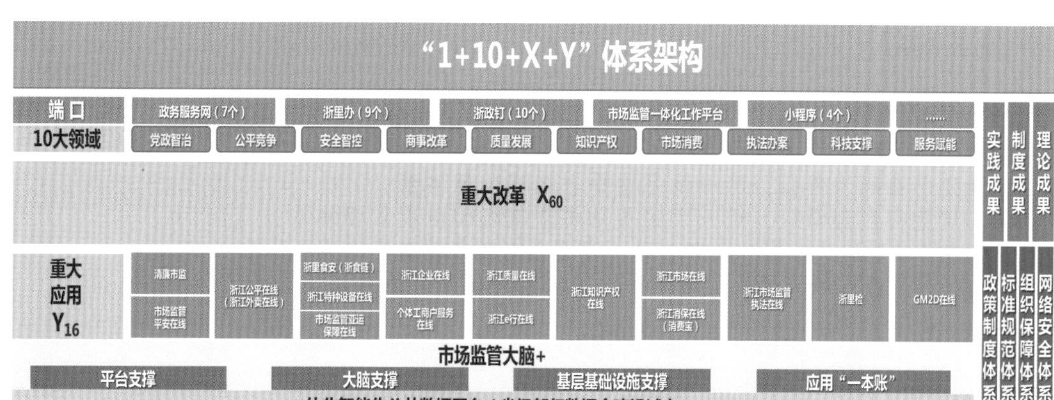

图8–1　全国市场监管数字化试验区“1+10+X+Y”体系架构

1.1个支撑体系

基于一体化智能化公共数据平台，以市场监管公共数据平台和智能化能力中心“平台 + 大脑”为核心，以全省贯通、一体规范的基层市场监管数字化设施为基础，以应用“一本账”为抓手，构建形成“市场监管大脑 +”数字化智能化管理中心。

2.10大核心模块

聚焦市场监管主责主业，坚持系统观念，强化板块集成，形成“党政智治、商事改革、知识产权、质量发展、安全智控、公平竞争、市场消费、执法办案、科技支撑、服务赋能”10大核心模块，实现业务全覆盖。

3.X 项重大改革

统筹集成、动态更新国家市场监督管理总局重点任务、省委省政府重大改革、省局其他重点改革。

4.Y 个重大应用

着力聚焦重大改革需求滚动建设一批重大应用，包括“浙江公平在线”等系列重大应用，以重大应用支撑重大改革。

（二）创新重构数字化应用场景

聚焦市场监管主要领域和重大任务，突出创新性、开放性和实战性，推动数据融合、技术聚合、业务整合，建设系列数字化应用场景。每项重点任务都明确机制创新、业务协同、智慧场景建设、基础数据归集、先进技术和算法运用 5 个方面的具体建设要求。数字化应用场景建设任务如表8–1所示。

表8–1 数字化应用场景建设任务

6项重点任务
以浙江企业在线为牵引，进一步完善市场经营主体全生命周期管理服务体系 以浙江知识产权在线为牵引，进一步完善知识产权全链条保护体系 以浙江公平在线为牵引，进一步完善平台经济治理体系 以浙江质量在线为牵引，进一步完善全要素集成的质量管理体系 以浙江市场监管执法在线为牵引，进一步完善市场监管数字化执法体系 以浙江特种设备在线为牵引，进一步完善特种设备安全全链条监管体系
4项数字政府建设任务
以浙里食安为牵引，进一步完善食品安全全链条监管体系 以市场在线、消保在线为牵引，进一步完善市场消费体系 以浙里检、GM2D在线为牵引，进一步完善市场监管科技支撑体系 以清廉市场监管为牵引，进一步完善清廉市场监管建设体系

落实试验区建设要求，打造数字化应用场景，遵循以下几项原则：

1. 回应重大关切

数字化应用场景功能聚焦国家所需、群众所盼、未来所向，系统研究谋划和解决市场监管领域党中央、国务院高度关注、人民群众反映强烈的公平竞争、质量安全、营商环境等问题，把增进民生福祉、满足人民群众对美好生活的需求作为数字化应用场景建设的出发点和落脚点，以数字化手段切实保障人民群众的合法权益。

2. 统筹多元目标

将数字化应用场景作为统筹活力和秩序、发展和安全多元目标的路径，积极探索应用实践，不断加强数字化赋能，强化监管保安全、优化服务促发展，更好实现多元市场监管目标。

3. 强化闭环管理

充分运用数字化手段感知市场监管工作态势，以业务流程优化再造，促进系统化闭环管理，实现问题事事倒查、过程环环相扣、风险件件处置，着力提升市场监管部门的综合监管效能。

4. 坚持改革创新

以数字化改革为牵引，以智慧监管为目标，撬动市场监管各方面改革，主动塑造变革、赋能现代化治理，推动市场监管理念创新、制度创新、技术创新、场景创新、模式创新，从全过程、全链条、全生命周期出发优化治理机制，构建系统完备、综合集成的市场监管体系。

（三）全面推进技术融合

攻坚技术贯通难点、堵点，不断融合全量数据、强化技术运用、提升智慧能力，构建“一库一中心三集合两端一舱”“11321”技术体系，赋能市场监管业务智能化跃升。

1.“一库”是指加强数据全生命周期管理，夯实1个数据底座。依托全省一体化智能化公共数据平台，推动落实公共数据目录分类分级、动态管理和安全底线，加强数据源头治理，完善数据贯通应用，全面汇集、治理、运用1037万家经营主体的行政许可、质量管理、知识产权、信用风险等数据，以及3.7亿个食品、特种设备和重要工业产品的生产、流通、消费数据，总量达506亿条，日均新增179万条。强化国家、省、市、县、所五级数据贯通，省级部门横向共享，日均向各单位共享数据160万条。

2.“一中心”是指强化通用功能组件应用，建成1个“市场监管大脑”智能中心。创新提出“全量归集、数据清洗、多维集成、图谱关联、能力开发、思维运算、输出结果、成果应用”8个断面思维逻辑，形成可复制可推广的建设模式。充分利用大数据、人工智能、物联感知、自然语言处理等技术，开发完成“风险预警、触网熔断、评价预报、智能领航、动态指数、全景画像、分析研判、决策赋能”等8类50个智能化服务、智慧化监管大脑产品，核心业务智能化率达到50%以上，向一体化平台输送智能组件28个。

3.“三集合”是指集合主体感知、服务触达、监管闭环三类核心功能，强化业务重构、流程重建、制度重塑，形成重大应用。

4.“两端”是全面集成应用系统移动端和PC端，实现企业服务“移动办、随时办”，政府监管“上一个平台、办所有事情”。

5.“一舱”是建成省市县统一的1套驾驶舱，构建市场监管全领域关键指标体系，支撑监测、分析、指挥等战略决策职能。各市、县（市、区）局、基层所全部按照标准配备数字化驾驶舱，100%联通“屏”“端”“仪”“网”“车”等设施装备，实现“屏到端、端到仪、仪到屏”一体互联贯通，提升重大应用实战实效。

三、场景开发

全国市场监管数字化试验区驾驶舱（图8-2）按照左轴、中轴、右轴布局。

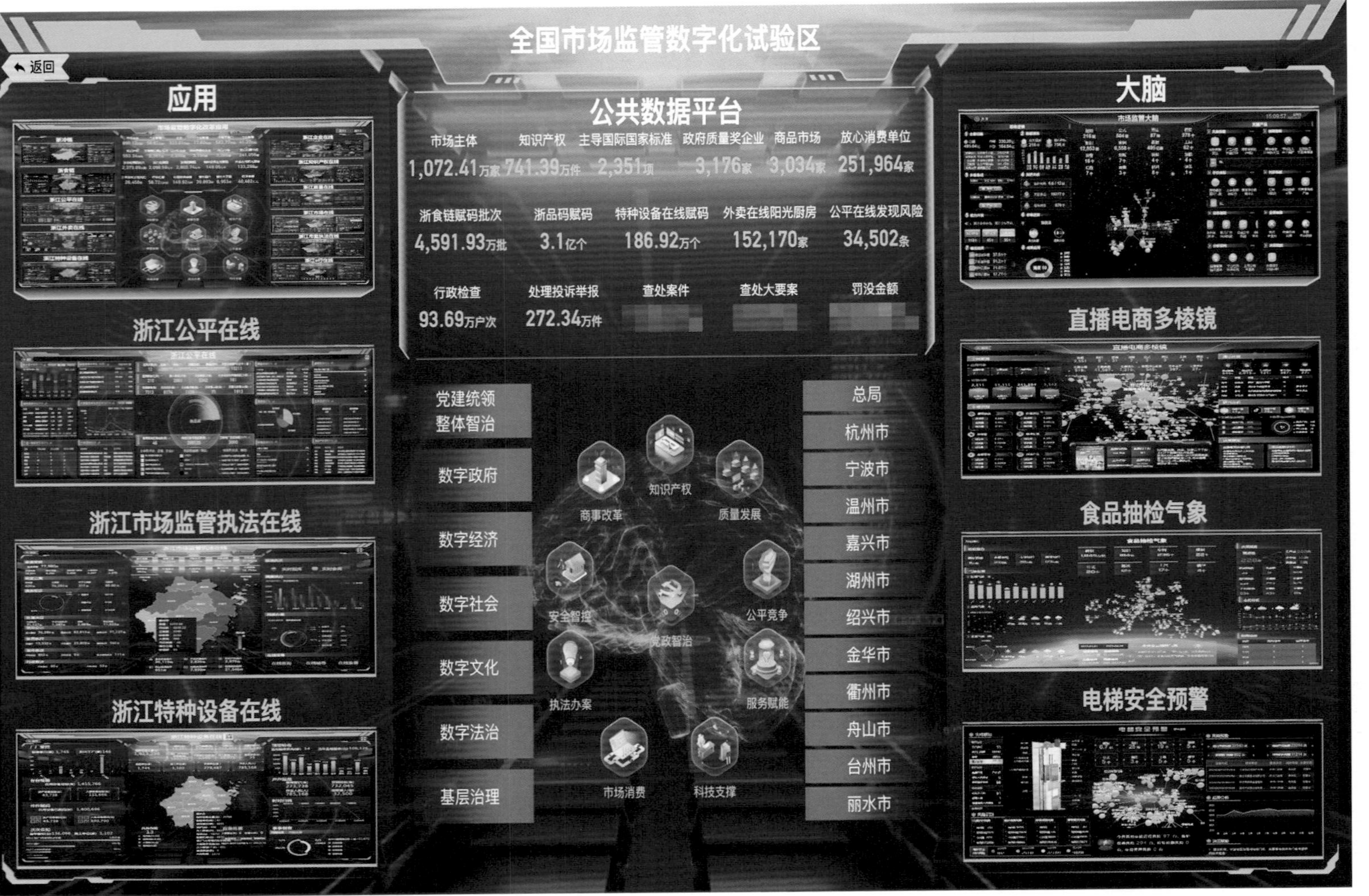

图 8-2　全国市场监管数字化试验区驾驶舱

驾驶舱正中顶端显示主题“全国市场监管数字化试验区”。

中轴上方为公共数据平台（图8–3）即“一库”，属于“1+10+X+Y”体系架构中的“1”，展示了试验区建设的核心数据指标，包括市场经营主体、知识产权等管理对象数据，“浙食链”“浙品码”赋码等工作数据，以及公平在线发现风险等检查执法数据。通过一库可以链接到市场监管公共数据管理平台，实时展示从政府侧、企业侧、社会侧、个人侧归集数据情况，以及通过数据高铁等向外部门共享交换数据情况等。

图8–3 全国市场监管数字化试验区公共数据平台

中轴下方中间是市场监管十大核心业务，对应“1+10+X+Y”体系架构中的“10”，点开每个业务图标都能看到对应领域的数字化应用谱系。如点开中轴下方十大核心业务中的“商事改革”，展示商事改革领域对应的数字化应用谱系（图8–4），其中“浙江企业在线”为谱系中“辈分”最高的重大应用，逐级下钻展示谱系中的子应用、子场景。

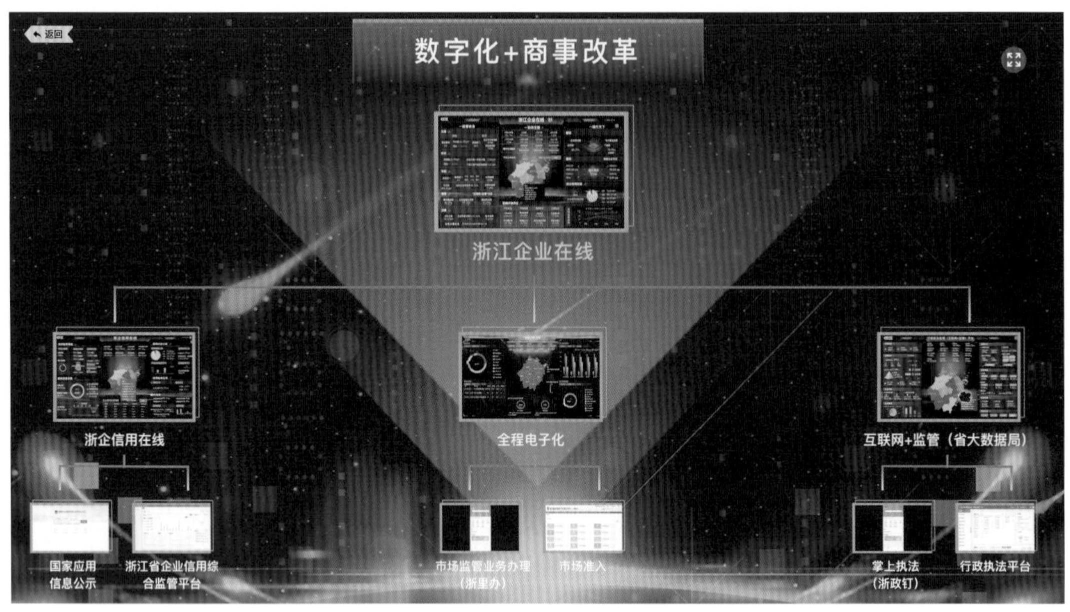

图8–4　“商事改革”数字化应用谱系图

左边链接浙江省数字化改革“1612”体系中的6大系统和基层治理系统。右边链接可以选择进入全省市场监管系统11个市级驾驶舱、90个县级驾驶舱、904个基层所级驾驶舱（图8–5）。各级驾驶舱都统一建设标准规范，贯通数据指标，实现一屏统览本地区市场监管工作概况。

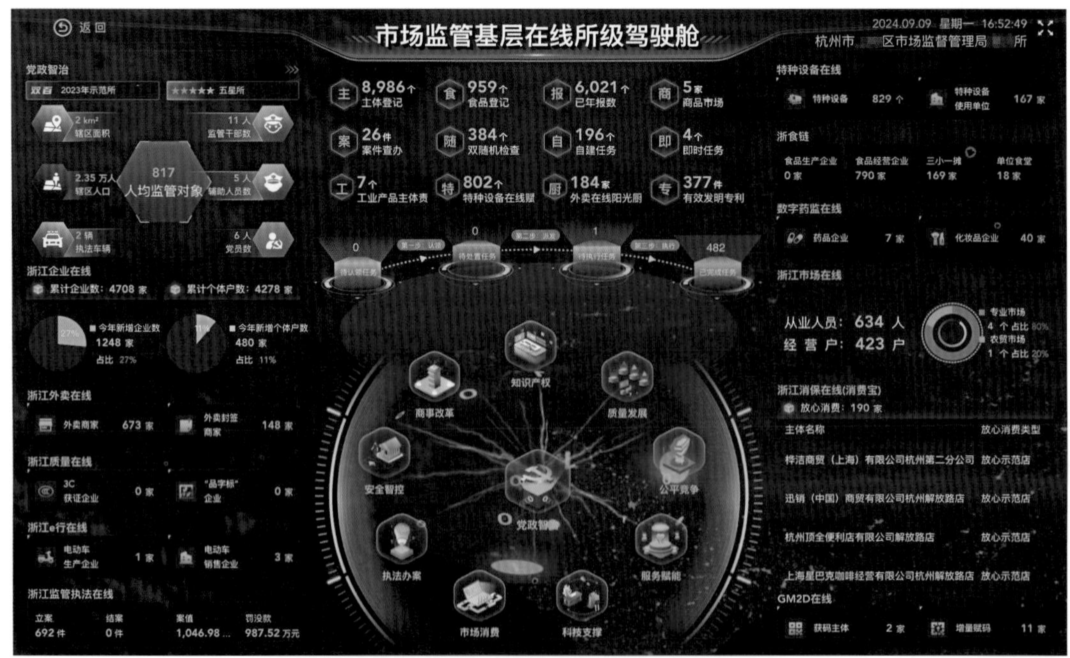

图8–5　市场监管基层在线所级驾驶舱

左轴滚动展示试验区建设的系列数字化应用（图8-6），对应的是“1+10+X+Y”体系架构中的“X”和“Y”，点击可以进入数字化应用界面，层层下钻可以进入具体应用的具体场景。

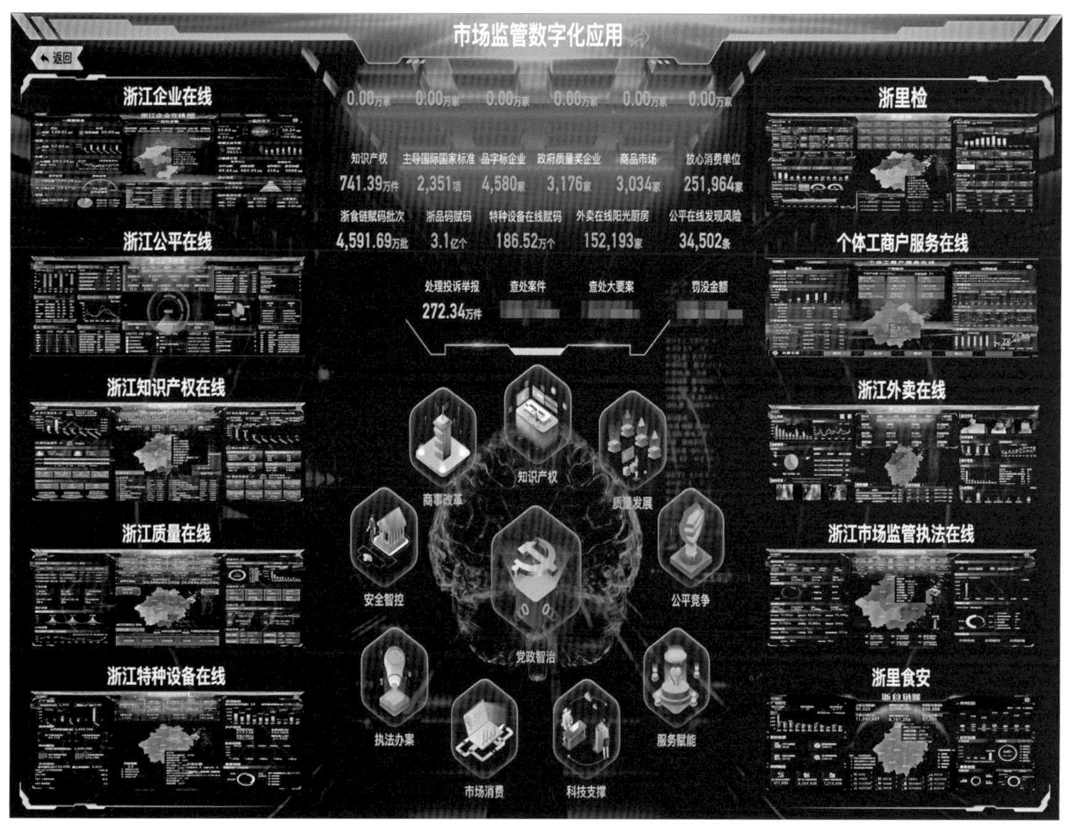

图8-6　市场监管数字化应用驾驶舱

右轴滚动展示市场监管大脑的系列产品，点击可进入“市场监管大脑”驾驶舱（图8-7），属于“1+10+X+Y”体系架构中的“1”，是整个驾驶舱的智慧智能中心。“市场监管大脑”驾驶舱中轴上方显示“数据、知识、案例、规则、公式、算法、工具、模型”等8类核心要素以及8类大脑产品指标数据，中轴下方展示大脑产品拓扑图，左轴显示“全量归集、数据清洗、多维集成、图谱关联、能力开发、思维运算、输出结果、成果应用”8个断面思维逻辑，右轴分类展示已开发完成的“风险预警、触网熔断、评价预报、智能领航、动态指数、全景画像、分析研判、决策赋能”等8类大脑产品。

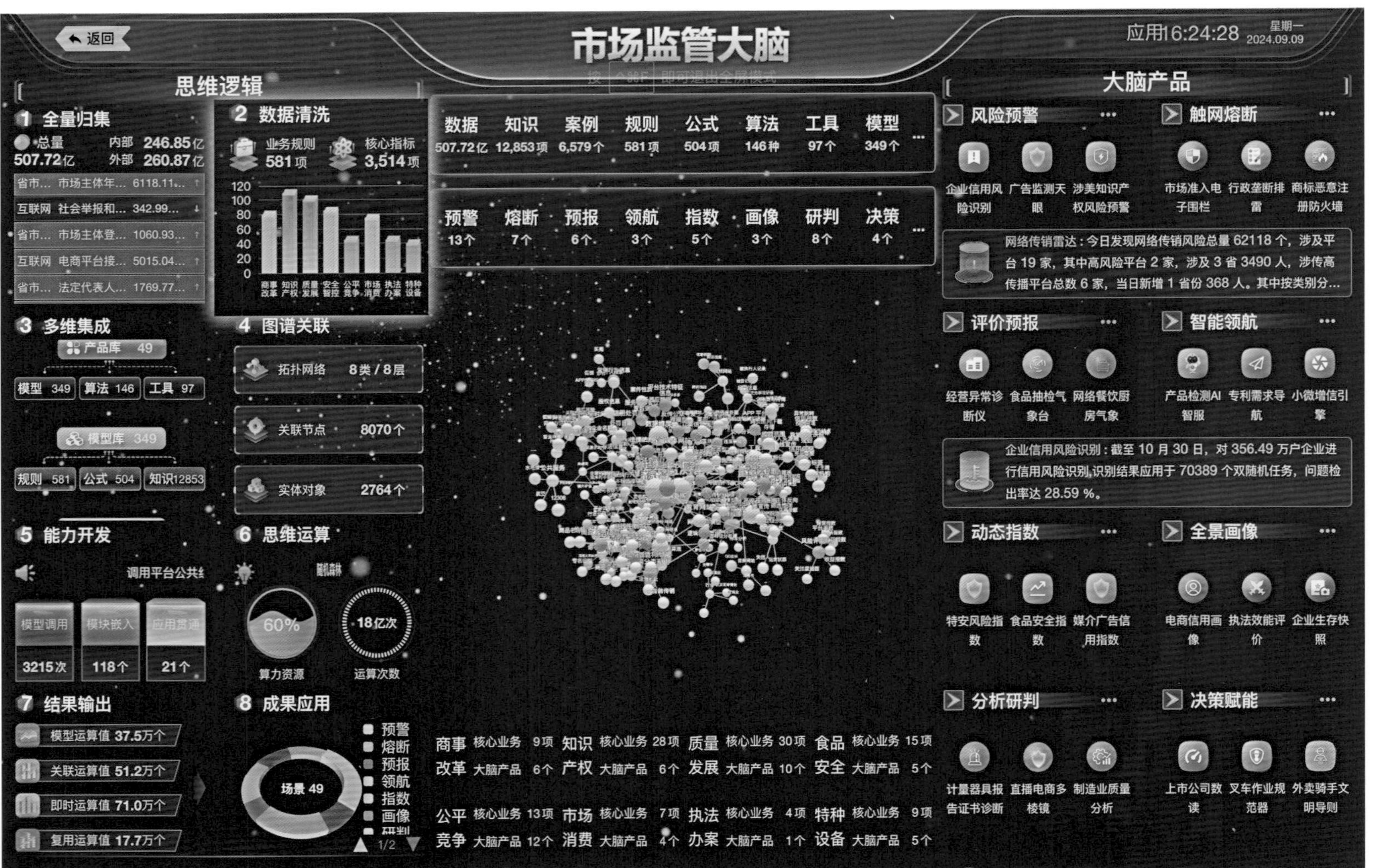

图 8–7　“市场监管大脑”驾驶舱

全国市场监管数字化驾驶舱集中体现了数字场景化的思维、特征、逻辑和形态，它是数字场景架构体系的具象化展现，从中可以看出，只要总体架构设计完整，业务体系梳理明确，逻辑结构搭建清楚，数字场景内容就能够自然而然地呈现出来。反过来，数字场景内容必须与总体架构、业务体系、逻辑结构一一吻合，数字化应用场景才有意义，才能够赋能业务工作开展。

四、初步成效

通过数字化改革牵引，试验区建设实现省内创新领跑、全国示范推广，基本建成系统完备、整体智治、高效协同的数字化市场监管体系，健全完善更为成熟的数字化理论制度体系，形成一批具有浙江辨识度、全国影响力的市场监管数字化成果。省内创新领跑，试验区建设荣获2022年浙江省改革突破奖金奖，在2022年省委改革办评选“最佳应用”“最强大脑”“最优规则”“最响话语”中实现大满贯，省委改革办《领跑者》专题刊发试验区经验做法。全国示范推广，中央改革办、北京市党政代表团、上海市党政代表团、广东省政府代表团、黑龙江省党政代表团等国家部委和兄弟省市多次来浙江现场考察交流。上级高度肯定，数字化工作经验做法获总局和省委省政府领导批示肯定，年报改革、柔性监管、数据知识产权等6大建设任务创新经验多次获国家市场监督管理总局推广肯定。

（一）机制创新

充分发挥纵向到底、横向到边工作机制作用，省委高位谋划，将试验区建设写入省委会议决定、全省改革工作要点、数字浙江建设规划等重要文件。省政府统一部署，在数字政府实施意见中专章明确，专门印发通知，全面部署推进建设任务。省部联合共建，国家市场监督管理总局相关司局多次来浙调研指导，承办10余次全国性工作现场会、座谈会，加强省域沟通。省市场监督管理局细化实施，分阶段部署推进，抓好贯通落地。市县立体联动，制订落实方案，建立协调机制，试点地区找准切口试点突破，为全省提供创新经验。

（二）组织跃升

创新实施机关处室＋工作专班的“X+Y”模式，动态设置重大应用工作专班，推动试验区各项工作比拼、成效晾晒、争先创优。围绕“重塑组织好形态、重塑干部好状态、重塑系统好生态、重塑监管好业态”等改革目标，全面打造集成、协同、贯通、闭环的变革型组织。主要承担数字化工作的单位获评“全国五一劳动奖状”，2名同志分获全国人民满意公务员、全省担当作为好干部。

（三）体系重建

在全国率先建立系统完备、整体智治的市场监管智慧监管体系，通过改革体系、工作体系、应用体系、技术体系综合集成、改革重塑，形成“1+10+X+Y”“支撑体系 + 业务体系 + 改革体系 + 应用体系”的整体架构，主要业务条线都建成了统一集成的综合应用，实现市场监管核心业务数字化全覆盖。

（四）制度创新

创新《数字化改革术语定义》地方标准，全面统一数字化改革话语体系。率先在全国出台促进平台经济高质量发展意见、数据知识产权登记办法、公平竞争审查办法，制定全省第一部知识产权综合性地方法规，推动省委省政府出台强化反垄断深入实施公平竞争政策意见、平台经济高质量发展意见，推动省政府出台《全面贯彻〈促进个体工商户发展条例〉推动个体经济高质量发展的若干意见》，创新制定质量基础设施“一站式”服务平台省级地方标准等，重塑市场监管领域制度机制，助力服务高质量发展。

（五）模式蝶变

一是分类施策、数字智治、全生命周期的市场经营主体管理服务新模式。“浙江企业在线”以统一信用代码为核心，集成市场监管领域服务事项234项，打造市场监管服务总入口和管理总枢纽。

二是权责清晰、责权一致、全链条打通的知识产权保护新模式。“浙江知识产权在线”打通知识产权创造、运用、保护、管理、服务全链条，构建“一窗口统办”“一平台交易”“一链条保护”“一站式管理”“一体化服务”5大场景，累计服务企业563万家次。

三是动态感知、四侧打通、全链闭环的平台智慧治理新模式。“浙江公平在线”建立事前合规、事中防范、事后闭环多方位、全链条监管体系，有效覆盖500余个电商平台、2200余万家经营者，平台经营主体合规意识和合规管理水平明显增强。

四是全流程、全要素、全领域、全方位链团组合式质量监管与发展新模式。“浙江质量在线”打造质量服务新生态和智慧监管新模式，“浙品码”赋码企业7.3余万家，赋码数达2.67余亿个。

五是市场监管执法办案全程智慧化新模式。“浙江市场监管执法在线”打造全流程电子化、简案快办、实时指挥、实时会商、执法效能评价等数字化应用场景，实现全省执法流程100% 数字化监管，“简案快办”成为执法效能提升新模式。

六是闭环管理、溯源到查的重点领域安全监管新模式。“浙江特种设备在线”打造“厂厂受控、台台检验、件件赋码”等核心应用场景，围绕落实“两个规定”主体责任，完善全流程闭环管控体系，万台特种设备死亡率降至历史最低水平。

（六）成果显现

新增一批先行试点。获批全国唯一的电子营业执照集成应用国家试点，全国首个开展柔性监管、“双碳”认证综合改革等试点，直播带货全流程智慧监管获国家发改委、科技部全面创新改革项目。形成一批推广案例。年报精细化管理、小微企业质量管理体系认证提升、特种设备安全监管等经验被总局现场会推广，小微主体信用融资、专利免费开放许可等制度性机制性创新模式在全国共同富裕现场会上推介，企业年报“多报合一”改革、绍兴柯桥纺织行业知识产权保护与发展新机制等项目获评全省优化提升营商环境“最佳实践案例”。

（七）一览表

应用场景的上线（试运行）时间如表8-2所示。

表8-2　应用场景的上线（试运行）时间

应用场景	上线（试运行）时间
浙江公平在线	2021年2月26日
浙食链	2021年3月15日
浙江知识产权在线	2021年4月26日
浙江特种设备在线	2021年5月31日
浙江市场监管执法在线	2021年6月9日
浙江外卖在线	2021年7月6日
浙江企业在线	2021年8月6日
浙江质量在线	2021年8月6日
浙江市场在线	2021年8月6日
浙江e行在线	2021年10月20日
浙江消保在线（消费宝）	2022年3月15日
个体工商户服务在线	2022年6月
清廉市场监管	2022年8月
GM2D在线	2022年8月16日
浙里检	2022年10月

案例二　“浙江公平在线”应用场景

平台经济凭借其高效匹配供需、跨界整合资源、促进创新等优势，近年来呈现出蓬勃发展的良好态势，在人们生产生活中占有越来越重要的地位。然而，随着平台经济迅速崛起，滥用市场优势地位的行为日渐增多，出现了限制竞争、价格歧视、损害消费者权益等一系列问题，破坏了市场竞争秩序，阻碍了行业创新。特别是部分平台企业实施“二选一”开展独家交易；在网络购物、社区团购等领域以低于成本的价格倾销商品，排挤竞争对手；网售商品以假充真，以次充好，或者以不合格商品冒充合格商品；不依法履行七日无理由退货义务、自行解释“商品完好”侵害消费者权益等现象屡禁不止，社会群众反响强烈。

面对这些错综复杂的平台经济治理困境，“浙江公平在线”创新监管理念，以数字化改革为牵引，采取以技术突破技术、以算法对抗算法，运用大数据、云计算、人工智能等前沿技术，对主要电商平台实施在线监测。通过构建全网数据采集系统，建立网络交易风险模型，实现对网络交易“二选一”“价格违法”“网络传销”“知识产权侵权”“虚假宣传”等重点违法行为的风险感知和智慧监管，全面构建事前合规体系、事中信用体系、事后执法体系，大力营造公平竞争的网络环境，有效激发平台经济创新创造活力。

一、场景概述

（一）治理背景

浙江作为平台经济大省，企业数量、经济规模、创新能力均走在全国前列，这得益于浙江拥有庞大的平台企业数量和活跃的产业生态环境。全省共有各类网络交易平台500余个，平台上网店数量超过1500余万家，服务全球消费者达9.6亿人。2023年平台交易额近9万亿元，位居全国前列。随着近年来社交电商、直播电商、跨境电商等多种新业态新模式的大量涌现，浙江省平台经济更加蓬勃发展，成为经济增长的新动能。但与此同时也存在一些突出问题，平台经济具有体量大、虚拟化、变化快等特点，导致风险问题发现和取证比较难，平台企业发展不规范、监管体制不适应问题比较突出，尤其是“二选一”“虚假宣传”等成为社会关注的热点，给平台经济监管带来挑战，需要通过平台经济创新监管，规范平台企业经营行为。

（二）治理需求

针对平台经济发展过程中产生的资本无序扩张、侵害消费者权益等问题，传统的监管方式存在局限性和滞后性，难以对平台经济的快速变化做出及时反应，这些问题使得平台经济监管面临严峻的挑战，平台经济治理需求十分迫切。

第一，平台经济存在垄断和资本无序扩张的风险。一些平台企业在快速发展的同时，出现了滥用市场支配地位，强迫实施“二选一”“低于成本价销售”等涉嫌垄断行为，导致对中小企业、创业公司、从业者以及消费者形成挤压，不利于创新创业氛围的形成，影响市场活力迸发，不利于市场经营秩序稳定，阻碍平台经济持续健康发展。

第二，平台侵害消费者权益行为时有发生。一些平台内经营者无证无照经营普遍，网络商品虚假宣传、销售禁售限售商品、假冒商标等侵犯知识产权问题屡禁不止，网络交易虚假降价、借机涨价情况严重，消费者权益侵害和维权事件频发，严重打击了消费者对平台经济的发展信心，消费者热切期盼网络购物环境的透明、规范。

第三，传统监管方式难以适应平台治理要求。平台经济具有平台经营主体总量大且集中度高、违法违规信息传播速度快、违规线索易消除等特征，新业态、新模式、新技术层出不穷，传统监管方式下监管资源难以实现全部覆盖，不能有效地规范平台经营行为，监管呈现事后性、被动性。

（三）治理目标

着眼于平台经济的风险预警防控和平台经济的大数据综合治理与集成服务，重点针对平台经济反垄断及网络交易等领域，建立集“数据实时监测、舆情快速响应、风险精准识别、线上线下协同”等功能于一体的大数据应用系统，强化对“二选一”“全网最低价”“低于成本价销售”“违法实施经营者集中”等垄断行为，以及“网络禁限售”“虚假宣传”“价格违法”“网络传销”“知识产权侵权”“主体违规”网络违法行为的风险预警和规范治理，通过创新数据抓取、模型运算、智能分析、综合研判等手段方法，实现“数据实时监测、舆情快速响应、风险精准识别、线上线下协同”四大目标，强化对平台经济垄断及不正当竞争等突出问题的靶向监管，维护平台经济领域公平竞争秩序，促进平台经济规范健康发展。

二、场景开发

（一）总体设计

1. 体系构架

在深入探讨平台经济数字化治理的背景下，“浙江公平在线”按照“四纵三横”的总体框架，构建形成了“1235”架构体系（图8-8），为平台经济的数字化治理提供清晰、有力的指导。

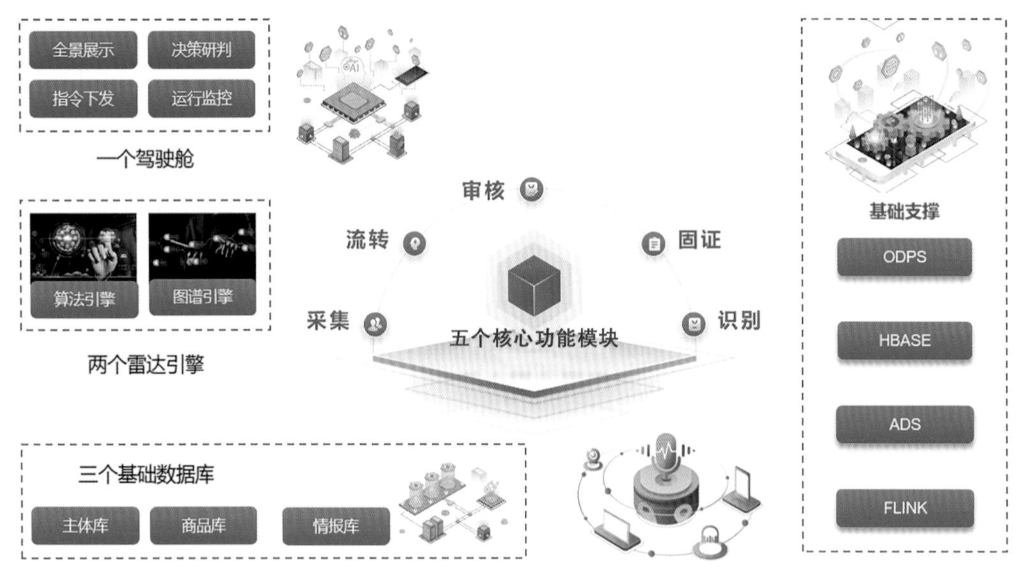

图8-8　“1235”架构体系

“1”即一个驾驶舱。作为“浙江公平在线”核心中枢和统一指挥调度平台，集成各项操作子系统，将监测数据和风险预警形象化、直观化、具体化地全景展示，并实现决策研判、指令下发、运行监控等雷达控制功能。

“2”即两个雷达引擎。一是算法引擎，主要解析输入数据、调度计算资源、实例化算法模型、输出计算结果；二是图谱引擎，用于高效计算基于关系图谱构建的识别模型，输入市场经营主体或股东高管基本信息，输出在各维度关系上与其关联的对象。

“3”即三个基础数据库。一是主体库，主要是基于全国网络交易监测平台数据，建立覆盖主要电商平台的主体档案；二是商品库，主要是对重点电商平台的50个大类1万余种热销商品按统一标准聚类建库，精准识别；三是情报库，主要是对投诉举报线索、网络舆情信息及主动报送信息等进行分类聚类，筛选形成有价值的大数据分析情报。

“5”即五个核心功能模块。根据业务需求系统梳理形成5大核心功能模块，实现支撑，具体包括采集模块、识别模块、固证模块、审核模块和流转模块。

2. 一舱统揽

“浙江公平在线”（图8–9）驾驶舱是平台经济智慧监管系统中的核心中枢和统一指挥调度平台。它以全国为展示区域，以数字化的形式展示了平台经济运行总体状况，涵盖了全网监测、数据聚合、成果运用、主体库、商品库、情报库等多维信息应用情况。构建“浙江公平在线”驾驶舱（主屏）及低于成本价销售行为监测、二选一等限定交易行为监测、网络传销监测、知识产权侵权监测、虚假宣传监测、价格违法监测等20余个子屏，通过开发数据采集、企业整改、质量风险警示、平台数据画像等功能模块，将监测数据和风险预警形象化、直观化、具体化、动态化地全景展示，并对各类数据进行实时监控和分析，实现决策研判、指令下发、运行监控等控制功能，帮助监管人员快速研判市场动态，为行政部门、业务人员等提供场景化的驾驶舱体验。

驾驶舱总体布局考虑主要分为六步。一是归集数据来源，明确业务数据的来源和类型，建立统一数据底座；二是划分数据类型，根据不同数据类型采用相应的可视化方式；三是明确使用场景，根据需求划分不同的数据可视化展示方式；四是突出关键指标，包括风险分析、监测成效等核心内容；五是实现数据可视化，利用各种图表形式直观呈现数据；六是保证信息更新，根据监管要求和数据特性确定更新频率和实时性要求。

3. 一库集成

依据业务梳理形成的数据需求清单，确定数源系统及数源，通过数据接入、平台上报、主动采集、协同联动等方式，构建跨部门、跨区域的数据交互共享协同机制，对电商主体数据、商品信息数据、行业舆情数据等进行归集，并利用数据集成平台开展一系列的数据清洗，对归集来的原始数据进行抽取、映射、修复、标注、填充等，提炼出有效数据，最终形成“浙江公平在线”的数据仓库，即“一库”。

“一库”由主体库、商品库、情报库三大基础数据库集成（图8–10）。一是主体库，基于全国网络交易监测平台数据，建立覆盖主要电商平台的主体档案，融合了市

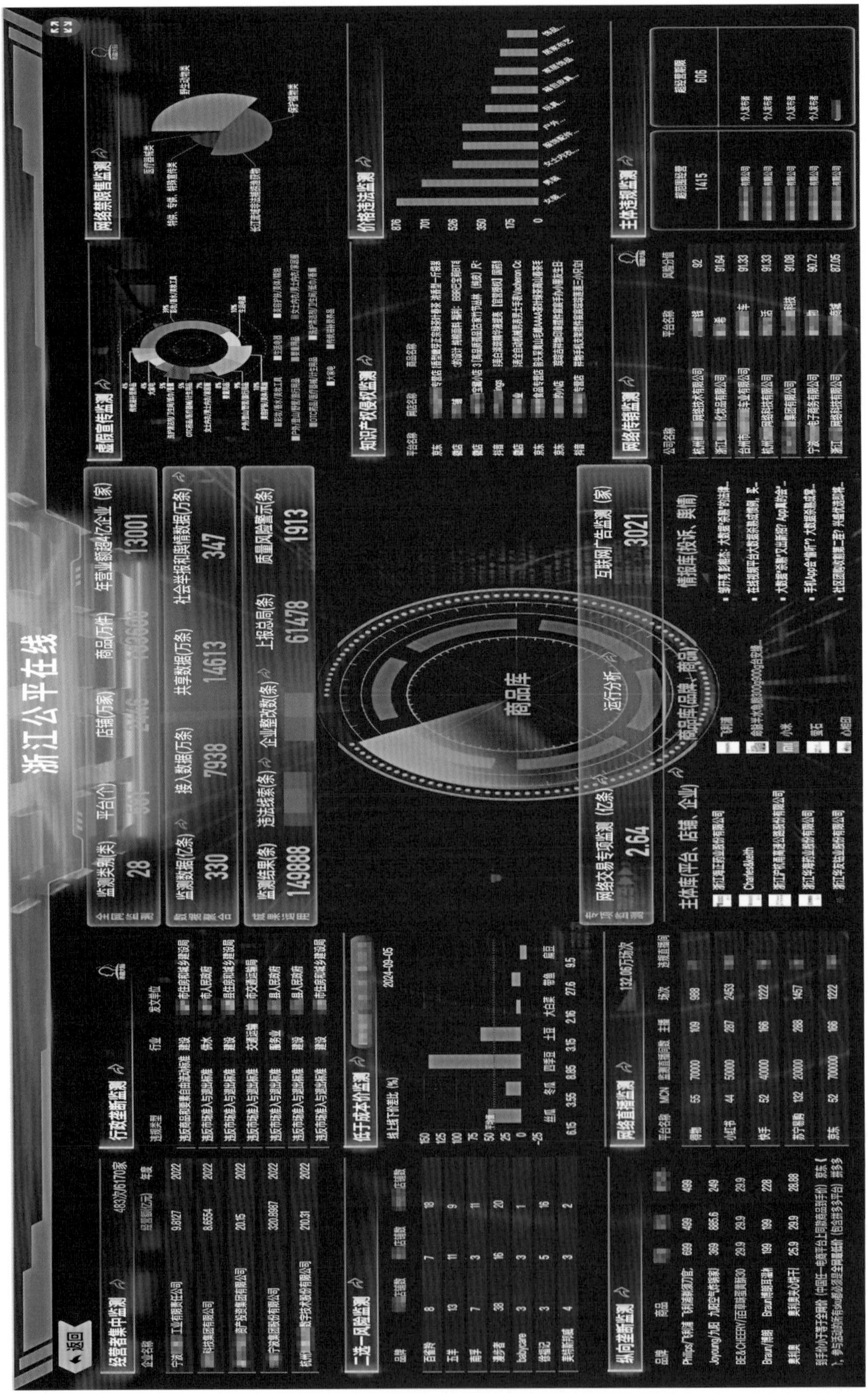

图 8-9 “浙江公平在线”

场经营主体登记注册、平台报送和主动采集数据，归集网店信息2200余万家，通过关联网店主体多维信息，提升主体信息的全面性和精准度，为监管部门分级分类监管打造数据底座。二是商品库，由全网商品信息采集汇总而成，汇总网络交易商品16亿余件，运用模型分析提取商品数据特征，为各类网络交易风险模型提供数据要素，形成违法违规风险线索。三是情报库，主要是对投诉举报线索、网络舆情信息及主动报送信息等进行分类聚类，筛选形成有价值的大数据分析情报，聚焦消费者关心关切问题，为监管部门实施靶向提供定向指导和策略参考。通过三库的构建，为建立健全监管数据治理体系提供了有力支撑，提升了网络交易数据管理水平，为建设电商信用库、实施网络交易违法行为分析和智能决策支持提供基础保障。

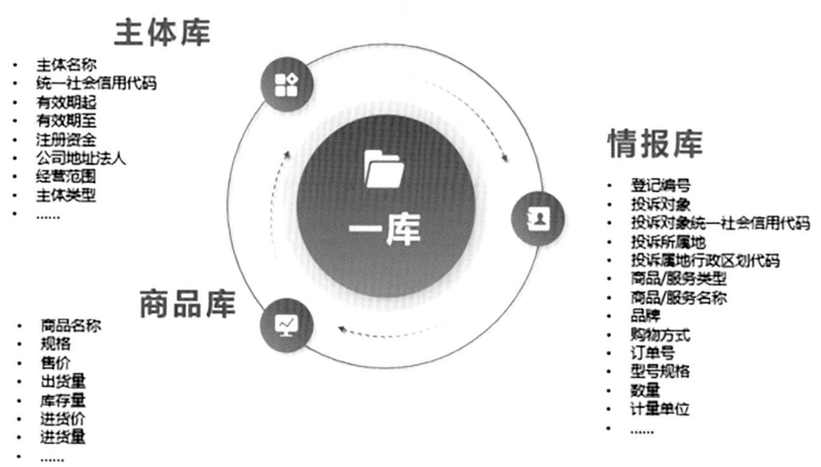

图8–10　“一库集成”

（二）主要场景

“浙江公平在线”按照核心业务梳理的原则，分类形成了电商平台监管、商家主体监管、网络交易监管、垄断行为监管4大核心业务板块，为数字化治理改革设定基本框架。在驾驶舱的统领指挥下，11个核心应用场景为数据驾驶舱提供决策支撑，更加全面详细地展示了低于成本价销售行为、虚假宣传等情况，下面将详细展开介绍11个核心应用场景。

1. 低于成本价销售行为监测

近些年，随着人们生活节奏的加快，社区团购和生鲜电商平台不断涌现，产生了一批消费者熟知的电商平台。市场的快速扩大也带来了激烈的竞争，其中不乏有通过资本长期补贴的方式，对老百姓日常必需的菜蔬水果等民生商品实施超低价销售。这不仅带来了行业的恶性竞争，也直接冲击了线下的实体农贸市场，虽然一时看似老百姓受益了，但一旦它挤垮竞争对手、形成局部垄断后，必然会坐地起价，最终让老百姓买单。

对此，低于成本价销售行为监测（图8–11）将社区团购平台以排挤竞争对手为目的，利用低于成本的价格销售商品的行为纳入重点监管，聚焦平台企业通过巨额资本补贴扰乱市场秩序的问题，主要通过运用归一化算法技术，对社区团购平台及浙江省内各大农贸市场线上线下商品品类、价格进行归集和标准化清洗，采用“价格比对法”实施风险识别。实现每天采集线上生鲜平台和线下农贸市场日售菜蔬价格，进行同类价格比对，甄别出线上价格异常商品，归集到所在平台，聚合高价差风险发生频次、数量等信息，形成低价销售风险等级研判，并对发现的中、高风险平台企业开展行政约谈，及时规范平台的经营行为。低于成本价销售行为监测子屏主要展示线下零售价、平台价格监测、低价商品平台分布、低于1元商品区域分布的信息。

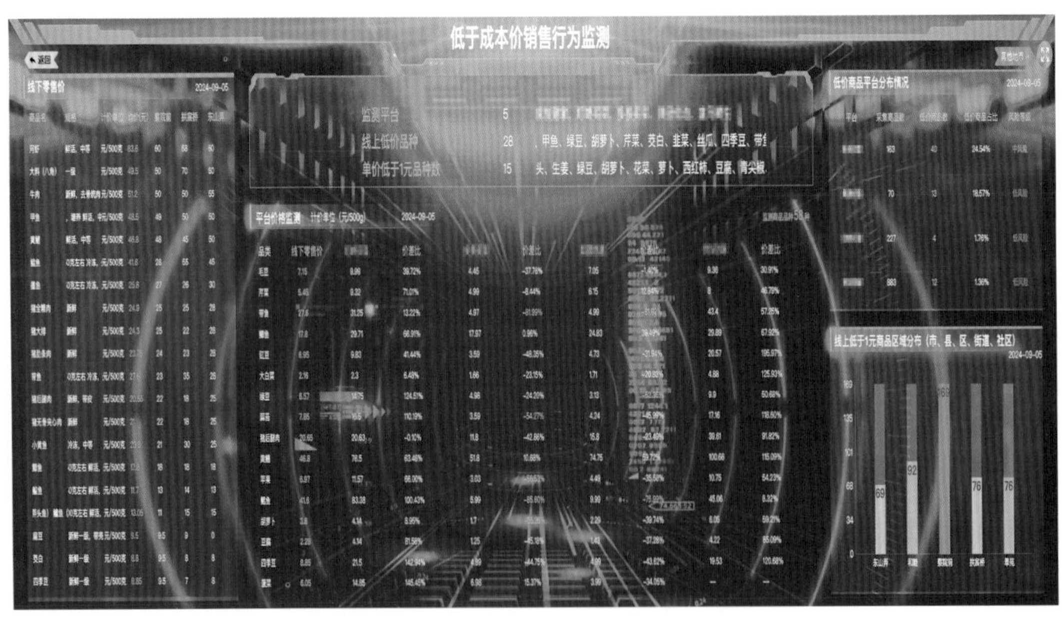

图8–11　低于成本价销售行为监测

2. 纵向垄断协议行为监测

随着经济的发展和市场竞争的加剧，纵向垄断协议行为呈现出增长趋势，市场竞争的加剧和利润空间的压缩，越来越多的经营者开始寻求通过纵向垄断协议来限制竞争，以获取更多的市场份额和利润，且涉及行业广泛，包括电子产品、服装、食品饮料、医疗保健、汽车零配件等，并且涉及多个环节和多个经营者，证据链条较为复杂，其认定和查处难度较大。

纵向垄断协议行为监测（图8-12）是针对平台与经营者之间达成的旨在限制竞争的协议或者其他协同行为的监管，聚焦平台企业与入驻品牌、商家协议违法问题，实时采集、监测、分析平台规则和重要品牌价格情况。通过汇集数码、母婴、电器、运动鞋服等商品类目主要品牌在重点电商平台的店铺情况，采用“定向映射”方法进行风险排查，比对同一时间同一品牌在不同平台的价格情况，对重点平台商家端规则协议进行采集，通过自然语言处理、知识图谱等技术，自动筛选发现协议中的风险条款，甄别电商平台依靠品牌或商家的依附关系，在商家入驻协议、平台规则协议中附带特定条款，从而限制品牌或商家自主经营的垄断行为，通过行政指导、约谈等手段，引导风险平台合规经营。纵向垄断协议行为监测子屏主要展示平台数量、监测品牌数、监测商品数、商品规则数等信息。

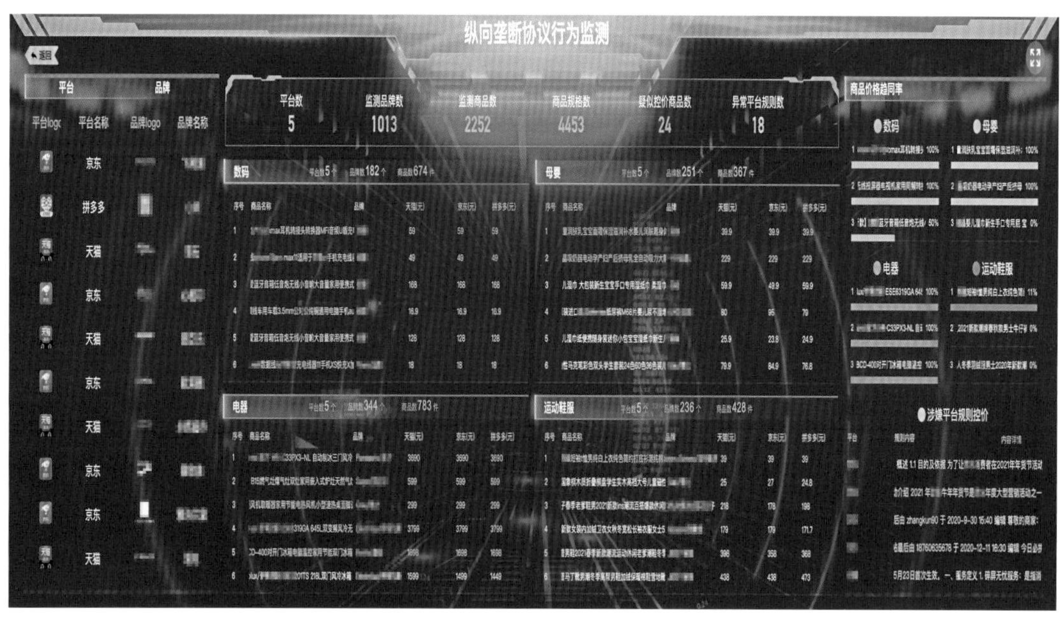

图8-12　纵向垄断协议行为监测

3. 二选一等限定交易行为监测

二选一等限定交易行为监测（图8-13）聚焦平台企业滥用市场支配地位对经营者实施限定交易的行为，监测对准的靶向问题是平台“二选一”行为，即平台利用市场优势地位和商家对其的依赖性，采取不正当手段强迫经营者在具有竞对关系的平台之间“二选一”，商家只能在一个平台上开店或销售商品。

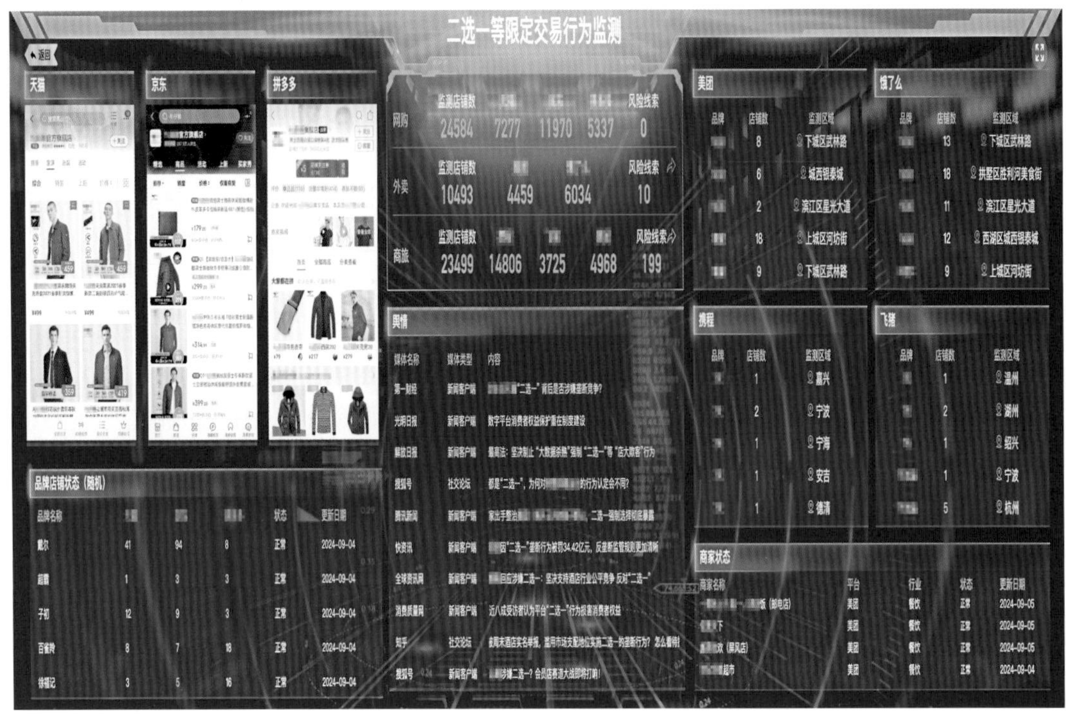

图8-13　二选一等限定交易行为监测

因此，“浙江公平在线”运用数据挖掘、自然语言处理等技术，采用“同位感知”的方法进行风险监测，对在具有竞争关系的平台上同时开店的商家进行持续跟踪监测。如发现其在某一平台突然关店，或在“双十一”等促销活动期间在单个平台上突然下架商品取消促销活动，将作为异常信息进行跟踪。通过线下调查或函询等方式，进一步了解其关店原因，以甄别是其自身经营的原因还是受到平台强迫导致，从而发现和感知平台“二选一”的风险。二选一等限定交易行为监测子屏主要展示网购、外卖、商旅等领域的监测店铺数、风险线索数等信息。

4. 经营者集中申报（预警）监测

经营者集中申报（预警）监测（图8-14）是对达到一定规模的企业未经申报擅自实施合并或收购的行为进行监管预警，聚焦的靶向问题是防范资本无序扩张的风险。根据反垄断相关法律法规规定，年营业额在8亿元以上的企业如果实施股权并购总金额达到40亿元，需要向国家市场监督管理总局提出申报，应申报而未申报将涉嫌违法。

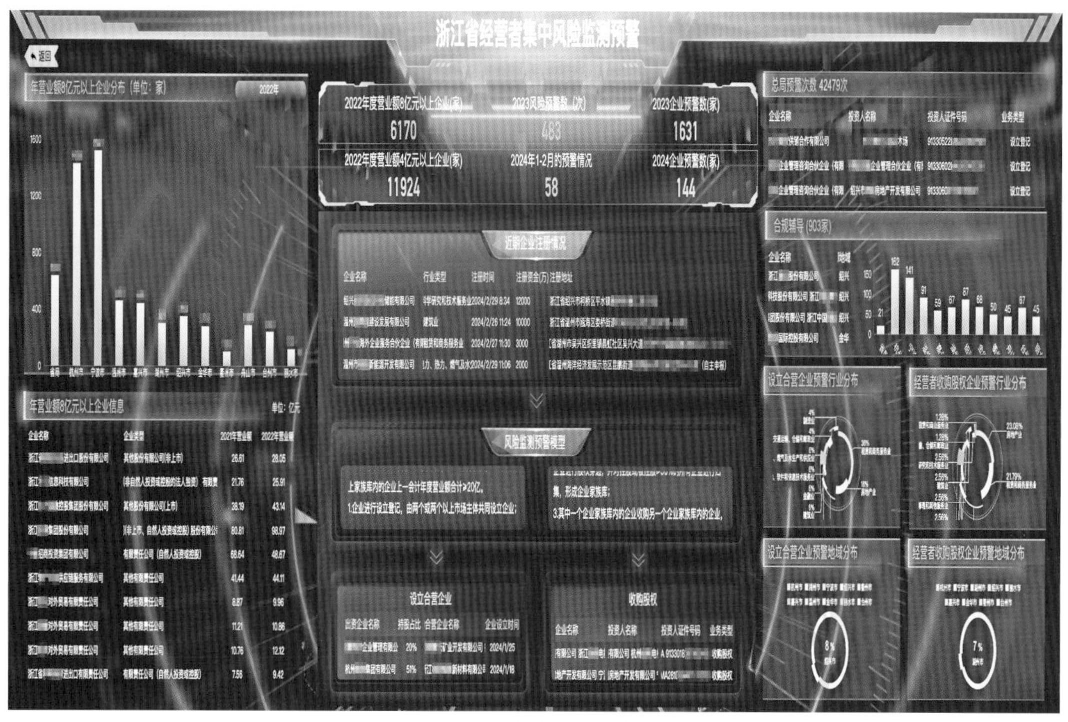

图8–14 经营者集中申报（预警）监测

因此，“浙江公平在线”运用数据挖掘、分布式计算、归一化算法等技术，通过创设“电子围栏”，贯通税务、市场监管等系统数据建立全省重点企业信息库，实行股权穿透监管，在注册登记环节对企业资本变化情况实行动态监测（并购企业在办理股权变更登记时会触发预警）。这也是我们寓监管于服务之中的一种有效管理方式，避免了企业在完成并购、“生米煮成熟饭”以后再来亡羊补牢，最大限度帮助企业规避风险。经营者集中申报（预警）监测子屏主要展示年度营业额8亿元以上企业数、风险预警企业数、年度新增企业数、动态风险模型等信息。

5. 行政垄断行为监测

近年来，行政垄断行为也是一个比较突出的问题，主要表现在地区封锁和行业垄断、行政强制交易、行政性垄断等方面，通过行政命令、批文等方式，对外地产品和企业进行限制和排斥，直接指定企业的经营者，限制企业与第三方进行交易等行为。这种行为直接干预了市场经济的自由竞争，限制了商品和要素的自由流动和企业的自主选择权，损害了市场公平竞争。

行政垄断行为监测（图8–15）重点关注行政机关和法律法规授权的具有管理公共事务职能的组织滥用行政权力，实施排除、限制竞争的行为，基于OCR、机器学习、深度学习、自然语言处理等人工智能技术，构建涉企政策公平围栏，通过全量归集行政规范性文件数据，建立关键词库和监测模型，贯通数据主管部门，对省域范围内各级政府文件的限制商品和要素自由流动、限制市场准入和退出、不合理影响生产经营成本和影响经营行为内容开展风险排查，发现滥用行政权力干预和排除市场竞争风险线索。行政垄断行为监测子屏主要显示监测文件数、涉嫌违规文件数、涉嫌违规部门数等信息。

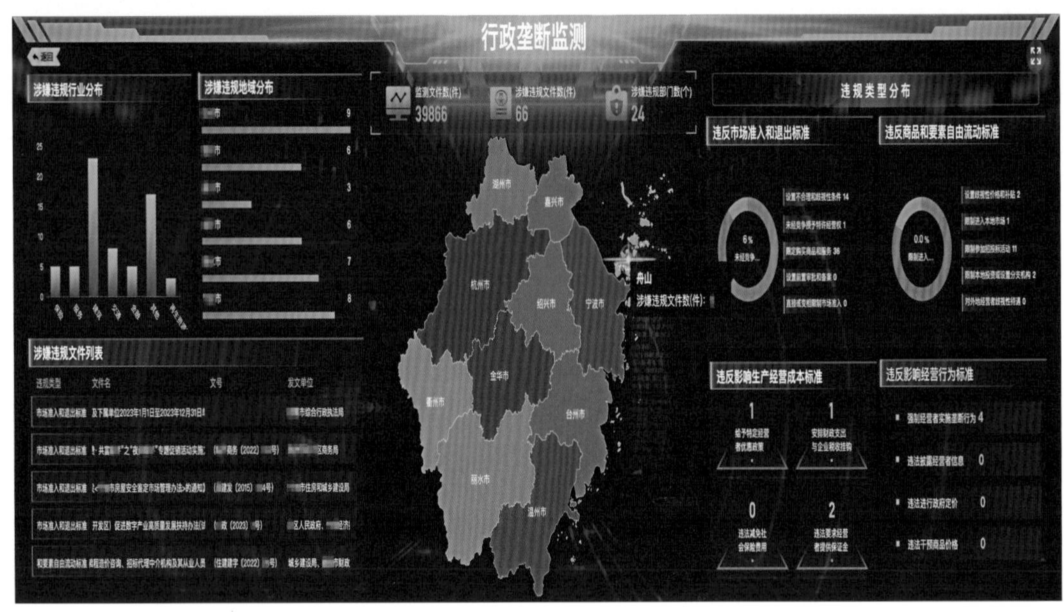

图8-15　行政垄断行为监测

6. 网络虚假宣传监测

网络虚假宣传行为近年来呈现出日益增多的趋势，一些商家为了商业利益，吸引消费者眼球，采用网络虚假宣传行为。对此，网络虚假宣传监测（图8-16）主要规范电商平台商家针对商品的性能、功能、质量、销售状况、用户评价、曾获荣誉等作出虚假或者引人误解的商业宣传行为。聚焦电商经营者利用虚假宣传欺骗、误导消费者的问题，依托食品、化妆品、医疗器械、消毒产品、保健食品等领域法律法规，配置违法关键词库。利用自然语言处理、深度学习 LSTM 分类等算法，对商品展示页面的宣传信息进行筛选分析，实现对化妆品虚假宣传、食品宣传治疗功效、绝对化用语、功效超出批准范围等18类虚假宣传行为的风险识别，保障消费者财产、人身等权益免受商家虚假宣传销售行为的侵害，维护公平竞争的市场秩序。网络虚假宣传监测子屏主要展示疑似涉嫌虚假宣传商品列表、行业分布、类型占比等信息。

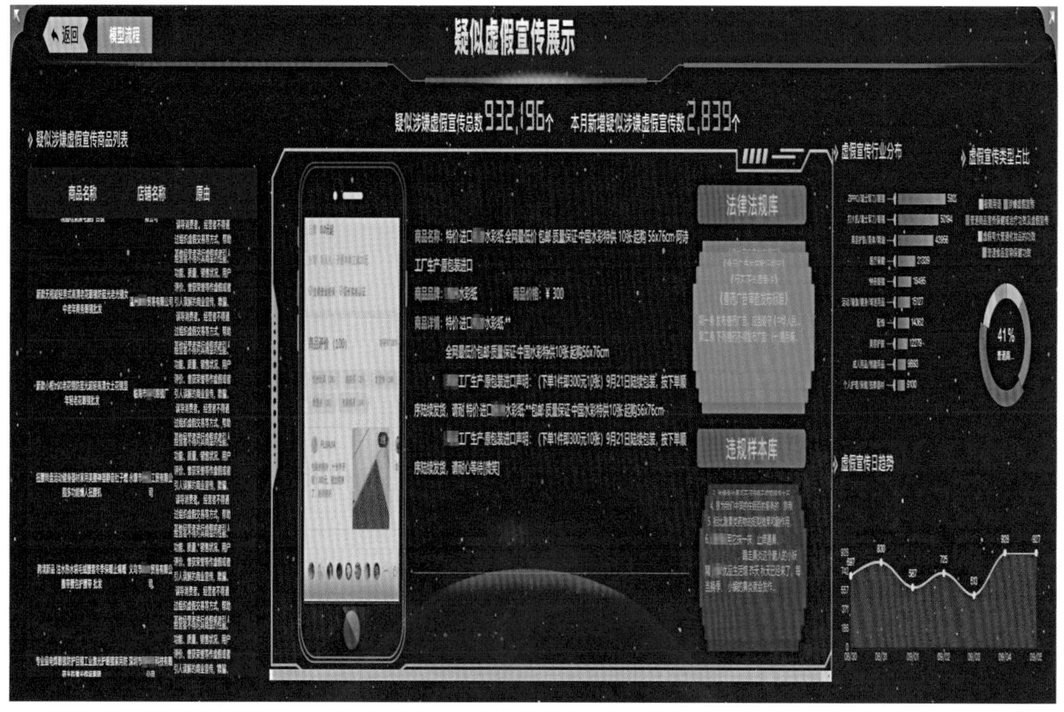

图8-16　网络虚假宣传监测

7. 网络知识产权侵权监测

在网络交易活动中，除了卖家在平台披露的信息外，买家在收到货物之前均无法判断所购商品的真伪、质量优劣，只能通过对品牌的信任与依赖来实现对商品的判断，商标侵权成为电商经营活动中知识产权侵权领域的高风险区。不少网络交易经营者往往会利用他人知名注册商标或品牌已有的影响力，来混淆消费者的视听销售仿冒产品。这种行为不仅对商标所有人造成损失，也对消费者、市场和社会经济发展带来负面影响。

因为假冒商品通常以低于正品价格的方式出售，这会降低正品的销售量，从而导致合法经营者的利益受损。因此，网络知识产权侵权监测（图8-17）着眼于治理电商平台销售侵犯注册商标专用权商品的违法行为，运用LOGO识别、OCR识别、以图比图等技术对商品宣传图案进行识别，筛查比对产地信息及授权文件、校验商品售价，甄别出售价明显低于品牌官方售价且疑似未经授权使用他人注册商标的商品，将其列为高风险线索并派发至经营者所在地监管部门做进一步鉴定处置。网络知识产权侵权监测子屏主要展示疑似违规商品平台发布、地域分布、商品明细、疑似违规商品类目分布等信息。

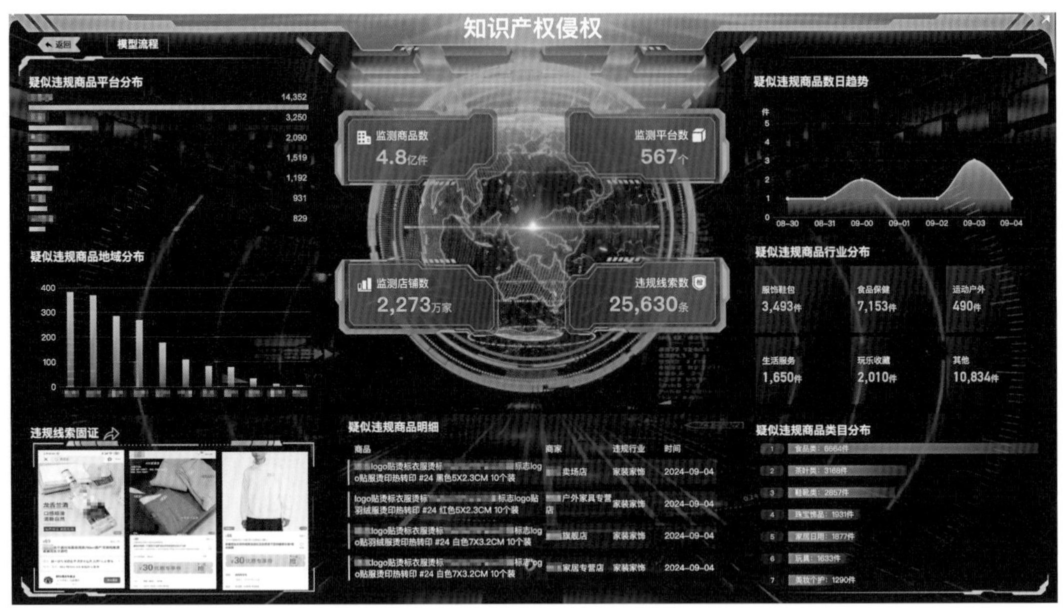

图8–17　网络知识产权侵权监测

8. 网络价格违法监测

网络价格违法行为多发且高发，越来越多的消费者发现，网购商品的销售价格常常波动，甚至有的商品在不同时间的价格相去甚远。曾有媒体观察报道，一款冰箱一周内价格波动900元，一款平底锅4个月内价格相差3倍，甚至有的商品价格几乎一天一个价。尽管法律没有规定商家需要维稳商品价格，但商家的定价自由仍应谨守法律边界。另外，商家常用折扣促销或是“抄底价”“最低价”“仅限今日”“明日涨价”等虚假宣传手段来刺激消费者冲动消费，严重损害消费者利益。

规范电商经营者利用虚假的或者使人误解的价格手段开展经营活动的违法行为是网络价格违法监测（图8–18）的核心业务，通过自然语言处理—复合规则引擎、归一化算法等技术，对同一商品连续多日价格追踪校验，甄别发现经营者使用虚假折价、减价或者价格比较等手段销售商品的行为，如“618”、“双十一”这种平台大促活动期间先提后降、虚假降价等情形。同时比对商品页面的宣传信息，智能识别商家利用欺骗性、误导性文字诱导消费者与其交易的行为，如宣传“明日涨价”，但实际第二天还是同样的价格；宣传“特价”“出厂价”“市场最低价”但缺乏价格比较依据。实现对网络虚假降价、虚假折扣、不正当价格比较等价格违法行为的实时监测。网络价格违法监测子屏主要展示疑似违规商品数类目分布统计、行业疑似违规商品数分布、疑似违规商品数日趋势、最近价格违法疑似违规商品明细等信息。

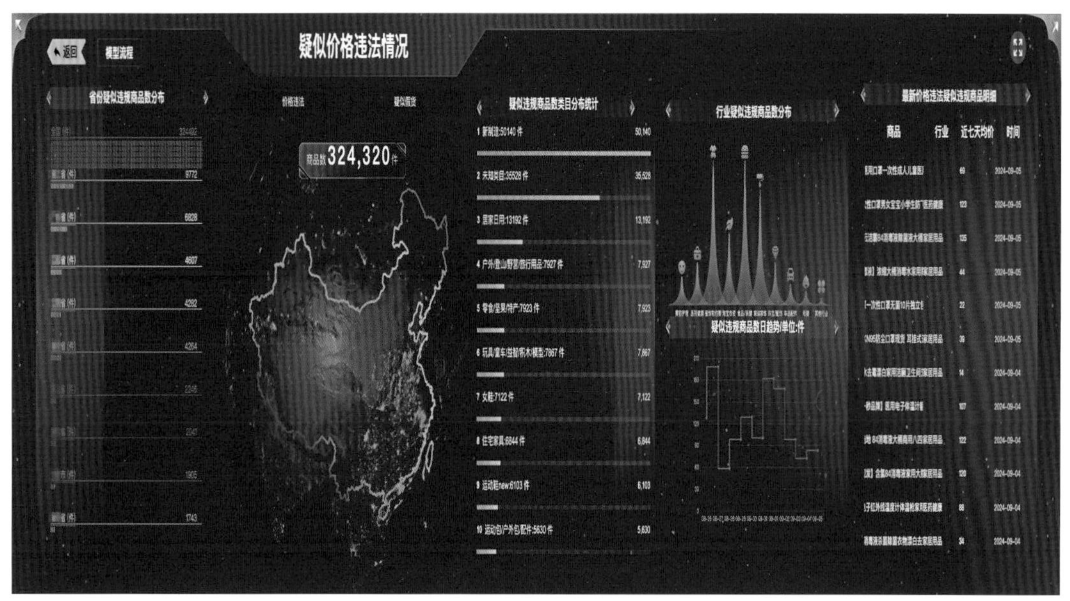

图 8–18　网络价格违法监测

9. 网络禁限售监测

一些平台企业和商家为了追求商业利益，私自销售违反法律法规或社会道德、潜在的安全隐患或质量问题的禁限售商品，既不符合保障人身、财产安全的要求和环境保护要求，也损害国家利益和社会公共利益，违背公序良俗。

对此，网络禁限售监测（图 8–19）场景靶向治理网络销售法律法规明令禁止生产经营或限制销售的商品行为，利用证照 OCR 识别、以图比图、深度学习 CNN 等技术，根据官方公布的各类禁限售名录，通过关键词、图片样本比对，结合行政许可证照比对结果实现对违规商品数据的自动识别，构建网络交易监测的禁限售商品智能化过滤功能，在亿级商品中，持续筛选、发现、固证、查处违法违规销售行为。它主要依托大数据处理、自然语言处理、知识图谱等人工智能技术，归集全网海量网络交易商品数据、法律法规数据、违规特征数据，通过文本分析、文本分类、实体抽取、意图识别等相关能力，完成数据的加工、清洗、结构化及归一化。建立相关实体库、知识图谱、关键特征库，依据相关法律法规对海量商品进行风险研判。累计对网络销售“特供专供”、野生保护动植物、长江禁止捕捞渔获物、东北黑土、危险化学品、电子烟等 30 余类禁限售商品开展全网监测。网络禁限售监测子屏主要显示禁售限售品总数、本月禁售限售品总数、禁售限售品列表、禁售限售品类型占比等信息。

图8-19　网络禁限售监测

10. 网络主体违规监测

当前，许多网络交易平台内存在证照公示不规范、冒用、过期、未及时变更经营范围等异常情形，如有的平台内经营者未在平台店铺页面公示与其经营业务有关的行政许可等信息。

网络主体违规监测（图8-20）着力破解平台主体信息不明、不规范等问题，通过对平台内经营者亮证、亮照不规范情形进行监管，督导平台履行主体责任。构建网络主体违规监测模型，运用证照OCR识别技术，通过对店铺公示的营业执照、个人店铺自我声明信息进行OCR图文转换，识别发现证照展示不全、超范围经营、证照过期的情况，实现对网络无照和无证经营、超范围经营、证照过期问题的在线监测。电商主体违规监测子屏主要展示疑似违规商家数、疑似违规商家占比等信息。

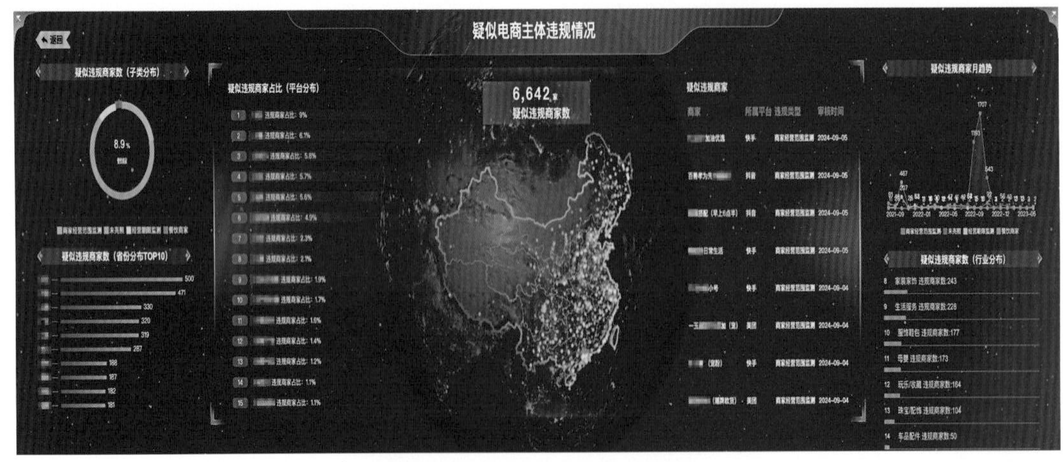

图8-20　网络主体违规监测

11. 网络传销监测

网络传销是通过互联网开展的传销活动，通过传播各类以传销为目的平台、网站、网页、APP，便捷和快速地推广其商业模式，接受人员加入，并且通过平台实施交易和资金流转、物品交易。特点是传播迅速，但人员相对分散，线下监管较难发现。

对此，网络传销监测（图8–21）致力于监管互联网平台以传销为目的开展的商业活动，通过采取“筛选聚合”的方法实施风险排查。运用数据挖掘、自然语言处理、机器学习的技术，对海量数据进行正向筛选和反向筛选，清洗过滤出具有传销特征的有效信息，并将该信息聚合到同一个网站上，甄别出疑似网站。以此为基点，全量收集涉及该网站的所有信息要素，包括主体信息、商品信息、宣传信息、网站信息等，并与已判定为传销的网站进行特征比对，根据相似度配比，判断网络传销的风险值，对于风险值高的将作为疑似线索交属地监管部门进行调查核实。为进一步强化网络传销监测，提高网络传销发现能力，“浙江公平在线”建立了网络传销雷达大脑，它通过运用数据归集、清洗和大数据分析技术，开展平台、主体、人员、设备、内容的全方位智能组合运算，能够归集全网下活跃传播的涉传平台，自动研判传销风险的地域分布情况，发现网络传销风险平台、风险区域、风险行业，反映网络传销风险程度，使打击传销更加精准。网络传销监测子屏主要显示疑似风险平台、风险平台变化趋势、风险平台表现类型分布、风险平台分值区间占比等信息。

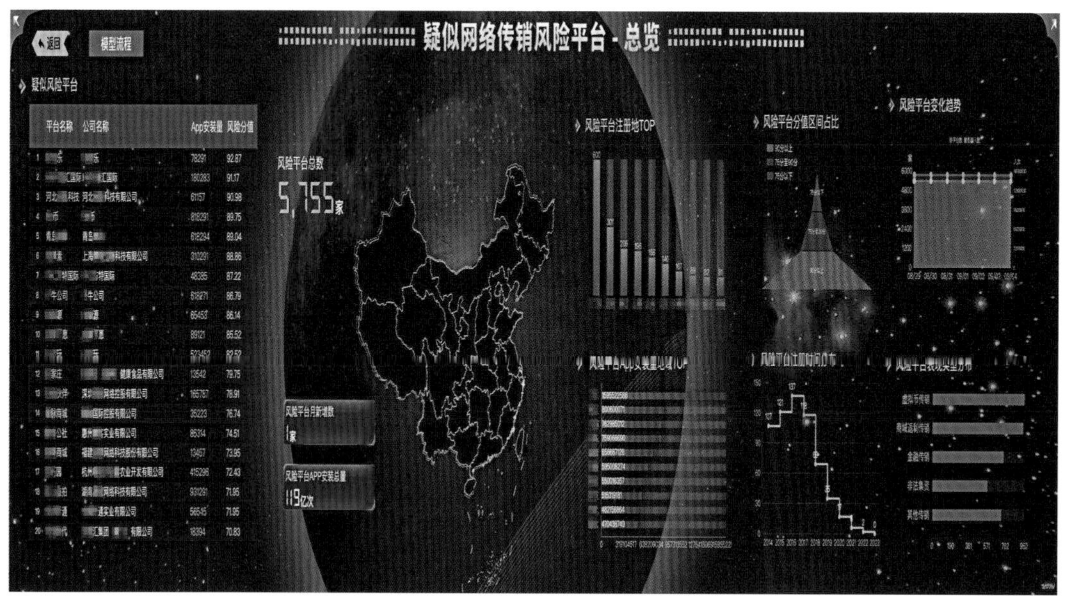

图8–21 网络传销监测

除了以上11个主要一级子场景，“浙江公平在线”还进行了一系列创新性的拓展，深入探索打造了网络直播监测、线索闭环、平台画像等，进一步丰富了平台经济的监管体系，为其提供了有力的补充和支持。

12. 网络直播监测

当前直播产业蓬勃发展，已经深入经济社会各个领域，具有带动传统产业升级、挖掘网络消费潜力、引领主流价值等多方面特点。同时直播电商在快速发展过程中，也存在着虚假宣传、数据造假等问题，破坏了竞争生态。网络直播监测聚焦的是针对主要直播电商平台中存在的带货主播不正当竞争行为进行监测。

“浙江公平在线”通过试点和测试不断验证直播数据采集技术的可行性和直播治理的必要性，2023年正式启动直播监测工作，直播监测使用的采集方案是充分运用大数据、云计算、人工智能等技术，结合直播带货场景特性，围绕平台责任、主播管理、直播间现场监控、网络交易监管、商品质量管控等开展全链条监管，利用算法模型自动识别直播过程中的各类异常动作和价格违法、知识产权侵权、虚假宣传等违规行为，包括视频、图片、文字内容。目前已成功覆盖30余家主流直播平台。子屏主要监测的内容分为六部分，包括全网监测、多棱识别、直播地图、违法处置、研判分析和决策赋能。

这里我们重点介绍一下“直播地图”（8–22），因为直播是“一人一机”的形式，人人都可能成为主播，随时随地进行直播，而且直播内容难以及时捕捉，具有移动性和不可控性。为了破解这一难题，打造直播地图，一方面能够精准实时地定位到直播位置，直观化、可视化地展示各区域直播情况；另一方面构建直播视频监控系统，对直播内容进行实时监控，获取直播主体情况、经营情况、交易规则、销售价格等信息的实时动态信息。

图8–22　直播地图

13. 闭环处置

通过以上各类专项监测的开展，监测到了大量的风险线索，同时“浙江公平在线”创新运用区块链技术对关键线索以及侵权内容进行在线一键式实时存证固证（图8–23），自动生成完整、可靠的证据材料，为监管部门提供有力的执法依据，确保违法违规线索可追溯、可证明、防篡改。下一步，“浙江公平在线”需要将这些风险线索进行闭环管理，对此，“浙江公平在线”通过定位主体（网店、平台）所在的区域，组合运用了“上报”“派发”“整改”的机制，贯通风险线索闭环处置通道，落实主体责任，实现风险线索落地闭环。其中，派发环节是通过“浙江公平在线”迅速定位线索主体所在区域，将线索派发到省内的地市区（县），由基层执法人员对线索进行核查处置，提高了风险线索的行政处置效率。整改（图8–24）环节是与平台企业协同构建数字化政企对接通道，开展平台整改督导工作，通过平台引导商家下架、修改违规内容，达到强化平台风险意识，规范平台合规经营的目的，同时建立企业整改子屏呈现平台整改问题、违规情况等。上报环节是依托国家市场监督管理总局系统，开展风险线索的上报。最终实现问题风险分级分类流程化，形成线上线下一体化处置体系。

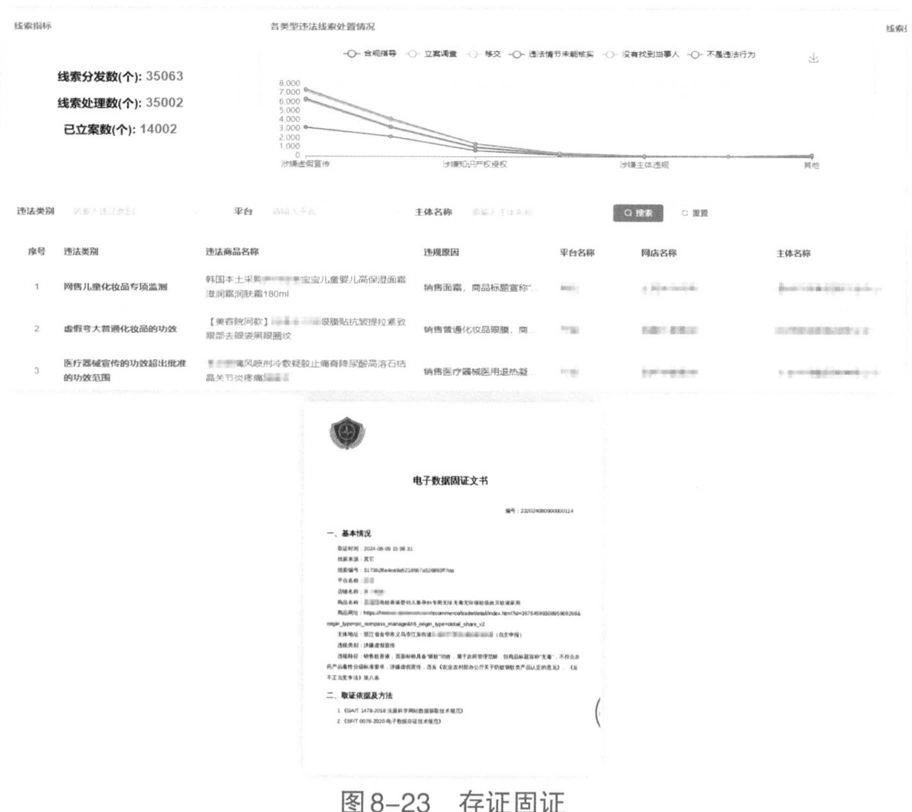

图8–23　存证固证

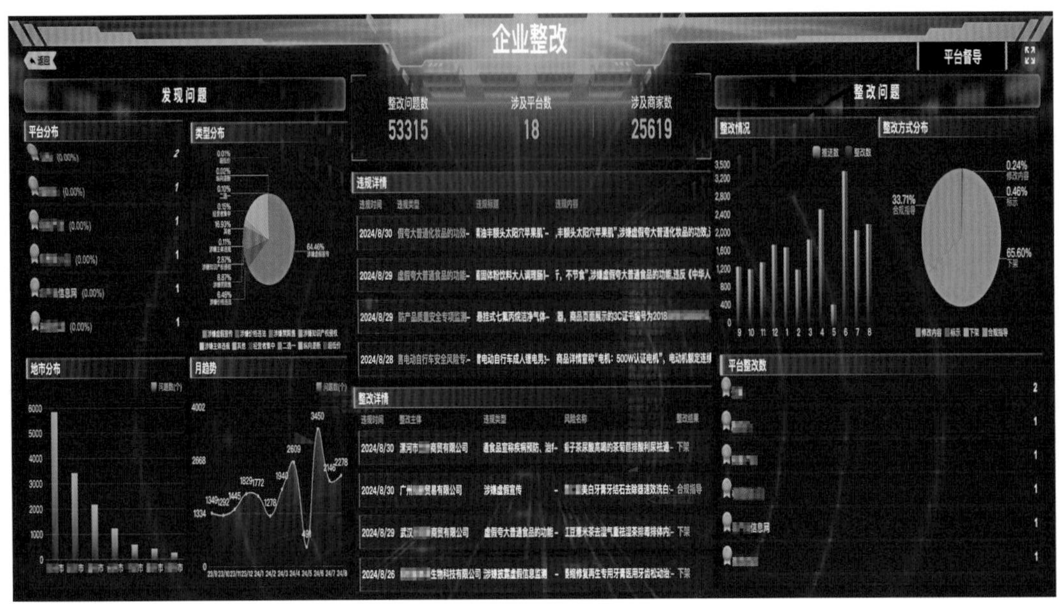

图8–24　企业整改

14. 平台画像

平台画像场景建设整体思路是通过数据分析和挖掘，高效调配监管资源，将平台上的各种数据资源进行整合，并使用标签模型等方式进行构建，主要包括平台数据画像和电商信用画像。

平台数据画像具体聚合了平台主体经营信息，包括在线监测数据、部门多跨协同数据（企业开办、注销、年报、农贸市场、纳税等）、执法监管数据、消费投诉数据以及网络重点舆情的感知数据等，综合形成平台经营行为的多维度大数据画像，形成对平台的“全身体检报告”，实现靶向监管，助力监管部门全面及时掌握平台企业的运行情况和风险情况。

电商信用画像（图8–25）是对电商平台企业进行全景画像分析，为监管部门提供更加全面、准确的监管对象信息。它通过归集及关联分析网络交易主体信息、经营信息、消费者评价信息、消费警示信息、列异列严信息等，运用多种算法对网络经营主体进行多维度综合评估和分类，开展电商违规经营数据多渠道聚合和模型运算，以信用评级和分级管理为手段，构建主体信用监管机制，实施常态化信用预警和信用干预，提升智慧监管能力，促进电商行业的规范化和标准化，进一步保障消费者合法权益。

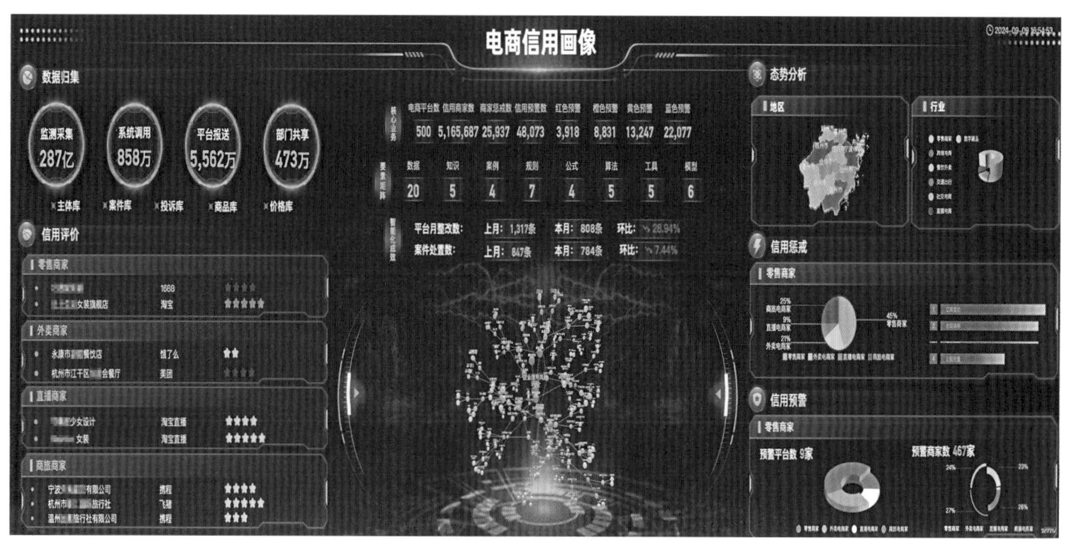

图8–25　电商信用画像

（三）四侧打通

1. 打通服务端（浙里办）

基于浙里办（图8–26）平台，按照相关标准规范，开发及对接更完善的C端可用的“浙里办”相关业务系统，投诉举报，消费警示查询等功能。向平台企业开放经营主体有关营业执照、行政许可、商标专利、违法处罚等信息的查询，为企业提供风险信息预警和提示服务，开放集中者集中申报。并在各功能界面简洁化呈现，使得服务呈现和任务执行一目了然。

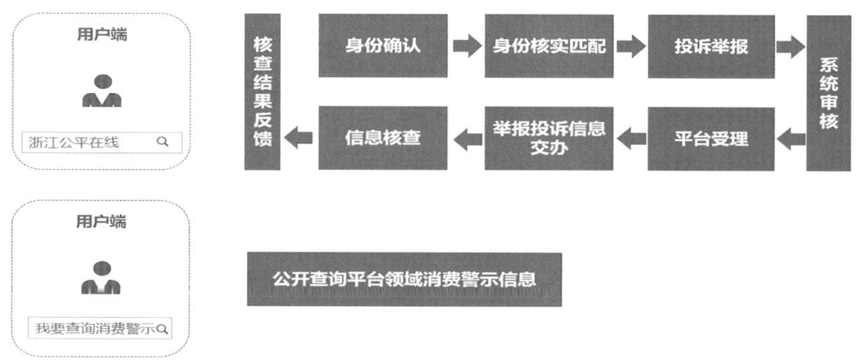

图8–26　浙里办

2. 打通治理端（浙政钉）

在展示层面结合宏观统计数据和微观明细，分重点行为维度、平台主体维度等多角度尽可能全面呈现平台经济的发展情况、主要问题、风险评估、提升预警等总体面貌，为监管提供必要工具，为政府决策提供参考。浙政钉如图8-27所示。

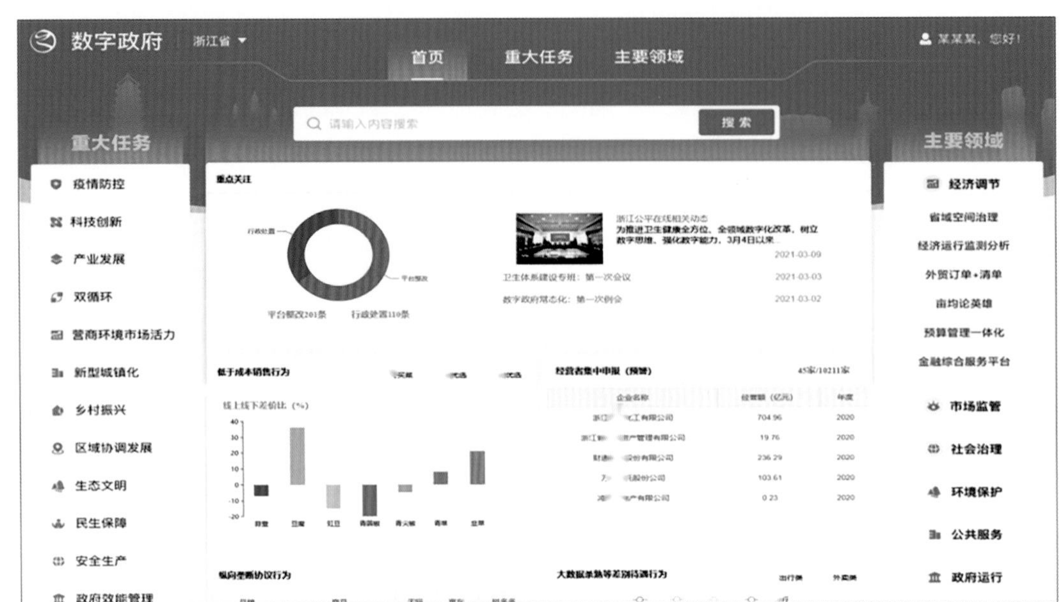

图8-27　浙政钉

3. 打通基层端

建立省－市－县三级电商主体库，提供属地电商主体数据库维护功能，包括批量导入、录入、审核等功能，壮大辖区内电商经营主体规模。开发网络交易监管应用模块，提供线上网络主体巡检、风险线索录入、风险线索派发、风险线索闭环处置等功能，贯彻线上线下一体化监管模式，推动全省消费者、经营者、平台企业能够从统一门户获取相关平台经济的信息与服务。

三、应用成果

“浙江公平在线”数字化集成应用系统的建设，改变了平台经济监管数据基础薄弱状况，提升了平台经济现状和规律的发现把控能力，有效破解了低于成本价销售、纵向垄断、限定交易、经营者集中、行政垄断、虚假宣传等突出问题，整体推动了质量变革、效率变革、动力变革，实现了从静态到静态与动态结合监管、由事后向事前事中事后全链条监管、从被动处置转为主动智慧监管、从传统线下拓展至线上线下一体化监管，推动了平台经济规范健康持续发展。

（一）实践成果

一是全面提升全网监管能力。截至目前，系统已监测覆盖电商平台500余家，平台商家2200余万家，建立网络交易和不公平竞争监测模型25类、308个。二是有效提高平台合规水平。目前，通过“浙江公平在线”对所有风险线索实施闭环处置。年均对全国主要电商平台实施健康体检超500余次，并及时予以督导整改。推动平台亮证亮照情况明显好转。三是改善公平竞争环境。实现公平竞争环境显著改善，社区团购平台低价倾销风险指数从上线初期的25.3%降至2.21%。四是促进平台经济发展。持续推进平台经济治理数字化改革，为浙江平台经济高质量发展创造了良好的营商环境和发展机遇，平台经济发展质量不断改善，发展质效向好。

（二）理论成果

“浙江公平在线”获得2021年度浙江省改革突破奖金奖，连续两年获评浙江省数字政府“最佳应用”。《人民日报》、中央电视台新闻联播刊播了浙江省的平台经济数字化治理工作。《浙江省引导促进平台经济发展的探索与实践》成为中组部省部级干部教案案例；《打造多跨协同、全链条智慧监管的平台经济治理新模式》获评浙江省数字化改革“最响话语”；《打造“浙江公平在线”探索平台经济数字化监管的浙江实践》《抓实“三张清单”打造最佳应用、省市场监管局数字化改革成效明显》获省委改革办《领跑者》刊发。

（三）制度成果

推动全国首个网络交易监管地方性法规《浙江省电子商务条例》的制定和实施，推动《浙江省反不正当竞争条例》的修订和实施，连续出台《关于强化反垄断深入实施公平竞争政策的意见》《关于进一步加强监管促进平台经济规范健康发展的意见》《关于促进平台经济高质量发展的实施意见》，制定全国首个互联网平台企业竞争合规省级地方标准《互联网平台企业竞争合规管理规范》，推动数字化改革成果上升为理论成果、固化为制度成果，为持续推进平台经济数字化治理改革奠定了坚实的法治基础。

案例三　“浙江外卖在线”应用场景

随着互联网技术的发展和人们生活节奏的加快，点外卖成了很多人尤其是年轻人的主要就餐方式之一。近年来，浙江省每年外卖订单数超18亿单，网络餐饮交易额超过700亿元，从事网络经营的餐饮服务提供者突破20万户，每天在途接单骑手超15万名。但随着网络餐饮行业的高速发展，我们也看到了行业存在的不少乱象。外卖商家良莠不齐，许多小餐饮、小作坊、小杂食店无序经营。外卖后厨不透明、不开放，食材原料不安全、后厨环境脏乱差、送餐过程易污染等问题频受媒体曝光，影响到一代人的身体健康。另外，外卖骑手为抢单超速导致交通安全事故率居高不下，严重影响城市道路交通安全和行人安全。这些矛盾既是行业的痛点，也是社会关注的热点，更是政府治理的重点。

为破解网络餐饮治理痛点、难点、堵点，“浙江外卖在线”以“牵一发动全身改革”为抓手，按照“小切口、大场景”和寓监管于服务的理念，运用“链团组合”方式搭建基本架构，通过创新数据抓取、模型运算、智能分析等数字化手段，覆盖平台、商家、骑手、消费者各方主体，横跨市场监管、公安、人社、卫健等各个部门，集成政府、企业、社会相关数据，实现对平台、商家、厨房、配送、消费、骑手和办案等7个环节的28个应用场景的全方位闭环管控、协同治理，有效解决了过去靠人海战术和传统手段管不了、管不到、管不好的治理难题，受到了社会的好评和老百姓的点赞。

一、场景概述

（一）治理背景

习近平总书记对推动平台经济规范健康持续发展、强化食品安全监管、加强新就业形态劳动者权益保障作出重要指示批示，总书记强调，加强食品安全监管要严字当头，严谨标准、严格监管、严厉处罚、严肃问责，各级党委和政府要作为一项重大政治任务来抓。浙江是平台经济大省、网络餐饮消费大省，食品安全、骑手权益保障作为重大的民生工程、民心工程，既关系到广大人民群众的身体健康和生命安全，也关系到我国经济发展和社会稳定，关系到政府和国家的形象。省委省政府主要领导多次就食品安全、骑手频繁交通违法和骑手权益保障问题作出批示、指示，将网络餐饮治理上升为浙江省“牵一发动全身”的重大改革。浙江省市场监督管理局以数字化改革为牵引，运用数字化理念、数字化手段，联合有关部门改革攻坚，打造标志性成果。

（二）问题需求

网络餐饮新业态的健康有序发展，关系着千万家老百姓的身体健康，也关系着社会稳定。餐饮外卖逐渐成为备受关注的民生关键小事，也是政府监管和社会治理的痛点、难点。

第一，多业态聚合，传统监管方式难以适应。餐饮外卖将互联网和传统餐饮业相结合，既涉及线上的平台、商家，也涉及线下的餐饮店、骑手和骑手管理企业。餐饮店不仅包括小餐饮、小作坊、小杂食店，还出现了“只做外卖、不做堂食”的“外卖厨房”新模式，以及汇集多家“外卖厨房”的“联合厨房”。多业态聚合下，不能同时覆盖线上线下等传统的监管方式亟待改变。

第二，多问题交织，监管手段存在缺陷。由于经营模式的局限性，人们在点外卖时无法看到食品加工的环境和制作过程，食物原料安全性、后厨环境卫生度、送餐过程污染情况等问题频受媒体曝光。同时，外卖商家良莠不齐、骑手交通事故频发、用工权益难以保障等问题成为民生关切、社会关注的热点。多问题交织中，缺乏联动的监管手段有待提升。

第三，多风险集聚，风险管控面临挑战。当前，网络餐饮风险呈现出多元化和复杂化的特点，由于网络餐饮业务的监管链条冗长且环节众多，从食品加工到配送的每一个环节都可能产生食品安全风险。此外，行业内部竞争日益激烈，餐饮消费的即时性需求以及平台算法的不当运用等因素，使外卖骑手交通安全风险不断上升。同时外卖骑手群体的规模不断扩大，浙江省每天有超过15万名骑手在途接单，这些骑手的人员构成复杂，接触面广，人数众多，给监管工作带来了极大的挑战。因此，相关部门亟须采取有效措施，加强风险管理。

（三）治理目标

依托“浙江外卖在线”，推进全省网络餐饮一件事集成改革，整体智治、高效协同、安全稳定的网络餐饮治理体系基本建成，网络餐饮食品安全水平显著提升，“外卖骑手”交通安全意识不断增强，交通违法行为和事故次数明显下降，网络餐饮治理能力位列全国前列，成为省域治理现代化的“重要窗口”。

坚持市场有效、政府有为、群众有感的原则，建立健全网络订餐平台管理、“外卖骑手”社会保障和交通安全管理等相关政策制度体系，压实网络餐饮平台主体法律责任，在浙江省统一部署开展“网络餐饮规范提升”专项行动，通过线上巡查和线下检查，不断强化商家自律，重点实现七个方面工作目标，主要包括聚焦“责任虚化、弱化”，全面加强平台管理，推进主体责任“全落实”；聚焦“证照、人员不规范”，全面加强商家管理，实现合规运营“全覆盖”；聚焦“风险防控能力弱”，全面加强厨房管理，推进餐饮制作“阳光化”；聚焦“食品二次污染、限塑”，全面加强配送管理，推进包材封签“全受控”；聚焦“管理缺位、群体权益诉求多”，全面加强骑手管理，推进权益保障“无遗漏”；聚焦“信息不对称、餐饮浪费”，全面加强消费管理，实现消费体验“更放心”；聚焦“违法行为发现难查处难”，全面加强办案管理，实现执法办案“全闭环”。

二、场景开发

（一）总体设计

1. 一体构架

“浙江外卖在线”按照“小切口、大场景”和寓监管于服务的理念，通过“链团组合”式架构，构建跨部门、跨区域、跨层级的大协同机制，汇集准入、监管、执法、消费、评价等数据，着力打造“1+7+N”体系（图8–28）：“1”即网络餐饮治理“一件事”集成改革。政府部门间横向集成，不同层级政府纵向集成，政府与行业头部企业协同集成，构建起网络餐饮整体智治大场景。“7”即重点打造7个一级应用场景，创新打造了涵盖平台管理、商家管理、厨房管理、配送管理、消费管理、骑手管理和办案管理等环节。“N”即N个子场景，包括消费引导、封签管理、限塑管理、餐具管理、信用管理等多个子场景，推进网络餐饮行业的全环节、全方位治理。

图8–28　“总体设计”

2. 一舱统揽

为让管理者可以直观掌握全省各区域的综合情况，驾驶舱整个界面按照核心业务梳理的原则，以核心业务指标为抓手，综合反映全省外卖行业整体的运行态势，突出主要矛盾和管理对象；以地图形式展示全省各地区的数据情况，可视化分析浙江外卖在线的全流程；以业务逻辑线构建出的七个子场景，按照链条式布局从左到右、从上到下的顺序组成了整个驾驶舱的基础骨架，中轴部分以“总－分”的形式通过不同的颗粒度让管理者直观感受业务核心指标、管理范围和场景实况。

驾驶舱中轴由“一库、一图、两档案”三部分组成（图8–29）。“一库”就是数据库，综合各部门和相关平台的数据，归集了跟外卖相关联的全量、实时数据。“一图”主要是外卖餐饮情况的地区分布图。“两档案”即网络餐饮商家档案和外卖骑手档案，为浙江省的网络餐饮治理打下了扎实的基础。

驾驶舱左、右两侧是整个“浙江外卖在线”的核心管理模块，是根据实际外卖业务的时间线设置的数字化应用场景，从入网餐饮单位在平台上注册、准入核验、开展经营为起点，按照一份外卖从食材采购、加工制作、打包、环境卫生管理到出餐后的骑手配送过程和消费者评价，最后以办案管理作为最后的兜底管理环节，以一份外卖的全生命周期分解成为平台管理、商家管理、厨房管理、配送管理、骑手管理、消费管理和办案管理7个模块，这7个模块形成了业务管理的逻辑链条，实现了场景的多跨和管理的闭环。

3. 一库集成

前面提到的“一库”是驾驶舱的重要组成部分，也是“浙江外卖在线”应用系统运行和发挥作用的资源，它是由两大外卖平台商家和配送骑手档案构成的综合数据库。

数据库的建设是结合应用升级、综合集成、协同共享的具体思想，以闭环管理为核心，依托物联网、大数据、人工智能等技术，建设一个外卖行业食品安全监管对象数据库，同时，还运用了“1库1图”的理念，以地区分布图为基础数据要素，贯通省—市—区县多级监管部门的数据和权限，直观地展示了外卖商家和配送骑手的分布情况。其建设的主要核心在于集成，一方面是集成社会面数据，整合外卖平台商家的信息、配送骑手的档案数据；另一方面是集成政府侧数据，通过IRS打通主管部门内外部系统间的数据，汇集经营主体的准入数据、日常监督检查数据、执法办案数据

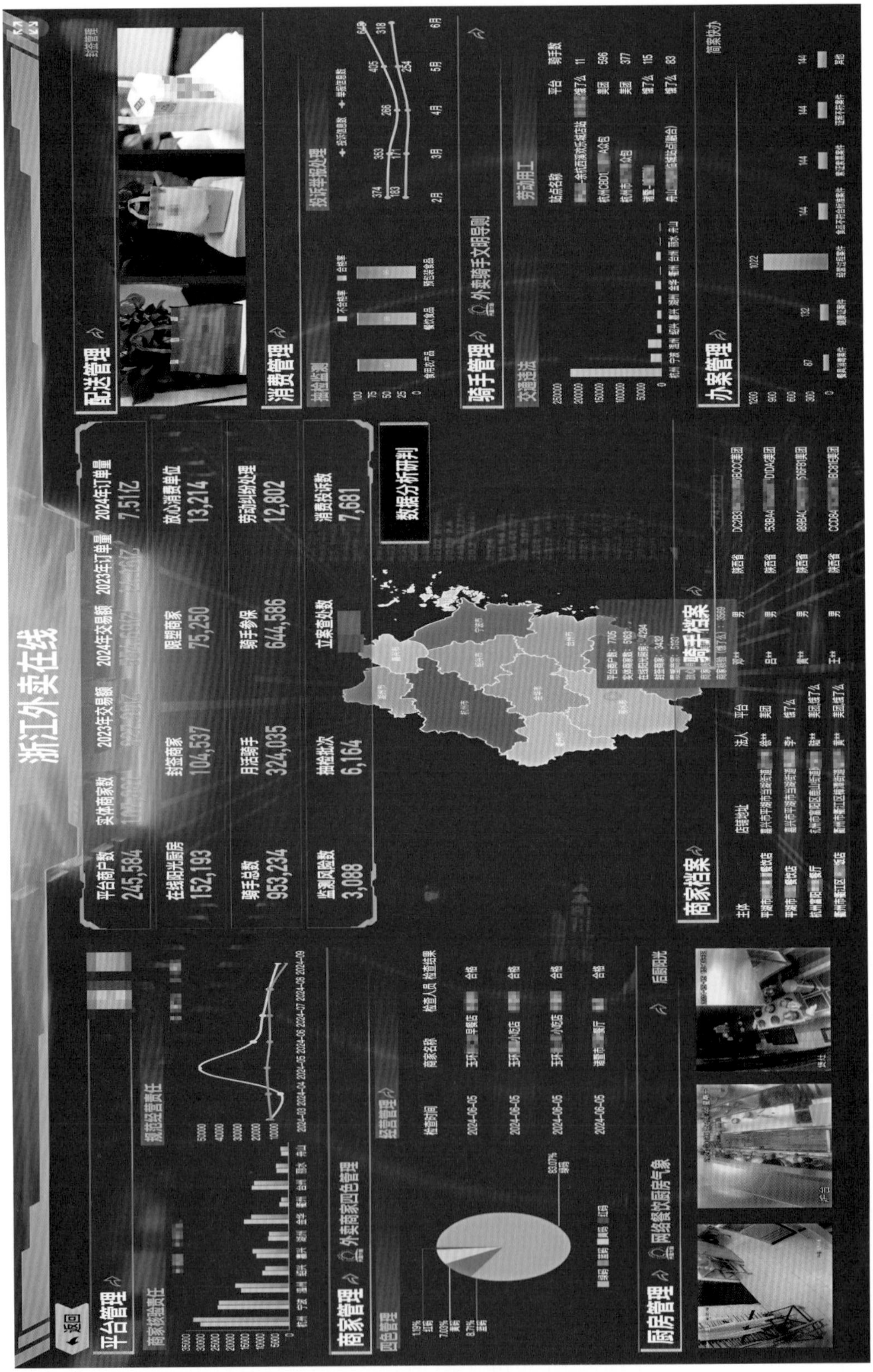

图 8-29 "浙江外卖在线"

等，从而形成了一个综合的数据库，为后续的监管工作提供了坚实的数据基础，成为继续深化完善应用场景、迭代升级功能、开发新的应用模块的基础。

（二）应用场景

根据核心业务梳理原则，“浙江外卖在线”在厘清法律规章的基础上，依据其职责规定，梳理确定了餐饮平台管理、外卖商家管理、食材安全管理、骑手规范管理4个核心业务板块，在此基础上设置了平台管理、商家管理、厨房管理、配送管理、消费管理、骑手管理和办案管理7个一级场景。

1. 平台管理

外卖平台有义务落实商家主体核验、规范商家经营行为、食品安全责任和骑手保障责任，对此，“浙江外卖在线”创设“平台管理”（图8–30）应用场景，运用自然语言处理和大数据计算框架先进技术，验证主体资质、商家在线经营数据的真实性，为外卖平台提供管理能力，赋能平台核验等能力，督促两大外卖平台落实主体责任。

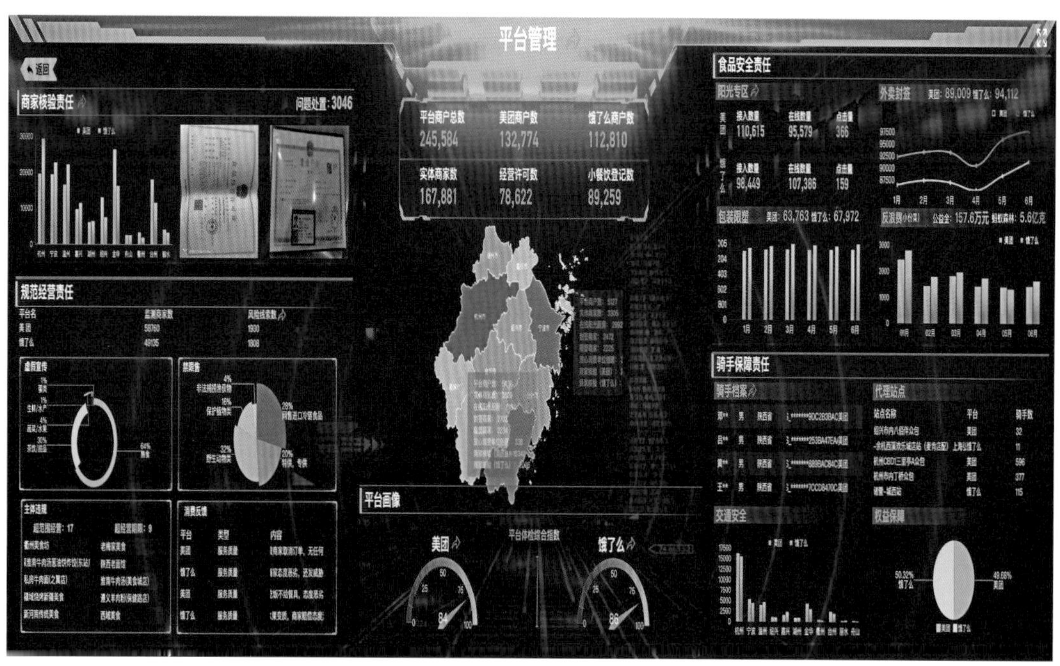

图8–30　“平台管理”

第一，“商家核验责任”。外卖平台要对申请上平台经营的入网餐饮单位进行主体资质审核，包括营业执照和食品经营许可证（或三小一摊登记证）的有效性等，这是“商家核验责任”。对此，“浙江外卖在线”创新数字核验，建立智能识别系统，开展信息比对与审查，完成外卖商家全量主体信息核验，为外卖平台提供主体有效性核验的能力，赋能平台高效审核入网餐饮单位证照有效性，牢牢掌握入网餐饮单位核验数据，监督平台严格把好入驻关口，及时下线违法违规入网商家。

第二,“规范经营责任”。平台不仅要把自己管好，而且对平台内的商家也要履行“规范经营责任”。平台除对其上线的商家进行严格审核，确保商家具备合法经营资质外，还对其经营行为进行规范和监督。通过对外卖平台上商家信息的抓取，利用图像识别、语义分析等手段对商家是否存在虚假宣传、禁限售食材进行过滤和分析，做到实时监管。

第三，“食品安全责任”。引导平台对主体责任落实良好的商家进行政策倾斜，以阳光厨房、封签、限塑等业务维度的落实情况进行分类管理。通过设置阳光专区构建良好的食品安全消费生态；其中一个最重要的亮点，就是在两大订餐平台首页开辟了“阳光专区”，消费者可以通过手机APP在线观看外卖商家后厨加工实况，引导消费者关注入网餐饮单位的后厨卫生情况，实现对外卖餐饮“云监工”。“浙江外卖在线”上线以来，观看后厨实况的消费者超9500万人次。这是一个平台治理的重大创新，把几千万消费者“武装”起来，变成了外卖治理的“监督员”，将网络餐饮治理从过去监管部门的孤军奋战，变成了一场以消费者为主力军的人民战争。

除了以上的平台管理外，还给两大外卖平台实施精准画像（图8-31），根据不同维度指标的评测，对平台一个时期的责任履行情况进行综合体检，形成平台综合健康指数，以体检报告推送的方式要求平台进行整改，压实平台责任，形成政企共治的联动机制。

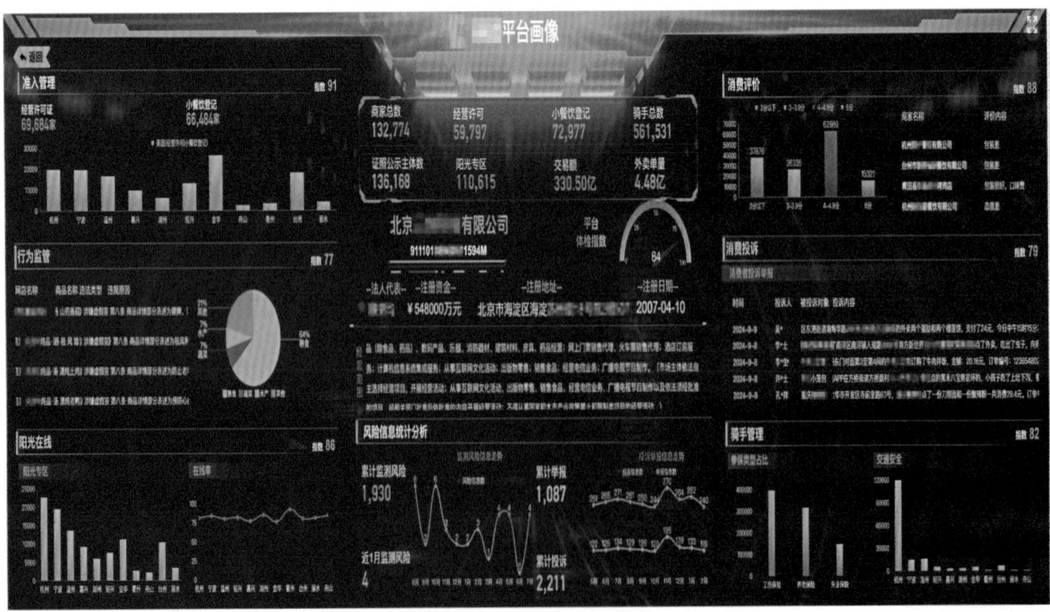

图8-31 “平台画像”

2. 商家管理

面对商家存在的“证照、人员不规范”等问题，浙江省聚焦外卖商家准入、经营行为和风险管控，全面加强入网餐饮商家的管理，强化商家合规监管和人员健康管理，通过对接外卖平台获取两大平台的主体数据，并运用大数据计算框架、数据仓库、离线计算等，完成数据结构统一、归集和数据智能分析应用，以可视化的柱状图、折线图、饼图等展示外卖商家主体的概要信息和趋势情况，直观了解商家的经营情况，“浙江外卖在线”从多个维度进行了管理（图8–32），这里主要介绍以下四个场景。

图8–32　“商家管理”

第一，“准入管理”，是通过线上线下相结合对商家进行审核把关，入网餐饮商家需要完成食品经营许可证或者三小一摊登记证的办理方可入驻外卖平台并开展经营活动，可视化展示了两大平台申请经营许可的商家数和小餐饮登记数，并展示了浙江省内各市平台商家准入信息。

第二，“人员管理”，是对法人的档案、后厨加工人员的健康证进行管理，展示了法人代表证件信息，从业人员的健康证正常、临期和超期，以及整改信息。

第三，“现场管理”，主要是监管人员在日常监管检查过程当中发现问题，及时上传到线上，然后线上线下互动，及时告知商家进行整改。

第四，“四色管理”（图8–33），以分类管理的理念，按照“红、黄、蓝、绿”四色进行风险分级分类，综合主体合规、后厨管理、人员管理及食材管理等要素，结合静态风险值、动态风险值、否决项等维度进行综合风险评估，重点对红码和黄码商家实施精准靶向监管。对综合风险值较高的商家个体赋码并展示扣分原因，督促商家立即整改；对综合风险值较高的平台进行约谈，压实平台网络餐饮食品安全责任；对综合风险值较高的地区进行提醒，指出网络餐饮地域监管重点，让监管行动精准有效、有的放矢。

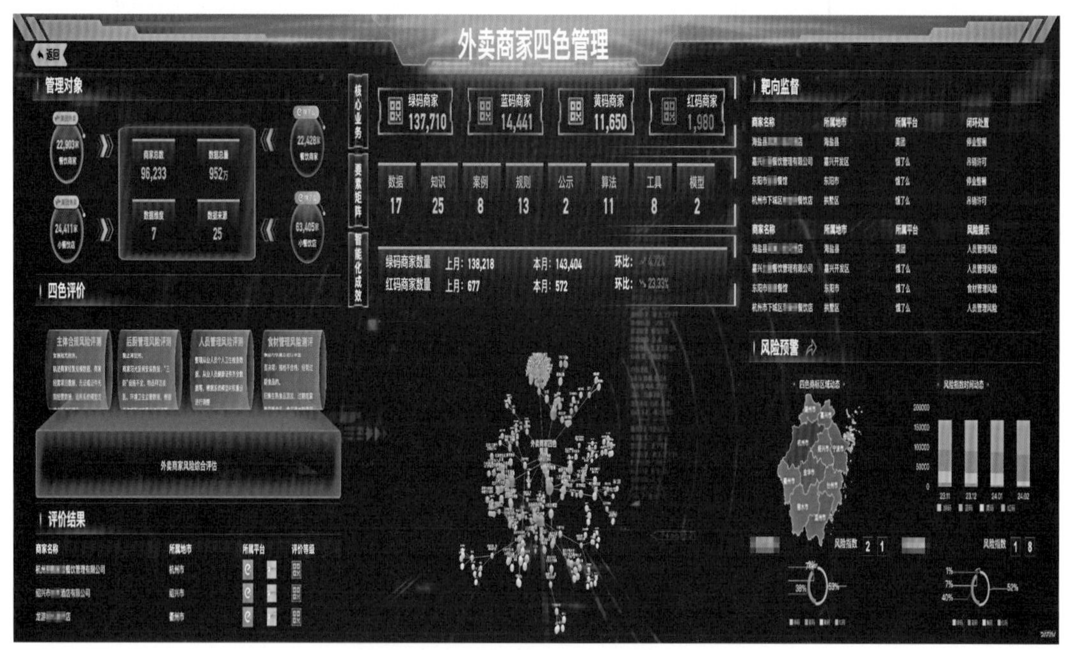

图8–33　“外卖商家四色管理”

3. 厨房管理

聚焦“风险防控能力弱”的问题,“厨房管理”（图8–34）利用“浙食链”扫码、建立电子台账，严格食材溯源和进货查验管理，杜绝过期失效、腐败变质等食品流入消费市场。“阳光厨房”是此次系统打造的硬核成果，将后厨安装的摄像头通过标准接口，获取动态视频流，利用AI视觉识别和机器学习技术进行在线巡检，对后厨环境、加工行为进行实时感知，动态监督，智能管理，解决了食品安全管理的难点、堵点。在“浙江外卖在线”开发过程中，浙江省将“厨房管理”作为重中之重，创新打造了“设施管理、食材管理、阳光厨房”三个子场景。

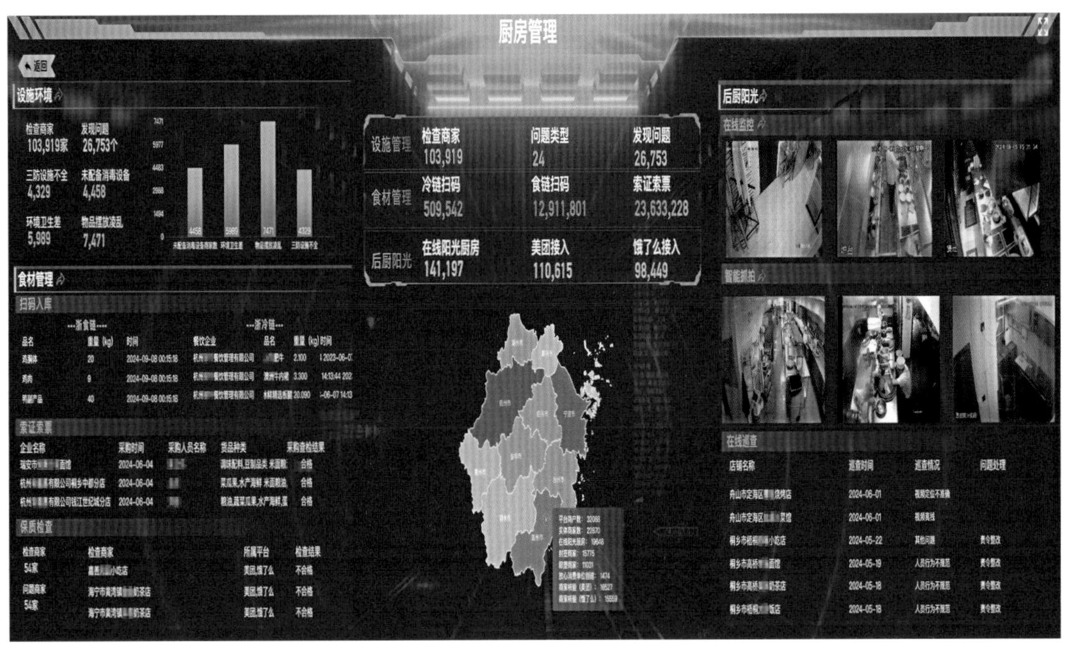

图 8–34　“厨房管理”

第一，“设施管理”子场景。重点是对商家后厨“三防设施”、消毒设施和卫生环境、物品摆放进行规范管理，确保其设施和设备符合相关的标准和规定，符合相关的安全、卫生和质量标准，满足外卖业务的需求。通过规范外卖行业的设施和设备，提高了外卖行业的安全、卫生和质量水平。

第二，“食材管理”子场景。餐品质量要好首先食材要好，通过打通浙江食品安全追溯闭环管理系统（浙食链），督促商家把相关信息上传至监管系统进行阳光公示，实现源头追溯，要求商家利用已经上线的“浙冷链”“浙食链”对采购的食材食品进行扫码入库登记，没有上链的要求商家上传索证索票记录，结合保质检查来确保从源头上将食品安全管起来。

第三，“阳光厨房”（图 8–35）子场景。为让消费者看得清楚吃得放心，提升食品生产的透明度和可追溯性，创新打造了“阳光厨房”应用场景，实现“后厨阳光”。外卖商家的阳光厨房全部接入订餐平台消费者端，通过“明厨亮灶”直播，让消费者能够实时了解食品制作的全过程、全环节。推行“AI 巡检”，运用智能感知系统对商家后厨经营规范情况进行动态非接触式监管，通过图像识别自动抓拍发现不规范行为，实现食材加工处理“云监工”。后厨的阳光化是最好的监督，让消费者、让社会来参与监督，也方便了一线执法人员的线上巡查。自上线以来，已经有超过16.3万家厨房实现阳光化，覆盖了90%以上的入网餐饮单位，真正让消费者看得明白、吃得放心。此外，在阳光化的基础之上，还引入了AI抓拍，对后厨环境和人员加工行为进行实时监管。比如是否按规定佩戴帽子、口罩等。没有按规范或者违反规定，系统会自动抓拍并生成照片，推送给商家和属地监管部门，通过线上线下结合实现闭环管理。基于创新实践，省人大制定出台《浙江省电子商务条例》，全国率先将“阳光条款”写入地方性法规，将实践成果上升为制度成果。

图8-35　“阳光厨房”

4. 配送管理

“配送管理”（图8-36）重点解决的是外卖餐品在途安全、二次污染问题，以及商家、骑手、消费者责任边界不清的问题，由“餐具管理、封签管理、限塑管理”三个子场景组成，“配送管理”场景的打造主要运用数据归集、数据清洗和大数据计算技术，实现对餐具质量和包装限塑问题的同步监管，主要“管”以下三个方面。

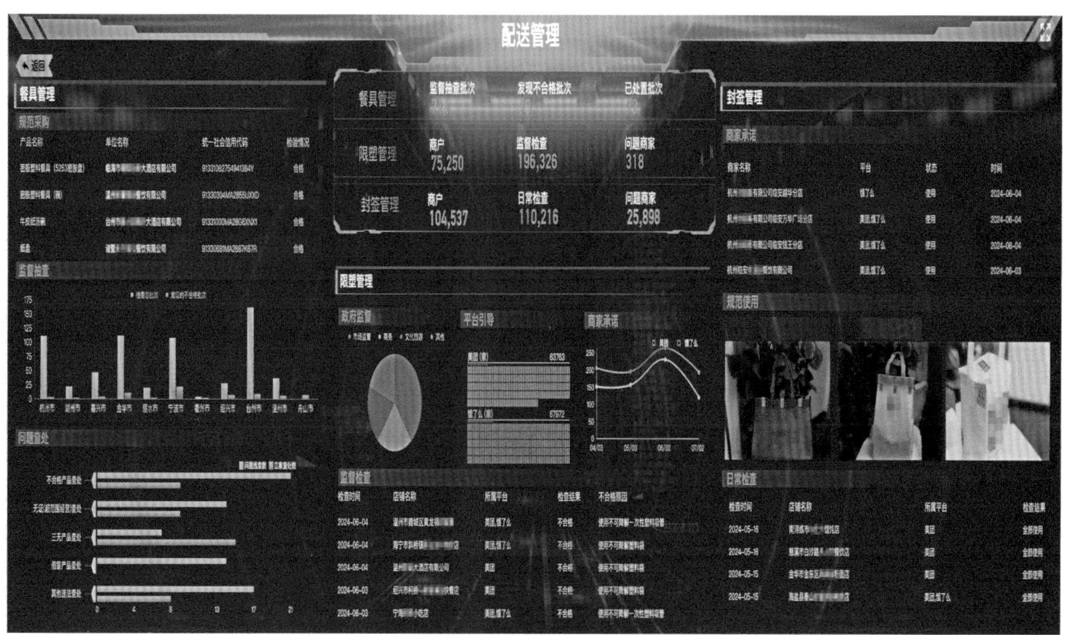

图8–36　“配送管理”

第一，“餐具管理”，重点对配送的餐具质量进行管理，采购是否规范、抽查是否合格、是否符合环保标准等，对不符合的进行监督抽查和问题查处。

第二，“封签管理”，主要关注的是外卖食品的包装安全，确保在配送过程中食品包装的完整性，防止食品受到污染。浙江省用外卖封签的创新举措填补监管空白，将每一单外卖餐品包装袋加贴“食安封签”，避免食品在配送过程中受到二次污染，打造“阳光运输”。引导商家常态化使用“食安封签”，承诺“一单一封签”，推行外卖餐品包材限塑、合理限量，保障餐饮外卖“最后一公里”食品安全。浙江是全国第一个要求外卖配送必须使用封签的省份，这一规定写入了地方立法。还出台了封签指引，引导商户使用标准封签。小小封签就像一把安全锁，保证了食品从商家到消费者的在途安全。同时也理清了各方责任：如果封签有破损，消费者可以拒收；如果封签完好，则骑手对包装袋里的餐品安全问题无需承担责任。目前全省已有近20万户商家使用“食安封签”。

第三，“限塑管理”。为传播普及“限塑健康”环保新理念，对配送包装产品开展限塑管理，通过政府监督、平台引导、商家承诺等方式降低外卖行业中塑料制品的使用率，对平台商家使用不可降解塑料袋进行定期监督检查，鼓励和推广使用可降解材料制成的塑料袋，减少传统塑料袋对环境的影响。

5. 消费管理

为方便监管人员掌握外卖消费者诉求情况，在消费端，浙江省也创新了许多管理举措（图8–37），打造了与外卖消费相关的场景，包括政府侧的“消费检查”“消费投诉”“消费调解”，以及社会侧的“消费评价”“消费引导”“消费警示”等6个子场景，其中“消费投诉”利用12315等系统通过电话、短信等渠道获取外卖相关主体的消费投诉事件及具体内容，了解消费者的诉求和问题，确定投诉的性质和严重程度，利于监管人员及时针对消费投诉进行相关的联动查处以及后续针对平台的监管。

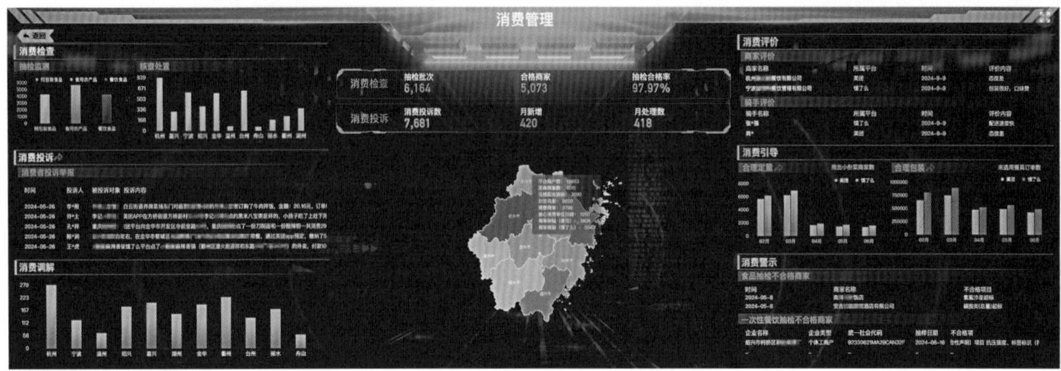

图8–37　“消费管理”

“消费引导”（图8–38）场景特别推出了“合理定量”“合理包装”，鼓励平台和商家推出大、中、小份餐，满足不同食量用户的需求，避免浪费。提倡合理包装，反对过度包装，消费者点餐时可勾选不要筷子、勺子等选项，实现绿色消费、节约消费，相关倡议和做法得到了社会的积极响应和广泛好评。

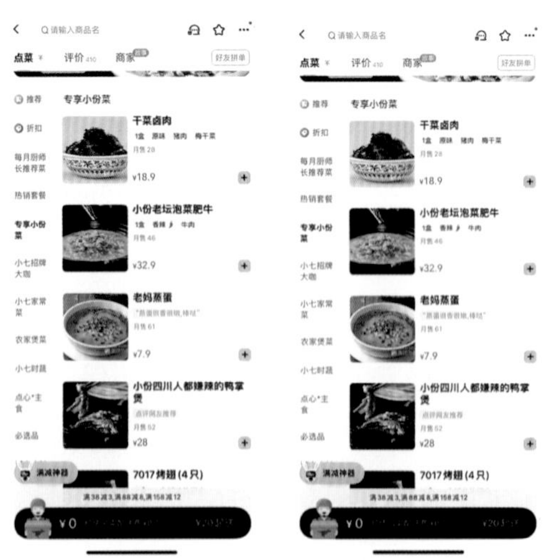

图8–38　“消费引导”

"单点一个菜不健康，荤素搭配两个菜又浪费"，这是外卖点餐人员常要面临的困境，传统的大份菜已不再满足现今外卖行业的需求，也容易造成不必要的食品浪费。为了有效遏制这种行为,"浙江外卖在线"联合两大外卖平台，引导商家推出"单人餐""小份菜专区"，给消费者更多个性化选择。

"浙江外卖在线"致力于传播"限塑健康，合理包装"的环保理念。对于配送包装产品开展限塑管理，通过政府监督、平台引导、商家承诺等方式降低外卖行业中塑料制品的使用率。同时要求平台商家开设"无需餐具"选项，按消费者需求进行合理包装。两大外卖平台引入多种积分奖励形式，号召消费者尽可能选择"无需餐具"选项，减少餐具浪费和环境污染。

6. 骑手管理

对于骑手这一特殊群体的有效管理，一直是社会治理的一大难题，由于这一群体数量庞大、社会成分复杂、流动性强，且与平台和代理公司均是劳务关系而非劳动关系，与企业没有直接组织关系，为政府监管和社会治理带来了诸多挑战。

针对这一挑战，浙江省运用多跨协同的数字化改革，由市场监管、公安、人社等部门共同打造了骑手从人事管理到权益保障、交通管理的多跨度应用场景（图8–39），其中主要是通过搭建起一个汇聚多个主管部门的数据中心，利用加权算法和动态规划算法对各项数据进行模型运算，大大地提升了管理效率与决策精准度。

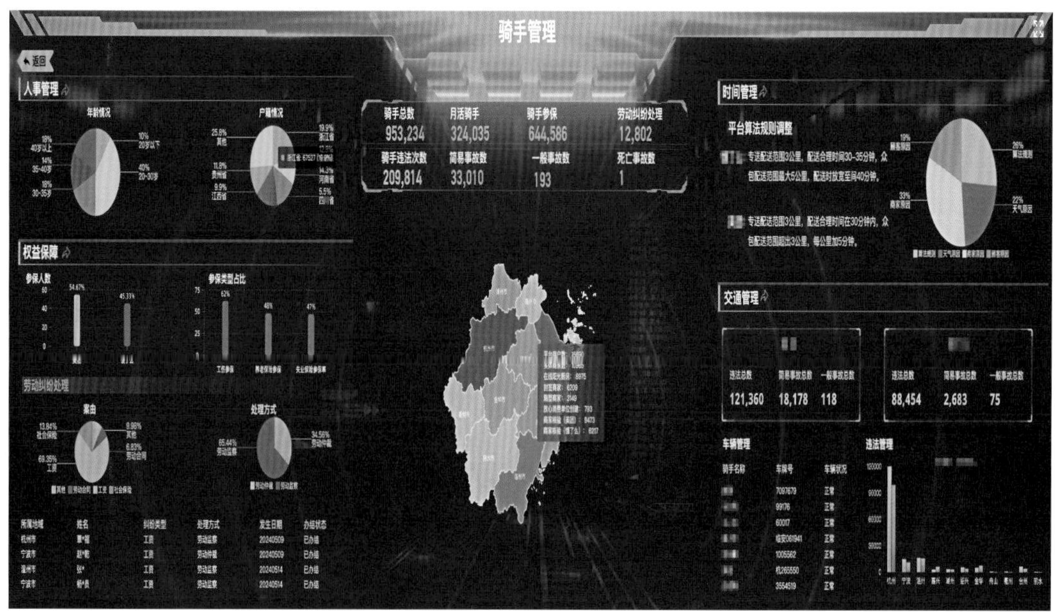

图8–39　"骑手管理"

针对骑手未遵守交通规则的问题，为保护骑手合法权益和交通安全，提出“合理时间”（图8-40）概念。骑手交通违法居高不下，除了骑手自身原因外，也与平台的考核规则和评价体系有关联。很多是因为平台的考核算法驱动一些骑手只讲效益不讲安全，成为社会公共安全的一大隐患。“合理时间”是以算法对算法，对平台算法规则进行校验。考虑到天气、负载、负重、交通等因素，为每一单外卖设置合理配送时间区间。如果遇到突发情况，也允许骑手申请延时。系统上线以后，推动两大外卖平台3次公开优化算法规则，大幅减少消费者对骑手送餐时间的不合理投诉，外卖骑手被平台算法驱动超速的现象也有了明显改善，这也使全国的外卖骑手都能够受益。

图8-40　“合理时间”

此外，为了规范骑手的配送行为，提高服务质量，创建“外卖骑手文明导则”（图8-41），它是集合外卖平台骑手数据、卫健系统骑手核酸数据、人社系统骑手社保数据、交通部门骑手交通违法数据，通过模型进行全省骑手行为画像，分析感知骑手文明程度，针对骑手不文明行为，通过提示骑手本人进行不文明行为整改、发动外卖平台进行专项行为督促、辅助主管部门进行针对性政策调整，来达到提前介入骑手不文明行为监管的目的。

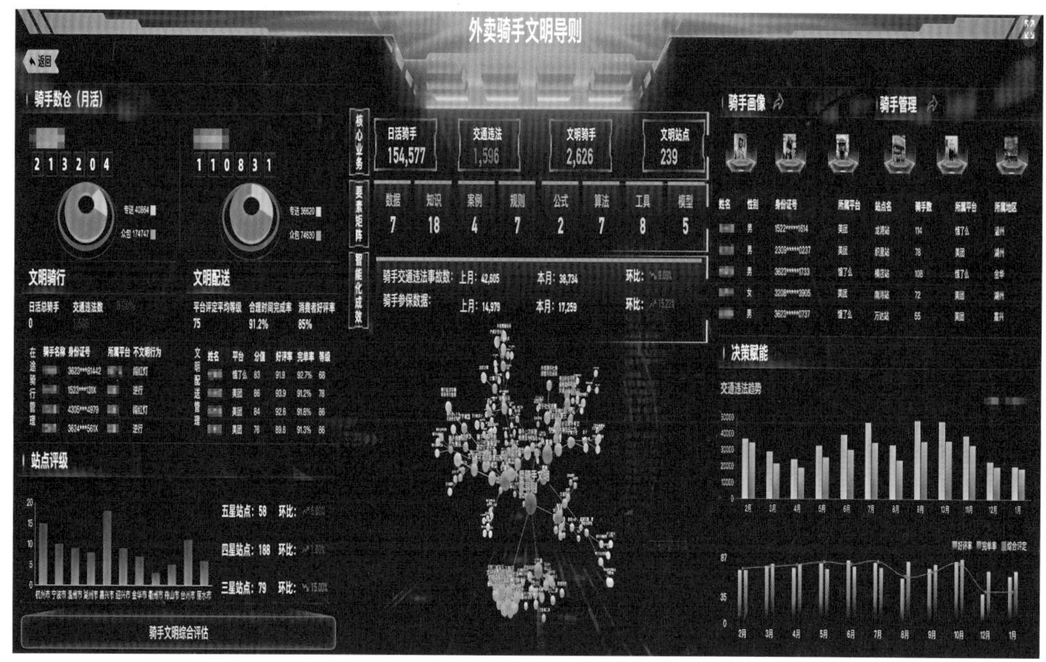

图 8-41　“外卖骑手文明导则”

7. 办案管理

在网络餐饮监管执法时，许多监管人员反映普遍存在“违法行为发现难、查处难”问题。除常规的标准程序外，我们创新打通了“简案快办”掌上执法模式（图 8-42），通过与案件系统的联通互动，在监管人员日常监督检查中发现严重问题可以直接触发执法办案，从而高效地实现案件统一管理、数据实时归集、执法全程闭环。深化运用综合执法手段，强化执法办案闭环管控，缩短了办案周期，提升了执法效率和办案的透明度。

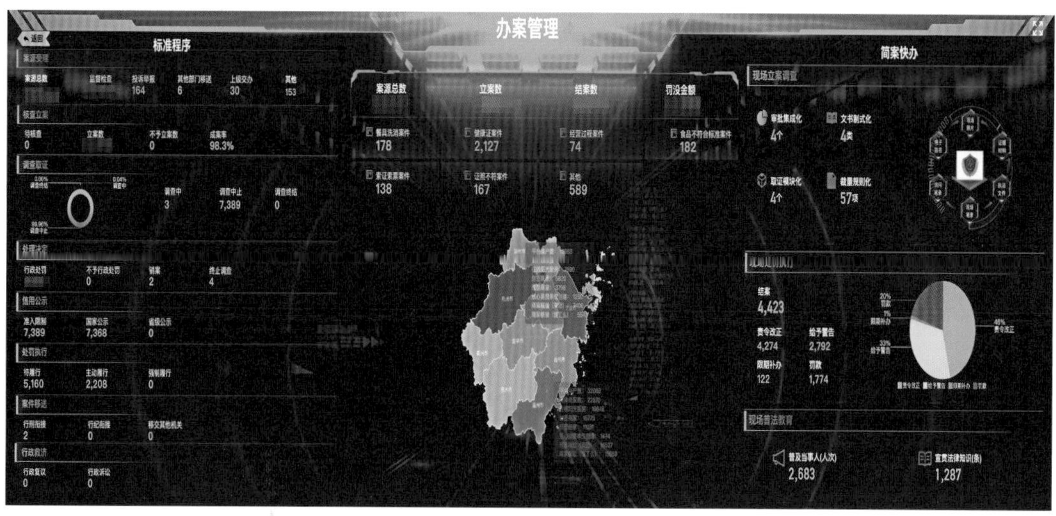

图 8-42　“办案管理”

（三）应用端口

为充分发挥应用整体智治功能，持续推动浙政钉、浙里办等渠道中“浙江外卖在线”的发布与应用，创新落实部门协同、社会共治机制，全面推广优化“浙江外卖在线”监管端、商户端和消费端“三端应用”（图8–43）。

图8–43　“应用端口”

1. 监管端

实施省、市、县三级贯通，强化网络餐饮基层监管能力，通过建立绩效考评管理机制，将“阳光厨房”建成家数、商户端激活使用家数和在线率等指标纳入地方争先创优工作中，高质量推进“浙江外卖在线”应用在全省各地多场景“落地开花”。

2. 商户端

上线“浙江外卖在线”商户端，设立基本信息、智能管理、商家信息功能模块，规范商家日常经营管理，同时在界面上植入操作培训小视频，以指导用户使用，提升商家食品安全管理整体水平。通过持续宣传推广，商户端的激活使用数量达到13万家，激活应用率升至91%。

3. 消费端

在两大网络餐饮平台黄金展位开辟“阳光专区”，通过“明厨亮灶”直播，实时监测商家后厨境况，还原一个真实可见的“在线餐厅”，真正做到让消费者“看得清楚、吃得放心”。

三、应用成果

“浙江外卖在线”的建设，实现了“全量”纳管、“精准”治控和“实时”呈现的治理功能，建立了政府监管、商家自律、群众监督的全方位管理机制，提升了餐饮管理效能，最大限度节约政府人力成本，减少社会资源浪费。同时，通过系统预警发现能力，及早进行干预处置，有效提升市场监管部门管理、预警发现、综合研判的能力，最大程度保障群众生命和财产安全，切实为食品安全治理赋能增效。

（一）实践成果

第一，促进网络餐饮高质量发展。浙江网络餐饮的集成改革有力地促进了外卖餐饮行业的快速健康发展。第二，推动外卖行业高效能治理。全省共接入阳光厨房16.3万家，覆盖全省90%以上订单商家；外卖骑手被平台算法驱动超速的现象有了明显改善。第三，收获人民群众满意度。“阳光厨房”观看实况的消费者达9500万人次，真正让消费者“看得透明、吃得放心”。网络餐饮消费环境有了明显改善，消费投诉举报率同比明显下降，广大消费者纷纷给予好评和点赞。

（二）理论成果

浙江网络餐饮改革为全国首创，被国家市场监督管理总局列为创新试点，并在全省数字化改革推进会上多次被作为典型案例；“浙江外卖在线”入选全省数字化改革第一批“最佳应用”，获评浙江省党史学习教育“三为”专题活动最佳实践案例。党的二十大期间，“浙江外卖在线”作为喜迎党的二十大“奋进新时代”主题成就展的浙江数字化改革成果在京展示。2022年10月29日，“浙江外卖在线”再次荣获年度“最佳应用”。2022年，“浙江外卖在线”列入中组部省部级干部研讨班教学案例，充分展示了浙江经验、浙江引领和浙江示范。

（三）制度成果

牵头起草并以省“两办”名义印发《关于加强网络餐饮综合治理切实维护外卖骑手权益的实施意见》。推动省人大修订《浙江省食品小作坊小餐饮店小食杂店和食品摊贩管理规定》，首次将网络餐饮“阳光厨房”写入法律规范。推动省人大制定出台《浙江省电子商务条例》，首次将“外卖封签”“阳光条款”写入地方性法规。省人力社保厅、省市场监督管理局等八部门联合发布《浙江省维护新就业形态劳动者劳动保障权益实施办法》。通过地方性法规落地，助推数字化改革走深走实，为“网络餐饮一件事集成改革”打下坚实理论基础。

案例四　“浙食链”应用场景

食品安全现代化治理的基础是食品安全追溯体系，“无追溯、不安全”。建立从田间到餐桌全链条的数字化食品安全追溯体系，这既是国际共识、行业愿景，也是国际难题、行业痛点。2021年3月，浙江省在总结进口冷链食品追溯系统（“浙冷链”）实践做法的基础上，吸收福建、上海等地先进经验开发上线“浙食链”。按照“整体智治、闭环管理”的要求，围绕食品安全从农田（车间）到餐桌全链条监管“一件事”改革，利用系统分析“V字模型”，全面梳理业务流程，改变传统分段监管的模式，以生产（流通）源头管控为起点，再造食品安全全过程监管流程，打造食品安全全链条闭环管控体系，推进监管关口前移、全程管控，让老百姓“买卖明白、消费透明、吃得放心”，让食品安全监管“有源可溯、有证可固、有规可依”。

一、场景概述

（一）治理背景

一是中央有要求。2013年12月23日，习近平总书记在中央农村工作会议上强调要抓紧建立健全农产品质量和食品安全追溯体系，尽快建立全国统一的农产品和食品安全信息追溯平台，实现农产品生产、收购、储存、运输、销售、消费全链条可溯，用可追溯制度倒逼和引导生产。2019年5月9日，中共中央国务院出台《关于深化改革加强食品安全工作的意见》，要求加强全程追溯的示范推广，逐步实现企业信息化追溯体系与政府部门监管平台、重要产品追溯管理平台对接，接受政府监督，互通互享信息。

二是法规有规定。《中华人民共和国食品安全法》及其实施条例明确规定：“食品生产经营者应当依照本法的规定，建立食品安全追溯体系，保证食品可追溯。国家鼓励食品生产经营者采用信息化手段采集、留存生产经营信息，建立食品安全追溯体系。”浙江省先后出台《浙江省动物防疫条例》《浙江省食品安全数字化追溯规定》等地方性法规，对食品安全数字化追溯提出了进一步的要求。

三是产业有需求。随着食品行业同步数字经济时代，食品生产经营主体运用数字化手段进行供应链管理成为其内生需求，尤其是在供应商审计、出入库票证管理、供应渠道管理、市场数据分析等方面，许多食品生产经营主体包括小型主体通过自建、外包、购买服务等方式建立了适合自身的ERP（Enterprise Resource Planning）系统，但是目前均处于数据孤岛状态，迫切需要一个权威可靠的供应链数据交换平台。

（二）治理需求

浙江省食品安全总体形势稳中向好，但与百姓要求仍有差距。

1. 食品安全投诉及舆情仍有发生

近年来，食品类消费投诉增长较快，连续多年位列消费投诉各类别首位。社会高度关注婴幼儿配方食品、乳制品、水产品、肉制品等食品和食用农产品、校园食材等高风险品种。消费者的食品安全知情权未能充分保障。

2. 基层治理能力和治理水平仍有差距

浙江省食品安全从农田到餐桌的全链条追溯体系不统一、不健全，农业和市场并不能有效衔接，数据互联共享并不充分。基层治理仍然沿用人海战术，面对海量主体“人少事多”困境未有效解决，需继续提升社会面整体治理数字化、现代化水平。

3. 潜在的、顽固性食品安全风险问题仍然存在

近年来，通过监督抽检和风险监测发现的食用农产品农兽药残留超标、食品掺假造假、超范围和超限量使用食品添加剂、农村假冒伪劣食品较多等问题屡禁不绝。新业态治理存在盲点，“直播带货”食品鱼龙混杂，“社区团购”“自助机餐饮”等存在食品变质、过期等问题。食品安全风险闭环管控机制还未有效建立。

（三）治理目标

按照“四个最严”的要求，坚持安全导向，聚焦风险管控，立足问题治理，汇集各方食品安全相关数据，构建以“1266”为核心的食品安全信息追溯闭环管理体系。认真贯彻实施《浙江省食品安全数字化追溯规定》，推动法定的重点主体、重点品种上链追溯，确保重点主体上链覆盖率达到85%以上；重点品种上链覆盖率达到90%以上。鼓励引导校园食材集中配送企业、农批市场、大中型商超等重点单位采用数据对接方式全量上链。加强系统顶层设计，坚持问题导向，稳妥推进系统升级、业务协同和场景优化，不断增强系统实用性。持续强化跨地域、跨部门、跨环节、跨业务系统对接，高质量接续推进“浙食链”提质、联通、扩面，全力打造“浙里食安”标志性成果。

二、场景开发

（一）总体架构

“浙食链”系统基于食品安全监管全过程，建立食品安全追溯信息数据库，归集食品从农田（车间）到餐桌全过程生产流通交易数据。创新构建“1266”体系，以1个“浙食链”溯源码（图8-44）贯穿食品生产流通全过程，围绕食品安全“从农田（车

间）到餐桌闭环管理、从餐桌到农田（车间）溯源倒查”2个目标（图8–45），着力构建“厂（工厂）场（农场）阳光、批批检测、样样赋码、件件扫码、时时追溯、事事倒查”6个全链条监管应用场景，实现“一码统管、一库集中、一链存证、一键追溯、一扫查询、一体监管”6项功能。

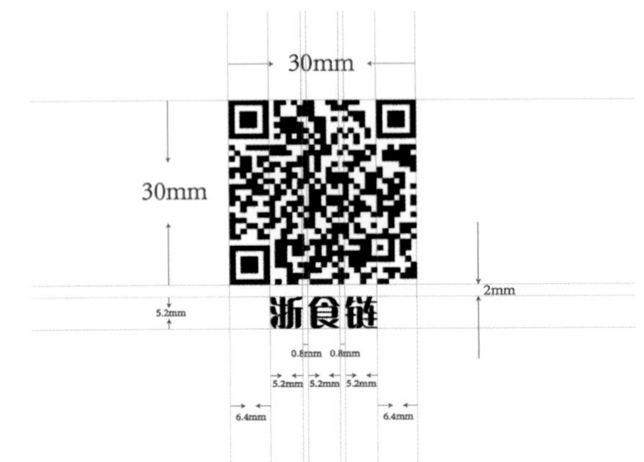

图8–44　“浙食链”系统溯源码示例

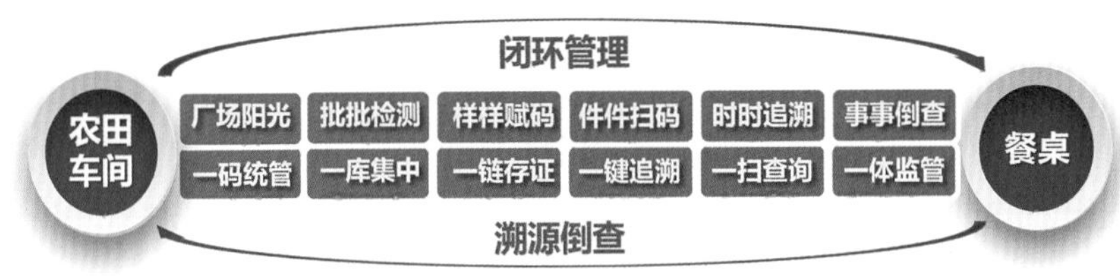

图8–45　“浙食链”系统体系架构

如图8–46所示，“浙食链”系统驾驶舱首屏为“浙食链”系统驾驶舱，“浙食链”系统驾驶舱是实现“浙食链”“1266”体系架构目标的直观结果，首屏左侧依次分布“厂场阳光”“批批检测”“样样赋码”三大功能，右侧分布“件件扫码”“时时追溯”“事事倒查”三大功能，中轴保持“浙食链”系统关键运行数据及“浙食链”的“8大应用”“4个大脑”布局。中轴的“浙食链”系统关键运行数据依次为浙江省食品行业经营主体数和上链主体情况总览，“浙食链”系统首站赋码、交易流转情况、消费者扫码及日均流转批次数情况，以及《浙江省食品安全数字化追溯管理重点品种目录及主体目录（2024年版）》（浙市监公〔2024〕1号）规定主体及目录的上链情况总览。上述三行关键数据是推进浙江省食品安全数字化追溯工作的重要基础，是浙江省赋能食品安全数字化监督的重要抓手，是服务浙江省食品主体数字化交易的重要引擎。

图 8–46 “浙食链”系统驾驶舱首屏

“厂场阳光”应用场景：整体布局分两部分，上部展示浙江省内接入“阳光工厂”“阳光农场”“阳光厨房”“CCP智控”监管系统的食品主体家数，打造让群众放心的从农田（车间）到餐桌的生产、配送、制作的全流程“阳光”食品。

“批批检测”应用场景：整体布局保持两行显示，第一行分别展示预包装食品主体、食用农产品主体的企业自检和政府抽检批次数；第二行展示“抽检气象”大脑的态势分析模块，方便监管人员掌握抽检信息的实时变化态势，赋能食品抽检监管。

“样样赋码”应用场景：“浙食链”系统食品主体领码赋码情况总览，分别显示“品类码”“批次码”“单品码”三种追溯码的赋码类别数和个数，实现“浙食链”注册主体赋码活跃程度实时监管。预包装食品、食用农产品赋码批次数细分为浙产、入浙及进口三个维度展示，直观展示预包装和农产品的赋码情况。

“件件扫码”应用场景：上部分类型展示交易流转、结算以及消费者个人扫码数，下部分地区展示11个地市扫码情况。

“时时追溯”应用场景：整体布局为两部分，一是以预包装食品和食用农产品分类展示产品来源分析的饼状图，实现入浙及浙产食品的全类别、全批次无差别产地来源追溯。二是猪肉消费金额占浙江省居民消费支出比重的指数——猪肉消费占比指数，一定程度上反映居民生活水平、市场供需关系和经济发展等趋势，为政府制定相关农业政策、进行市场调控、改善居民生活以及促进食品产业健康发展提供数据指引。

“事事倒查”应用场景：整体布局分为两部分，第一部分展示食品抽检不合格批次数和被法院判处的食品行业“终身禁入”的人数；第二部分增加上链交易主体出入库数据查询和产品交易批次查询链接（目前该功能部署于“浙食链监管平台”），实现问题主体、问题产品事事倒查的功能。

（二）主要场景

1. 厂场阳光，打造群众放心生产车间（农田）

目前基层监管人员数量远远少于市场经营主体数量，传统的线下检查方式无法对市场经营主体进行全覆盖监管。即便是已通过检查的企业，也无法保证在检查后企业落实主体责任被有效监督。通过“线上巡查＋线下检查”模式，在生产企业、流通企业、餐饮企业等市场经营主体的生产经营场所安装智能摄像头、温湿度监控仪、智能秤等物联感知设备，实时记录生产经营全过程，通过AI智能风险分析算法模型在线发现问题隐患，显著提升智慧监管水平，破解基层监管力量不足、主体责任落实难等问题。

“浙食链”将人工智能、云分析、大数据等先进的数字化技术融入食品生产过程监管，对食品生产单位的生产加工过程和质量安全管理情况进行实时在线监管。“厂场阳光”整体布局图如图8–47所示。

图8–47　“厂场阳光”整体布局图

一是过程信息数字化。根据从业人员管理、生产器械管理、原辅料进货查验、生产过程控制、出厂检验管理、贮存及交付管理、不合格品管理、场所环境卫生等食品安全管理要求，通过晨检仪、蓝牙秤、挡鼠板监测等仪器数据贯通，推动食品生产单位直接应用“浙食链”系统企业PC端或与“浙食链”系统进行数据对接，实现食品生产加工过程信息数字化。

二是关键环节可视化。在食品生产单位的生产场所关键控制环节安装视频监控，实现原辅料验收、加工过程、产品贮存和出厂检验等生产加工过程中的关键控制点管理情况可视化。通过在线AI抓拍，实时识别食品生产单位生产加工过程中的违规行为，第一时间发出整改提醒。督促食品生产单位落实主体责任，推动其生产条件持续符合法定要求。

三是风险管理闭环化。按照“发现风险、分析风险、处置风险和总结提高”的要求，将食品生产单位生产加工过程信息串联成数据链条，对食品生产环节风险实施全链智慧管控。实时在线自动识别、智能分析相关风险信息，及时预警推送生产加工过程中存在的风险隐患。限时要求有关单位进行整改并上报结果，对企业风险隐患整改情况和监管部门处置情况进行在线评估考核。

2. 批批检测，晾晒产品自检抽检结果

食品生产经营企业，尤其是规模较小的企业，其产品的出厂检测报告存在不规范、不全面、下游企业索取难等问题。通过“六统一”管理实现检验操作标准化；通过动态标准管理实现结果判定自动化；通过数据智能化匹配确保监督抽检结果准确化。运用电子化检验报告，确保每批产品合格后才可放行出库，同时显著提升交易流转索证索票效率，保障食品安全。

通过将食品生产单位出厂检验数据上传“浙食链”，推动出厂检验管理标准化、自动化、智能化和电子化，倒逼食品生产单位落实出厂产品批批检测。图8–48是“批批检测”整体布局图。

图8–48 “批批检测”整体布局图

一是检验操作标准化。实施出厂检验“六统一”，即统一批号管理、统一检验项目、统一检验方法、统一设备配置、统一人员管理和统一操作流程，推动食品生产单位实现出厂检验管理的规范化和标准化。二是结果判定自动化。建立食品生产单位动态标准管理机制，将食品生产单位录入的出厂检验结果与食品安全标准进行比对，系统自动判定检验结果是否合格，实时对不合格产品进行预警，防止不合格产品出厂销售。三是数据匹配智能化。对接国家食品安全抽检监测信息系统，实现监督抽检结果数据交互。自动匹配食品生产单位、产品名称、生产日期或批号等信息，定期回落监督抽检结果并进行比对。四是检验报告电子化。统一规范食品生产单位出厂检验报告样式，如图 8-49 所示，在其完成每批次产品的出厂检验后由系统自动生成相对应的电子版出厂检验合格报告，作为有效的产品检验合格凭证，检验合格的产品方可放行出库销售。

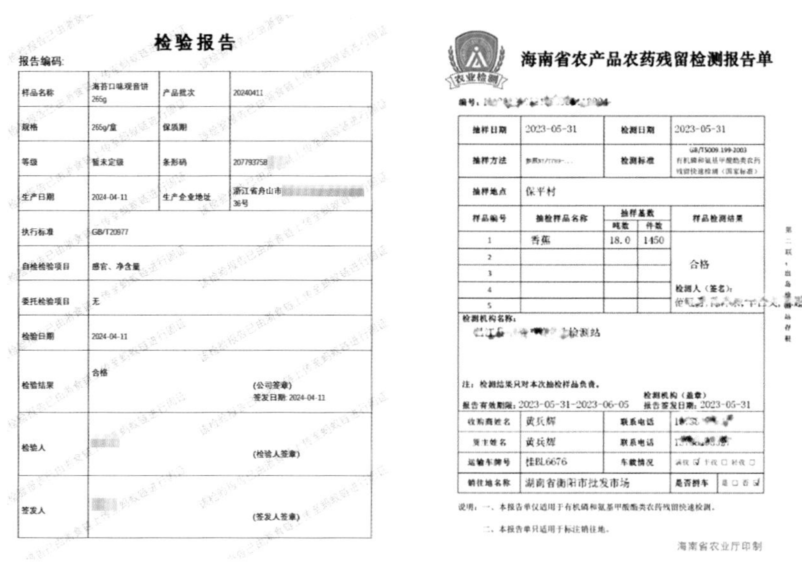

检验报告

报告编码:

样品名称	海苔口味观音饼 265g	产品批次	20240411
规格	265g/盒	保质期	
等级	暂未定级	条形码	207793758[illegible]
生产日期	2024-04-11	生产企业地址	浙江省舟山市[illegible]36号
执行标准	GB/T20977		
自检检验项目	感官、净含量		
委托检验项目	无		
检验日期	2024-04-11		
检验结果	合格 (公司签章) 签发日期: 2024-04-11		
检验人	[illegible] (检验人签章)		
签发人	[illegible] (签发人签章)		

（a）“浙食链”系统内检验报告

海南省农产品农药残留检测报告单

农业检测

编号：[illegible]

抽样日期	2023-05-31		检测日期	2023-05-31
抽样方法	[illegible]		检测标准	GB/T5009.199-2003 有机磷和氨基甲酸酯类农药残留快速检测（国家标准）
抽样地点	保平村			
样品编号	抽检样品名称	抽样基数 吨数	件数	样品检测结果
1	香蕉	18.0	1450	合格 检测人（签名）：[illegible]
2				
3				
4				
5				

检测机构名称：[illegible]检测站

注：检测结果只对本次抽检样品负责。

检测机构（盖章）

报告有效期限：2023-05-31-2023-06-05　报告签发日期：2023-05-31

收购商姓名	黄兵辉	联系电话	[illegible]
货主姓名	黄兵辉	联系电话	[illegible]
运输车牌号	桂BL6676	车载情况	满载 ☑ 半载 □ 初载 □
销往地名称	湖南省衡阳市批发市场	是否拼车	是 □ 否 ☑

说明：一、本报告单仅适用于有机磷和氨基甲酸酯类农药残留快速检测。

二、本报告单只适用于标注销往地。

海南省农业厅印制

（b）检验报告—外省农业厅制

图 8-49　“浙食链”系统里的检验报告

“浙食链”系统通过实施标准化、自动化、智能化和电子化的检验管理实时获取出厂检验数据并整理。一是提高了检验准确性和可靠性。通过实施统一的标准和操作流程，减少了人为误差和操作不当带来的风险，确保了出厂产品的质量和安全。二是提升了监管效率和效果。通过自动化和智能化的数据匹配和结果判定，减轻了监管人员的工作负担，提高了监管效率和效果。三是增强了食品生产单位的责任意识和风险意识。通过规范化和标准化的检验管理，以及实时预警和整改要求，促使食品生产单位更加重视产品质量和安全，增强了其责任意识和风险意识。四是保障了消费者的权益和健康。通过实施严格的出厂检验管理，确保了食品生产单位出厂产品的质量和安全，为消费者提供了更可靠的食品安全保障。

食品抽检气象是一个汇集各级抽检信息并进行数据分析的系统。其主要功能是为食品抽检管理提供数据支持，帮助相关部门更好地执行食品抽检任务。食品抽检气象功能布局图如图8–50所示。

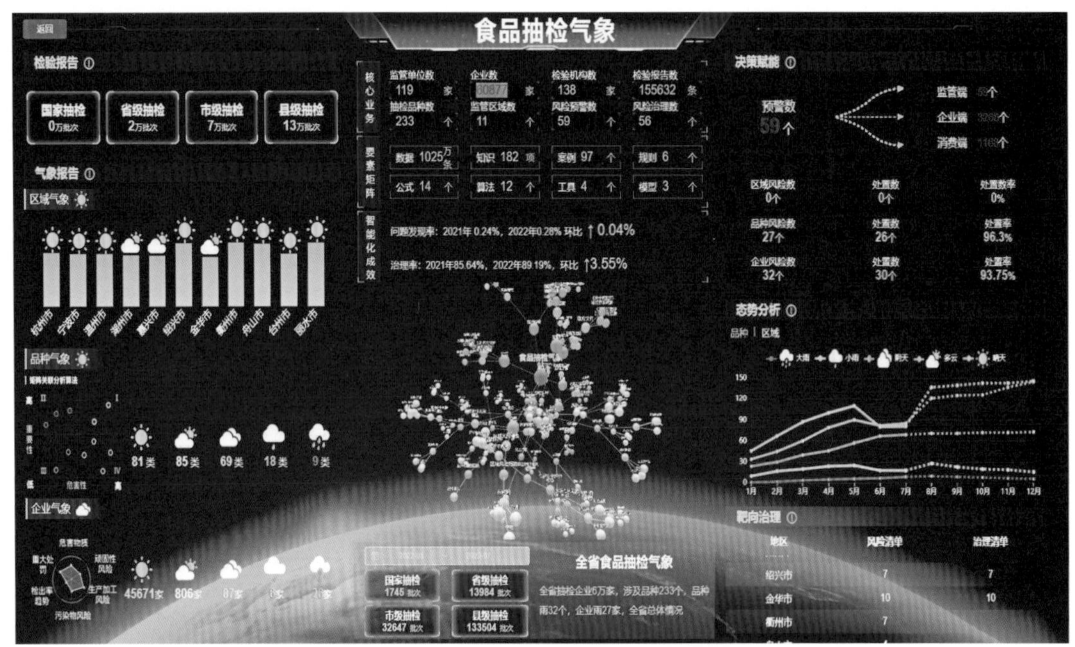

图8–50　食品抽检气象功能布局图

数据来源汇集了总局抽检数据，这包括了国家各级食品监管部门的抽检信息。通过汇集这些数据，食品抽检气象系统能够进行深入的数据分析，包括但不限于抽检合格率、不合格产品类别分布、问题产品来源地分布等。这些数据分析结果可以为食品抽检管理提供重要的参考依据，帮助相关部门制订更加科学、合理的抽检计划，提高抽检的针对性和有效性。同时，食品抽检气象系统还可以根据数据分析结果，对食品安全风险进行预警和预测，及时发现潜在的安全隐患，为相关部门采取措施提供决策支持。

总的来说，食品抽检气象系统通过汇集各级抽检信息并进行分析，为食品抽检管理提供了全面的数据支持。这有助于提高食品抽检的效率和准确性，保障食品安全，维护消费者的权益。

3. 样样赋码，构筑食品追溯承载底盘

追溯码是食品的身份证，是进行食品溯源的有效载体。对于种植养殖企业、食品生产企业和入浙首站企业，源头赋码是实现在线交易流转和溯源管理的前提和基础。通过对预包装食品外包装上加赋实体追溯码实现源头赋码；由于食用农产品无定型外包装，无法像预包装食品一样进行实体赋码，但可以对其进行电子赋码，即在“浙食链”系统中给予其一个电子身份证，实现源头赋码。

“浙食链”溯源码（图8-44）是形成食品和食用农产品追溯链条的唯一介质，是承载食品和食用农产品追溯信息的底盘，更是人民群众对食品安全全链条监管“一件事”改革的直观感知。“样样赋码”整体布局图如图8-51所示。

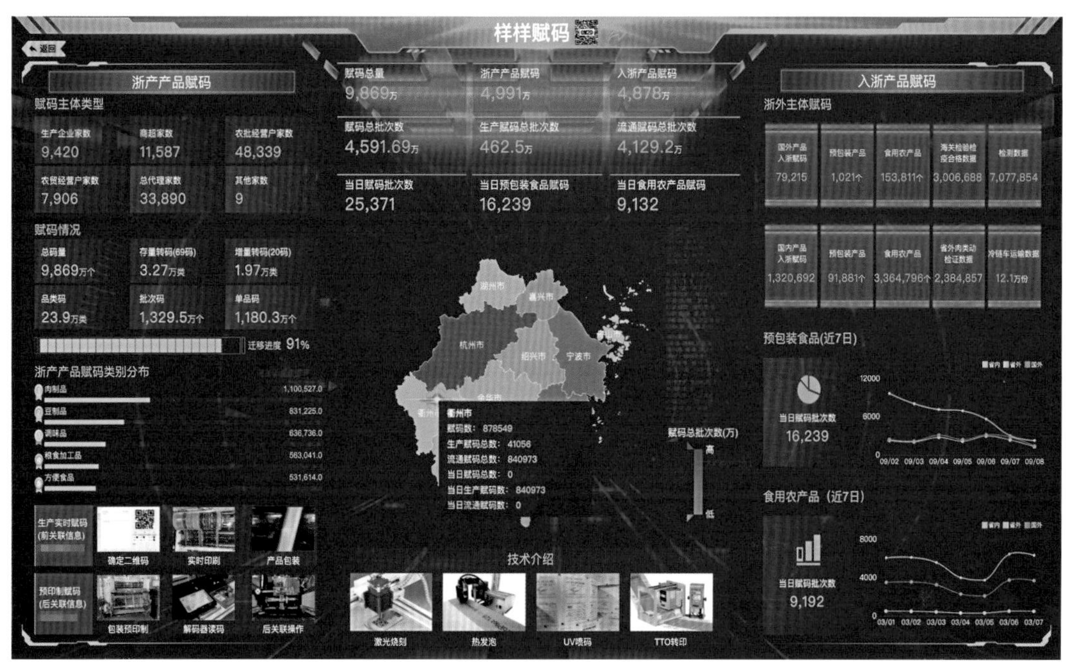

图8-51 “样样赋码”整体布局图

“浙食链”溯源码根据以下原则实施“样样赋码”。

（1）前关联批次赋码。适用于食品品类风险较高、成本敏感度较低且具备较好生产基础的预包装食品生产企业，以及散装食品、食用农产品、省外的预包装食品上市和入浙首站。

①有条件配置激光打印或喷墨打印设备的食品生产企业在食品生产线上按批次对预包装食品外包装加赋“浙食链”溯源码。

②产量较少的食品生产企业可按批次打印“浙食链”溯源码后，加贴在产品外包装上。

③农批农贸市场入场销售者在“浙食链”系统申报食用农产品相关信息后，自动生成“浙食链”电子虚拟码，市场开办者可通过“浙食链”电子虚拟码查验确认入

场销售者食用农产品相关信息。

④入浙首站食品（含进口食品）经营者，在“浙食链”系统申报食品相关信息后，自动生成“浙食链”溯源码，采用电子或在外包装上标注标识等方式赋予“浙食链”溯源码。

（2）后关联批次赋码。适用于食品品类风险较高、对成本敏感度适中的预包装食品生产企业。食品生产企业提前在预包装食品的包装标识上印制每个序号均不同的“浙食链”溯源码。预包装食品生产时，按序号取用包装标识关联相应生产批次，或者逐一扫“浙食链”溯源码读取序号后关联相应生产批次。

（3）按品种赋码。适用于产量大、对成本较敏感的预包装食品生产企业。食品生产企业提前在预包装食品的包装标识上印制“浙食链”溯源码。同品种预包装食品包装上的“浙食链”溯源码相同。食品生产企业按批次在“浙食链”系统中录入生产日期或批号并上传食品自检信息。消费者扫描“浙食链”溯源码首先看到生产企业和相关产品信息，输入生产日期后可以看到相应批次的检测信息。

“浙食链”系统编码规则采用全球通用的GS1标准，生成的“浙食链”溯源码可取代传统的条形码成为新一代的国际通用商品标识。同时，“浙食链”系统全面对接中国商品条码信息数据库实时获取食品基础信息，并与中国物品编码中心签订战略合作协议。

“浙食链”系统溯源码可以分成品类码、批次码、单品码。一是品类码。以单个品类产品为对象的追溯二维码，可通过搜索查询的方式查看该品类下所有批次的信息。二是批次码。以单个品类产品的单个批次为对象的追溯二维码，仅可查看当前批次的信息。三是单件码。以具体的某一个产品为对象的追溯二维码，一个批次的产品可对应多个单件码。

“浙食链”溯源码按产品类别关联以下信息：一是省内预包装食品按产品生产批次关联“阳光工厂”、出厂检验报告以及产销存等相关信息。二是食用农产品按市场准入批次关联食用农产品合格证、动物检疫合格证以及进销存等相关信息。同时，“浙食链”系统也与前端“浙农码”、外省农产品数据打通，可以在下游轻松获取食用农产品信息。三是进口食品按入境批次关联入境货物检验检疫证明、外包装消毒证明以及进销存等相关信息。相关信息详情如图8-52所示。

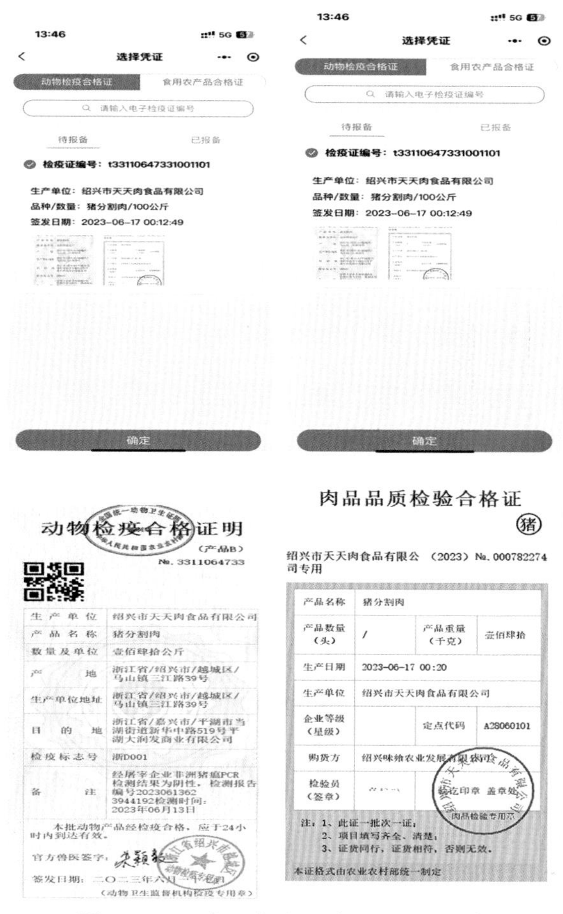

动物检疫合格证明

（产品B）

№. 3311064733

生产单位	绍兴市天天肉食品有限公司
产品名称	猪分割肉
数量及单位	壹佰肆拾公斤
产地	浙江省/绍兴市/越城区/马山镇三江路39号
生产单位地址	浙江省/绍兴市/越城区/马山镇三江路39号
目的地	浙江省/嘉兴市/平湖市当湖街道新华中路519号平湖大润发商业有限公司
检疫标志号	浙D001
备注	经屠宰企业非洲猪瘟PCR检测结果为阴性，检测报告编号20230613623944192检测时间：2023年06月13日

本批动物产品经检疫合格，应于24小时内到达有效。

官方兽医签字：

签发日期：二〇二三年六月

（动物卫生监督机构检疫专用章）

肉品品质检验合格证

㊣猪

绍兴市天天肉食品有限公司专用　（2023）№. 000782274

产品名称	猪分割肉		
产品数量（头）	/	产品重量（千克）	壹佰肆拾
生产日期	2023-06-17 00:20		
生产单位	绍兴市天天肉食品有限公司		
企业等级（星级）		定点代码	A28060101
购货方	绍兴味绮农业发展有限公司		
检验员（签章）		检疫印章 盖章处	

注：1、此证一批次一证；
2、项目填写齐全、清楚；
3、证货同行，证货相符，否则无效。

本证格式由农业农村部统一制定

图8-52　赋码产品里各项票证信息

4. 件件扫码，贯通市场流通交易链条

在种养殖企业、食品生产企业、入浙首站企业进行首站赋码后，在向下游采购商销售食品时，通过“浙食链”系统将所销售食品的品名、规格、批次信息、检验检测报告、销售数量等信息进行在线交易流转。交易流转信息将在“浙食链”系统中进行比对运算，将具有统一“浙食链”身份证的食品在不同交易节点数据进行关联，聚点成线，最终形成完整交易链条。

市场经营主体“件件扫码”可分三种应用场景。一是销售扫码。上下游市场经营主体通过互扫“主体码”交互市场经营主体信息及产品交易信息，融合金融结算功能后可直接进行交易结算。上游销售主体已知下游采购主体信息，无需扫描“主体码”，可直接推送电子交易数据。二是入库扫码。互扫“主体码”完成产品交易，同时默认交易的产品已入下游采购主体库存。通过直接推送电子交易数据的应用场景，需下游采购主体扫描“浙食链”溯源码或在“浙食链”系统中确认收货，交易的产品才会记录下游采购主体库存。三是进场扫码。食用农产品批发市场、农贸市场开办者可对入场销售者“主体码”进行扫码查验，确认其入场销售的食用农产品及数量与申报的产品信息相符。“件件扫码”整体布局图如图8–53所示。

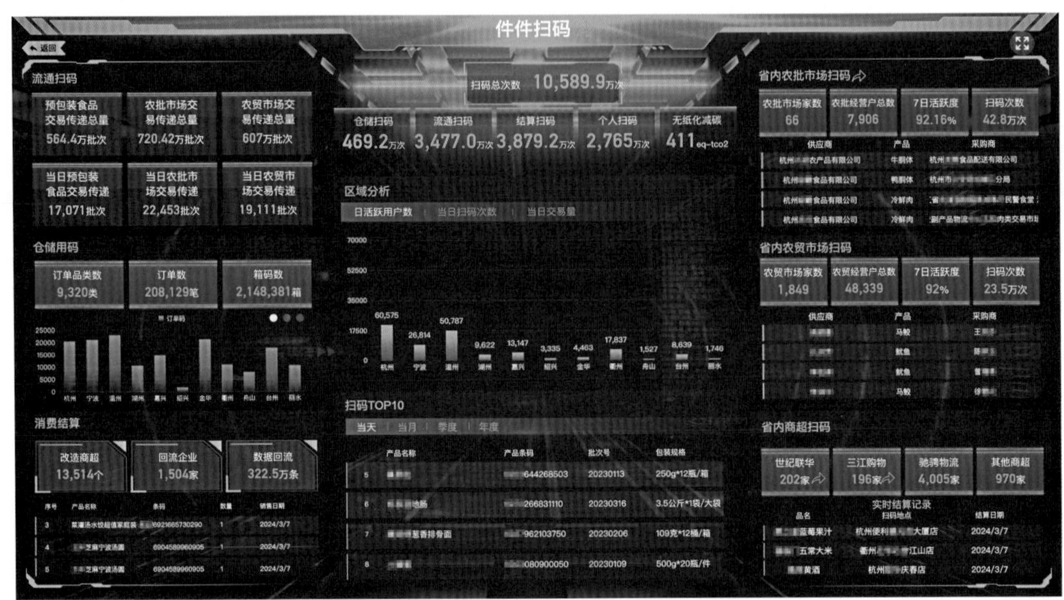

图8–53　“件件扫码”整体布局图

“浙食链”系统下游主体扫码可以使用箱码和订单码。一是箱码。以某个产品的包装单位为对象的追溯二维码，一个批次的产品可对应多个箱码。二是订单码。以两个经营主体之间的某一次交易行为为对象的二维码，只关联具体的两家经营主体，交易主体变更后失效。

“件件扫码”可分为两个方面。一方面，消费者扫描“浙食链”溯源码，可查询省内食品生产单位产品生产加工信息、阳光工厂、预包装食品监督抽检结果信息、食用农产品产地和合格证明信息、进口食品检疫证明等信息。另一方面，市场经营主体注册“浙食链”系统后生成“主体码”；“主体码”关联市场经营主体信息和其名下所有产品“浙食链”溯源码信息；通过扫描主体“主体码”或“浙食链”溯源码完成流通环节交易，“浙食链”系统串联上下游市场经营主体信息形成食品和食用农产品的追溯链条，上游销售主体自动开具电子销售凭证，下游采购主体自动获知上游销售主体的证照信息以及产品相关信息完成进货查验记录。

5. 时时追溯，实现食品安全精密智控

“浙食链”系统实现食品安全精密智控，通过“时时追溯”功能，监管部门可查阅脱敏后的产品追溯链条，利用大数据分析产销流向，提供预警和熔断建议；上游经营主体在授权后可查阅下游销售路径信息。市场经营主体借助系统企业端功能，在授权前提下建立销售链路，维护销售网络和品牌竞争力，确保食品安全和可追溯性。

“时时追溯”整体布局图如图 8-54 所示。“时时追溯”可分为两个方面。一方面，政府部门通过“浙食链”系统政府监管端“时时追溯”功能可查阅市场经营主体名称脱敏后的产品追溯链条。结合大数据，分析省内外食品和食用农产品产销流向和不合格产品产地来源等，并提供预警提示和熔断建议。同时，“时时追溯”中的“追溯链路查询”功能可以在短时间内通过关键词查询产品追溯链条，在确定产品有问题的情况下可以对售卖该产品的主体实施“停权交易”功能，并通过“企业召回”功能通知源头企业对问题产品进行召回。图 8-55 为某批次水果交易流转的追溯链路查询结果，可以看到水果从上链起点到终端销售主体的整个经销网络图，“时时追溯”的追溯链路一键查询极大地提高了问题产品追溯查询效率。

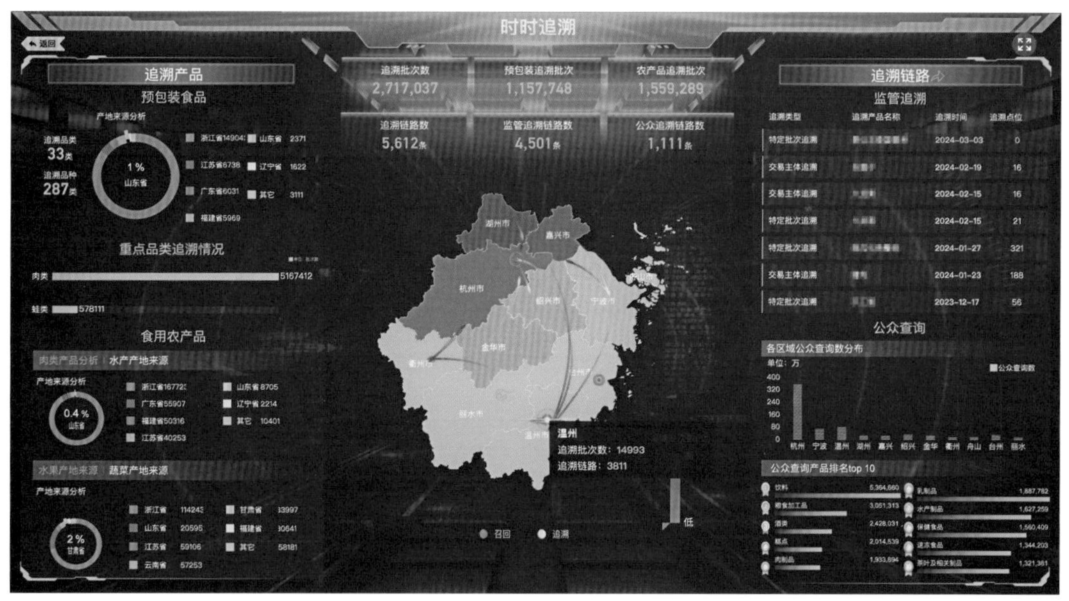

图 8-54　“时时追溯”整体布局图

另一方面，上游市场经营主体在获得下游市场经营主体授权后，可查阅下游市场经营主体相关产品的销售路径等相关信息，减轻了管理难度和风险。市场经营主体可通过“浙食链”系统企业 PC 端“时时追溯”功能，在获得下游市场经营主体授权的前提下，建立市场经营主体相关产品销售链路，极大地增强了供应链的透明度，维护产品销售网络、维持品牌竞争力。同时，通过“浙食链”系统，双方可以实时了解

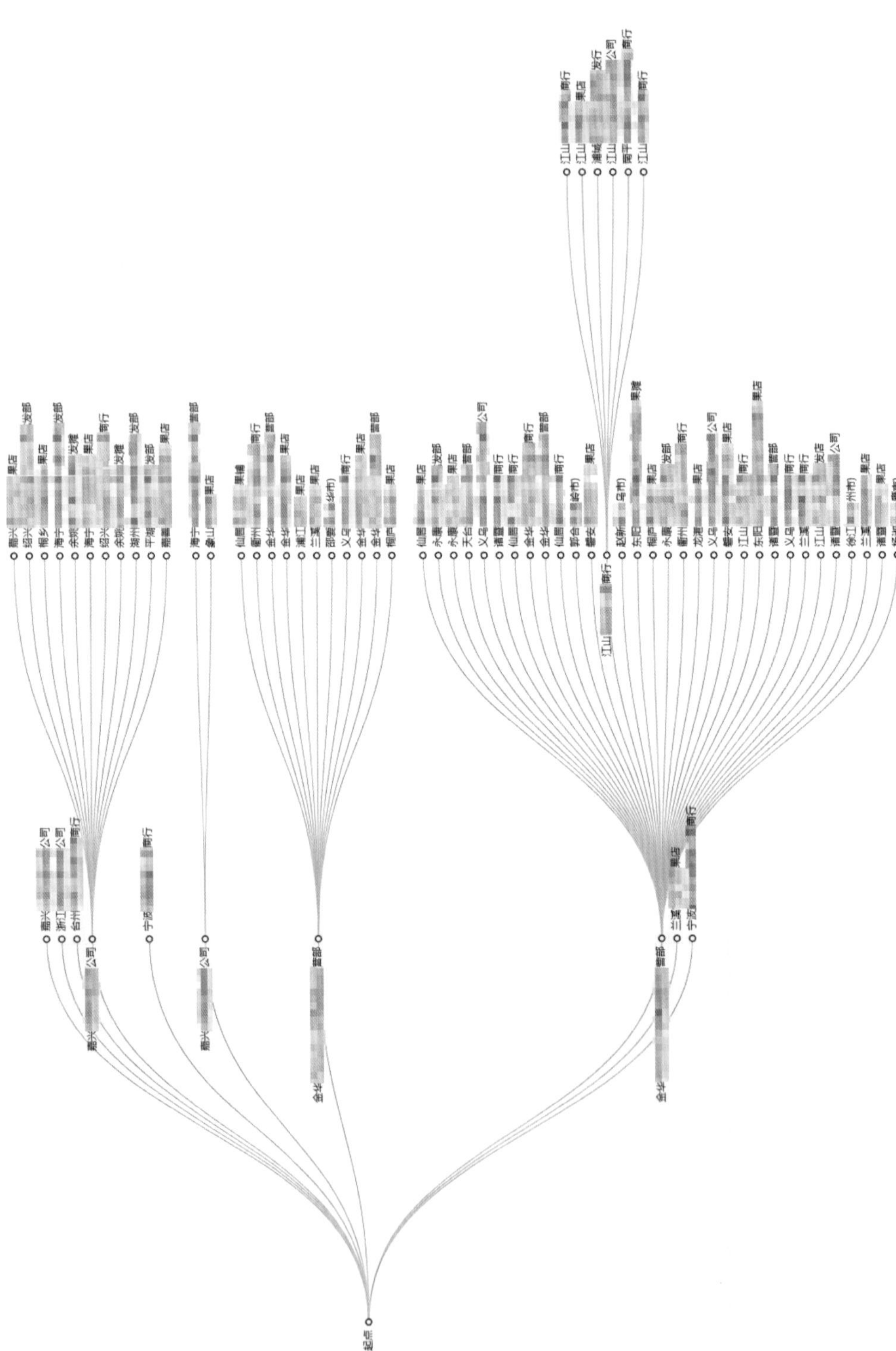

图 8-55　某批次水果交易流转的追溯链路查询结果

彼此的经营情况和需求，进一步加强合作关系，共同应对市场的挑战和机遇。

“浙食链”系统的“时时追溯”功能在食品行业监管和供应链管理方面都有显著的成效。首先，推动了企业落实主体责任。通过实时追溯产品的来源和流向，企业能够更好地了解自身的生产和销售情况，从而更加精准地履行食品安全主体责任。一旦发现问题产品，企业可以迅速采取措施进行整改，确保产品质量安全。其次，该功能为企业赋能，实现精准营销。通过实时追踪市场需求和消费者反馈，企业可以更加精准地定位目标客户，制定有针对性的营销策略。同时，这种信息透明化也有助于提高消费者的信任度，增强企业的品牌竞争力。最后，该功能帮助政府部门掌握市场供应情况。通过大数据分析，政府部门可以全面了解食品和食用农产品的产销流向，以及市场供应的总体情况。这有助于政府部门及时发现并解决供应问题，确保市场稳定运行。

6. 事事倒查，构建风险闭环管理机制

通过“事事倒查”功能，构建风险闭环管理机制，实时关联国家食品安全抽检监测信息，自动推送不合格产品相关信息并处置。该功能还结合市场经营主体、市场开办者及监管部门的食品安全责任，实施“责任三到位”倒查，确保产品处置、主体惩戒和履职追查到位，依法查处违法行为，保障食品安全，维护市场秩序。“事事倒查”整体布局图如图8–56所示。

图 8–56　“事事倒查”整体布局图

监督抽检不合格产品信息触发“事事倒查”功能，“浙食链”系统自动向属地监管部门推送不合格产品相关市场经营主体库存信息，必要时及时发布不合格产品召回指令。对接国家食品安全抽检监测信息系统核查处置功能模块，实现基层市场监管部门不合格产品核查处置“掌上办理”。打通核查处置模块与执法平台案件系统，智能匹配案件办理结果，实现监督抽检不合格案件“有着落、处到位”。

“事事倒查”功能还结合市场经营主体食品安全主体责任到位与否、市场开办者食品安全管理责任到位与否、属地监管部门食品安全监管责任到位与否，实施“责任三到位”倒查，并对倒查结果做出处理。一是产品处置到位。对倒查中发现相关食品或食用农产品票证不全、来源不明的，依法予以查封扣押，依法立案查处，并根据需要组织开展监督抽检；对监督抽检不合格的，要依法做出行政处罚。二是主体惩戒到位。对倒查中发现市场开办者、市场经营主体食品安全主体责任落实不到位的，依法予以查处；相关情况纳入企业信用档案，依据情形作集中公开曝光。三是履职追查到位。对倒查中发现相关监管人员存在失职、渎职等行为的，依纪依规追究相应责任；涉及领导责任的，依纪依规追究相关人员领导责任。

“浙食链”系统通过收集法院发布的食品行业终身禁业人员信息和食品行业行政处罚人员信息，生成“食品行业禁入”名单，对禁止从事食品行业的人员实施全面行业禁入，即禁止申办食品生产经营许可、禁入担任食品生产经营企业食品安全总监、食品安全员等管理职务，真正“处罚到人”。

三、应用成果

（一）成效案例

“浙食链”根据需求导向已迭代更新多版，已激活食品生产经营主体108.1余万家，其中，食品生产企业9420家，占全部在产企业的96%；食品流通企业43.7万家，占比50.6%；餐饮服务企业63.4万家，占比99%。已实现全省90个县（市、区）应用全覆盖，在产食品生产企业全覆盖，所有农批市场全覆盖，所有大型商超全覆盖，猪肉等重点品种追溯全链条覆盖，用户好评率达到96.7%，初步形成了“要我用”到“我要用”的转变。

1. 源头管控“阳光化”

通过在食品生产单位的生产场所关键控制环节安装视频监控，对食品生产单位的生产加工过程和质量安全管理情况进行实时在线监管。目前，已建成“阳光工厂”8425家，已接入视频监控3.16万个，“阳光工厂”在所有在产企业中占比达89.92%。其中特殊食品、桶装水、乳制品、白酒4类生产企业已实现全“阳光”。

2. 风险感知“物联化”

聚焦危害来源识别、关键限值控制、实时偏差纠正、自查数据上传，深入开展“寻找关键控制点（CCP）”行动，推动6690余家企业运用CCP防控举措加强食品生产安全风险管理，已安装物联感知设备2.16万个，推进“CCP在线智控”，在线监测生产过程关键参数，实现CCP风险在线预警、闭环处置。

3. 企业自检“责任化”

食品生产企业通过“浙食链”系统上传出厂检验报告391.1万批次，监管部门通过监督抽检将抽查结果跟企业出厂检验结果进行比对。对发现检测结果不一致的9197批次要求企业自查整改，倒逼企业落实出厂检验主体责任，避免出厂检验形式化。

4. 索证索票“无纸化”

“浙食链”上线至今已经累计赋码9869万批次，扫码流通2.12亿次，节约纸张超23.2吨，节约费用1700余万元，在实现低碳、环保、经济的同时，彻底改变过往索证索票“一张白条走天下”，追溯数据可读、可信、可存，真正让生产经营者将索证索票、进货查验、销货登记的法定义务落实到位。

5. 社会共治“一键化”

“浙食链”系统充分保障消费者知情权、监督权，扫码消费、扫码举报已经蔚然成风，截至目前，消费者扫码登记25.71万次，消费者“用脚投票”倒逼企业上链并落实主体责任，有效形成社会共治良好局面。

（二）决策分析

在系统初步成熟完善积累大量数据后，紧扣“监测分析评价、预测预警和战略目标管理”等“市场监管大脑+”的功能定位，充分运用区块链、哈希、自然语言处理等20余个主要工具，通过相似性评估、标准图谱等20余类算法，抓取辖区内食品主体、从业人员、食品产品、交易流转、抽检监测等45类数据进行分析，建立人员围栏、企业围栏、产品围栏、社会共治、CCP风险诊断、企业气象等23个监测模型，及时对异常交易数据、高风险产品、违规违法行为进行预警预测，辅助监管人员决策实施靶向监管，对食品安全监管进行全体系重塑、智能化改造。自2022年6月投入实战以来，形成分析报告110份，隐患清单646个，治理清单24个，监管建议536条，对所有食品安全风险触网熔断并全部完成处置闭环，发起风险预警5.8万起，风险预警有效率达95%。

（三）成果输出

“浙食链”系统建设应用坚持整体智治、闭环管理理念，以生产（流通）源头管控为逻辑起点，通过跨部门、跨层级、跨领域协同，建立食品安全全链条闭环管控体系，以数字化改革实现食品安全监管的流程再造、系统重塑和社会共治，是对传统监管模式、方法、机制和手段的颠覆式创新，构建了食品安全数字化治理的内涵、目标、路径、应用场景等话语体系。

1. 法治保障方面

推动出台《浙江省食品安全数字化追溯规定》，自2024年1月1日起正式实施；并于2024年1月3日与省农业农村厅联合发布《浙江省食品安全数字化追溯管理重点品种目录及主体目录（2024年版）》，分阶段推进落实数字化追溯的具体内容。在法治层面明确建立食品数字化追溯体系，利用现代信息技术保存食品生产经营过程中的相关信息，明确食品安全数字化追溯主体的法律责任，明确食品生产经营者履行负责收集追溯信息，记录信息的可追溯性义务，并且不能提供有关可追溯性的虚假信息。

2. 健全政策方面

印发《关于加强食品安全风险闭环管控工作的意见》《食品安全风险管理指南》，出台《关于推进“浙食链”系统建设应用的实施意见》《关于加快推进“浙食链”系统建设应用的通知》《关于开展“链上点检”试点工作强化地产食品企业自检工作的实施意见》，聚焦“厂场阳光、批批检测、样样赋码”等重要环节应用，打通从田头（车间）到餐桌生产交易数据链条，全面构建覆盖省内省外、食品和食用农产品的食品安全精密智控闭环管理体系。

3. 标准规范方面

与中国物品编码中心签订战略合作框架协议，编制《基于GS1编码体系的重要产品统一编码规范》；修订《浙江省食品进货查验工作规范》，进一步明确进货查验工作要求；制定《食品安全追溯编码技术规范》《浙江省食品和食用农产品追溯核心元数据》等标准，并向市场监管总局推荐，深入参与国家标准制定修订；

推动“浙食链”系统相关地方标准对接国家食品（产品）安全追溯平台有关国家标准，研究产品数据信息多维度应用，推进防伪溯源、品牌培育、品质追溯认证、供应链金融等第三方应用服务，为消费者、企业提供更优质、更全面的服务。

“浙食链”系统通过数字化技术实现了对食品生产的全链条、全方位、全过程的数字化监管，重塑了食品安全治理体系，从根本上提升了食品安全治理能力，同时助力产业高质量发展。一是提高监管效率。系统监管端使得监管部门能够实时掌握食品生产单位的经营状况，提高了监管的及时性和有效性。二是提升食品安全水平。通过实时监控和预警推送风险隐患，有效降低了食品安全事故的发生率，提升了食品的安全水平。三是促进企业可持续发展。“浙食链”系统企业端帮助企业实现了精细化管理，提高了生产效率和产品质量，为企业可持续发展提供了有力支持。四是增强社会信任度。“浙食链”系统公平公开，增强了消费者对食品安全的信任度，进一步促进了食品行业的健康发展。

案例五　“浙江知识产权在线”应用场景

知识产权是国家发展的战略性资源和国际竞争力的核心要素，在经济社会发展中具有重要作用。浙江省坚持以数字化改革为引领，深入实施知识产权全链条集成改革，通过全门类数据集成、全流程业务重构、全方位部门协同，于2021年4月26日建成上线“浙江知识产权在线”数字化应用（图8-57），着力以数字化手段打通知识产权全链条，为高水平打造知识产权强省提供有力支撑。

一、场景概述

（一）背景

习近平总书记强调，创新是引领发展的第一动力，保护知识产权就是保护创新。省委省政府高度重视知识产权工作，高规格召开全省知识产权大会，出台《关于深入贯彻〈知识产权强国建设纲要（2021-2035年）〉打造知识产权强国建设先行省实施意见》，确立了高水平打造创造最活、保护最严、生态最优的知识产权强省目标。但是，对照这一目标和企业需求，浙江省知识产权工作还存在获权周期长、转化交易难、维权成本高等堵点难点亟须破解，需加快提升知识产权治理能力和治理水平。

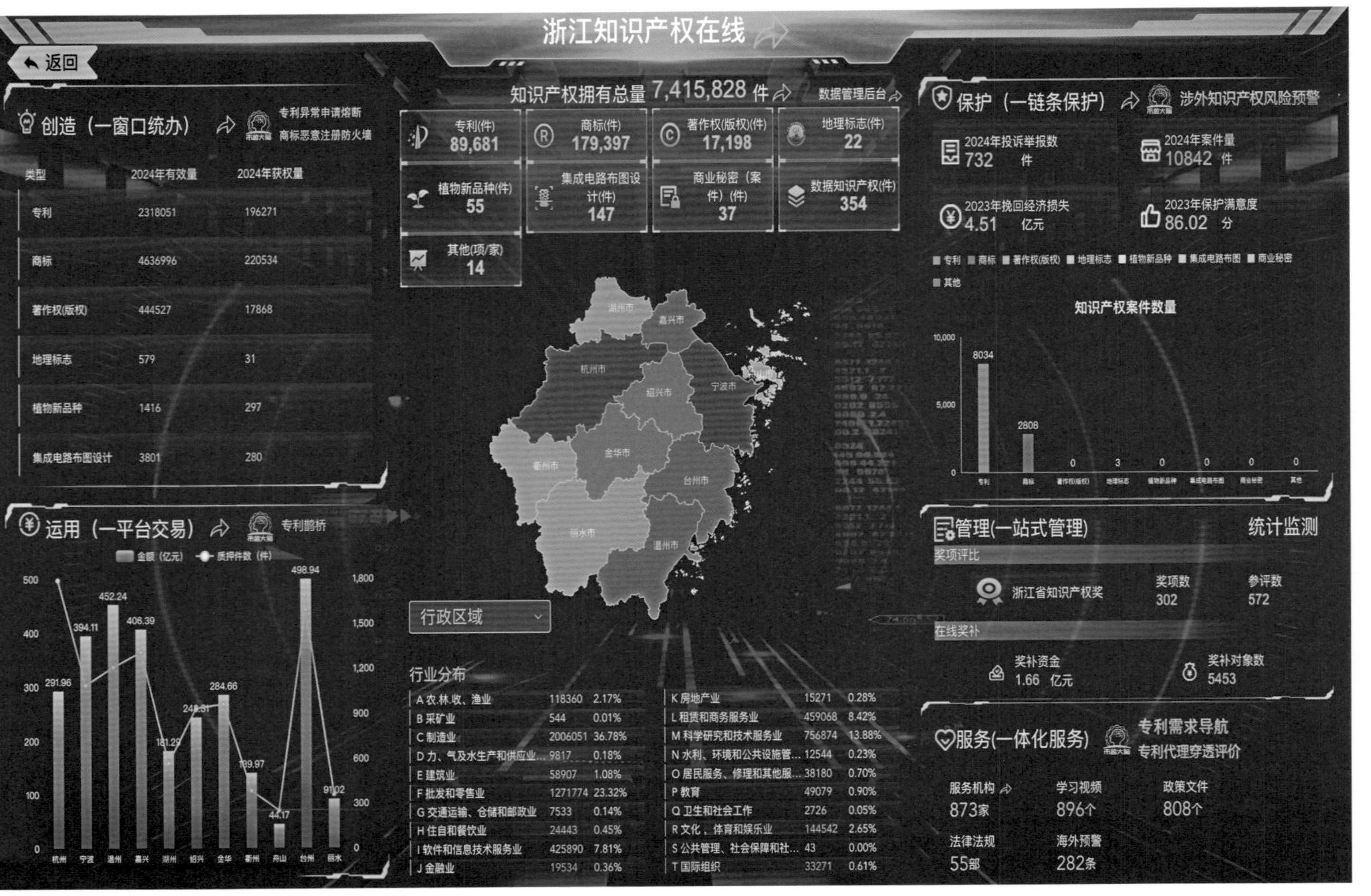

图8-57 “浙江知识产权在线”

（二）需求

一是核心业务缺乏数字化支撑。尚未建立全省统一的知识产权数字化应用，存在“信息数据不共享、功能应用不集成、数字赋能不明显”等问题。

二是专利创造能力不够强，获权周期长。高价值专利培育能力尚未进入全国第一方阵，专利获权周期偏长，难以满足企业的快速获权需求。

三是转化运用通道不够畅通。尚未形成完善的知识产权转化运用体系，高校、科研机构的“沉睡”专利多，知识产权价值实现不充分。

四是维权保护成本偏高。创新主体维权保护以传统方式为主，存在维权能力不强、纠纷化解不快、维权效率不高等问题。

五是知识产权管理手段缺乏。企业的知识产权意识有待增强，缺乏管理手段和工具，知识产权管理水平有待提高。

（三）目标

坚持以数字化改革为引领，运用数字化手段和改革创新路径，打通知识产权创造、运用、保护、管理、服务全链条，提升知识产权治理能力和治理水平，激发全社会创新活力，高水平打造创造最活、保护最严、生态最优的知识产权强省。

二、场景开发

（一）体系架构

按照“1115”体系架构（图8–58）进行设计，即“1”库“1”图“1”表“5”场景。

图8–58　“1115”体系架构

"1"库（图8–59）即一个省域知识产权综合数据库，运用国家知识产权局开放数据和省级相关部门共享数据，打造形成涵盖全省专利、商标、版权等知识产权全门类的省域知识产权综合数据库，涵盖数据705万项、1.2亿条。

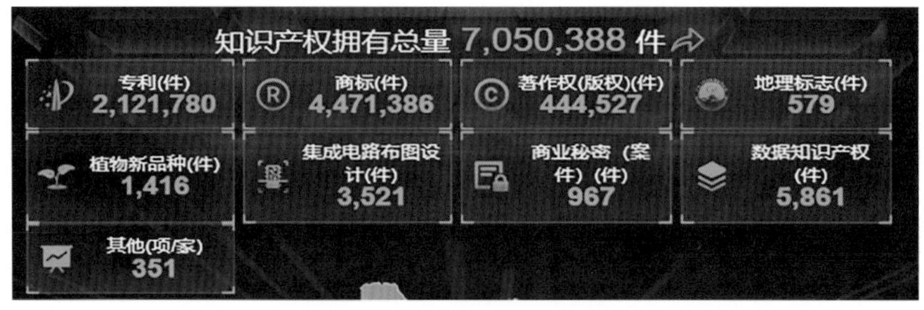

图8–59　"1115–1"库

"1"图（图8–60）即一个全省知识产权区域分布图，地图下钻到市、县（市、区），通过层层下钻，可以清楚地掌握各区域的知识产权状况。

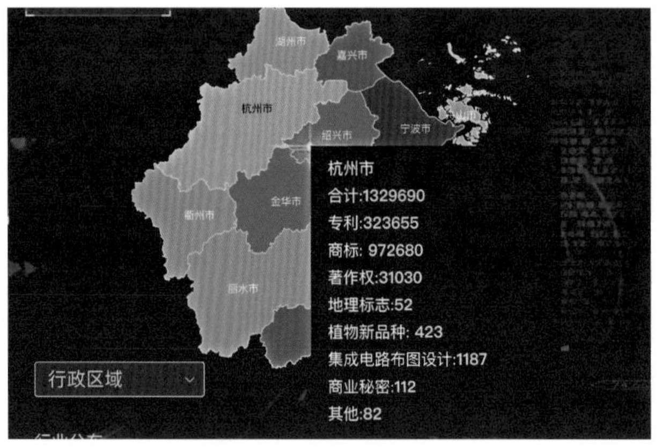

图8–60　"1115–1"图

"1"表（图8–61）即一个主要行业知识产权状况分布表，按照国民经济行业20大门类进行知识产权分类统计。

行业分布

行业	数量	占比	行业	数量	占比
A 农.林.收、渔业	118360	2.17%	K 房地产业	15271	0.28%
B 采矿业	544	0.01%	L 租赁和商务服务业	459068	8.42%
C 制造业	2006051	36.78%	M 科学研究和技术服务业	756874	13.88%
D 力、气及水生产和供应业…	9817	0.18%	N 水利、环境和公共设施管…	12544	0.23%
E 建筑业	58907	1.08%	O 居民服务、修理和其他服…	38180	0.70%
F 批发和零售业	1271774	23.32%	P 教育	49079	0.90%
G 交通运输、仓储和邮政业	7533	0.14%	Q 卫生和社会工作	2726	0.05%
H 住自和餐饮业	24443	0.45%	R 文化，体育和娱乐业	144542	2.65%
I 软件和信息技术服务业	425890	7.81%	S 公共管理、社会保障和社…	43	0.00%
J 金融业	19534	0.36%	T 国际组织	33271	0.61%

图8–61　"1115–1"表

“5”场景（图8–62）即按照知识产权“创造、运用、保护、管理、服务”五个环节打造的“5个一”应用场景。

图8–62　“1115–5”场景

（二）主要场景

1.“一窗口统办”场景

通过贯通14个国家和省级办事系统，集成了专利、商标、著作权（版权）、地理标志等所有门类的知识产权申请登记、审查授权事项，实现全门类全事项全流程在线办理。同时，积极争取国家知识产权局支持，推进专利优先审查、快速预审改革，拓宽专利快速获权通道，破解“获权周期长”问题，减少办事材料、压缩办理时限，发明专利优先审查推荐周期从7天压缩至3天，高价值发明专利获权周期从14个月压缩至最快42天，获权数量近3年平均增幅24.3%。“一窗口统办”场景如图8–63所示。

图8–63　“一窗口统办”场景

2.“一平台交易”场景

集成知识产权转化运用各个环节业务，打造高效便捷的交易转化平台，实现价值评估、质押融资和交易转让“一条龙”服务，极大推动了知识产权转化运用。由专业机构在线提供知识产权评估定价服务，打通浙江知识产权交易中心交易，打造线上交易大厅，实现知识产权交易、许可在线撮合、在线办理。打通“浙里金融”平台，开设知识产权专区，推出专利、商标质押融资金融产品，2023年帮助中小企业获得授信突破3000亿元，连续4年位列全国第一。“一平台交易”场景如图8-64所示。

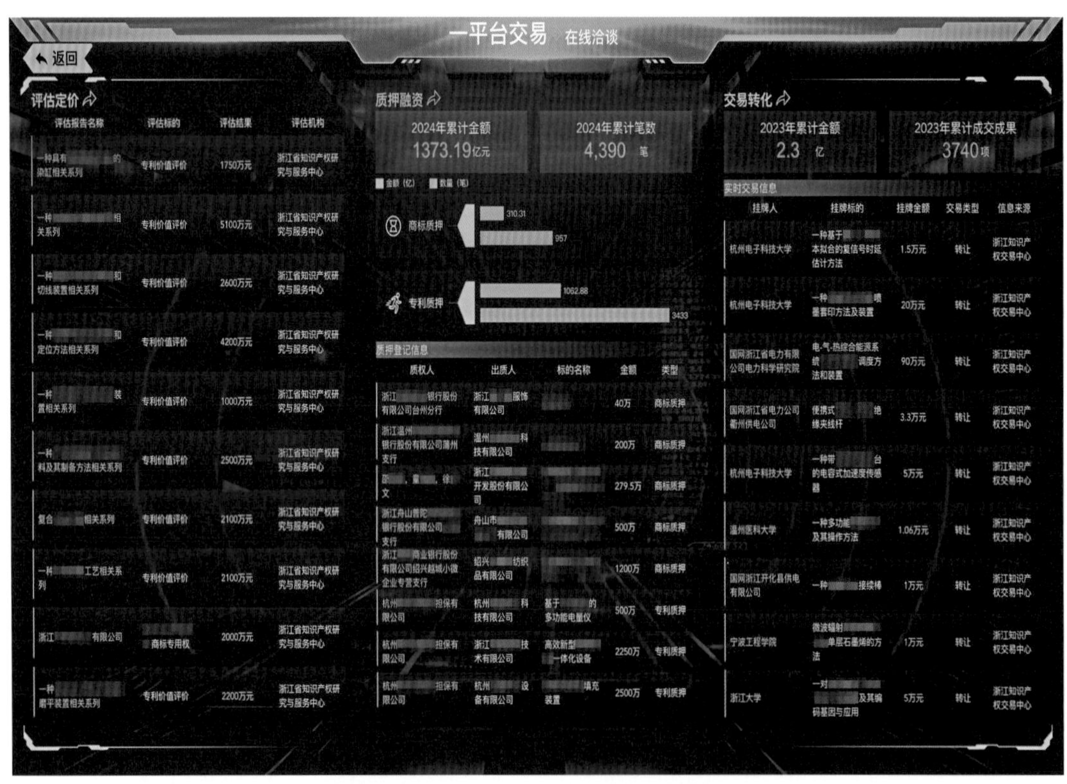

图8-64 “一平台交易”场景

3.“一链条保护”场景

入驻全省所有的知识产权保护中心、维权援助中心、调解中心和仲裁机构，实现维权援助、调解、行政裁决、司法保护、仲裁全流程在线办理。建立行政裁决“简案快办”机制，专利行政裁决办案周期压减50%以上，调解成功率达47.2%，专利执法办案数连续7年居全国第一。“一链条保护”场景如图8-65和图8-66所示。

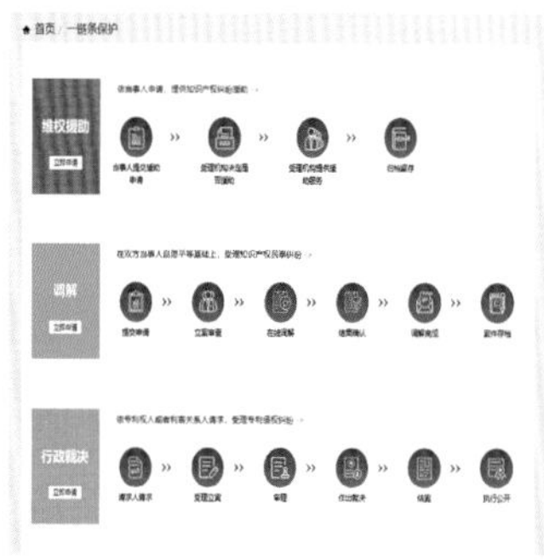

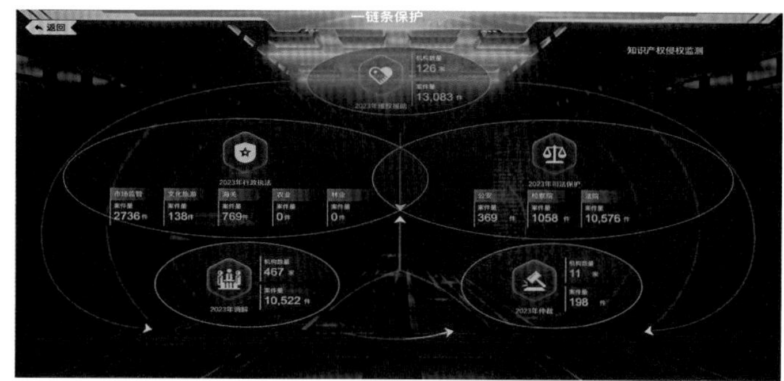

图8–65　“一链条保护”场景1

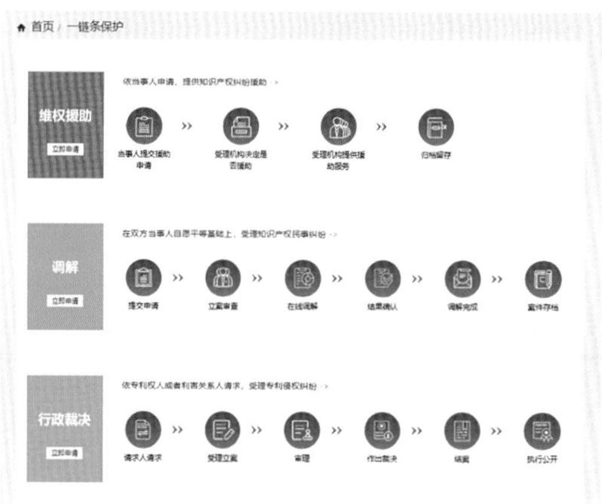

图8–66　“一链条保护”场景2

与公检法联合建立协同保护机制，创新开发“法护知产”协同保护应用（图8–67），实现行政执法与司法审判数据贯通、业务有效衔接，强化部门协作，提升保护效率，相关做法入选知识产权强国建设第二批典型案例。

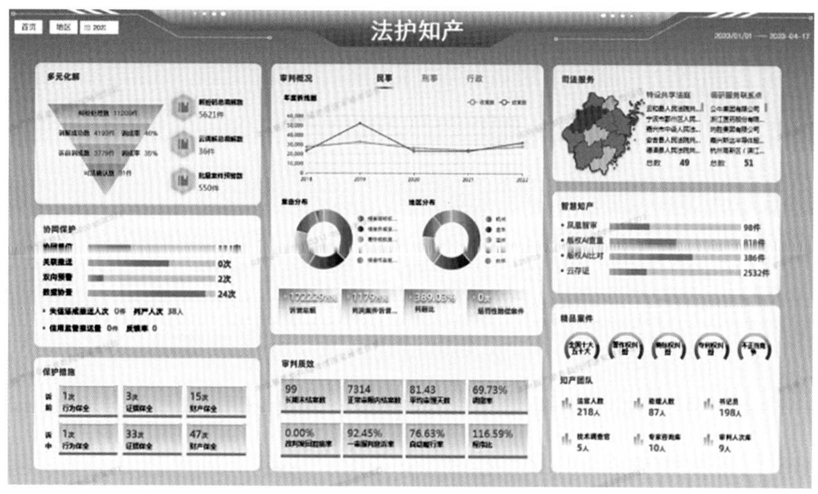

图8–67　“法护知产”

4.“一站式管理”场景

集成知识产权管理事项，实现项目申报、荣誉评选、奖项评审、资金下达、专家调用等事项线上走、线上办。“一站式管理”如图8-68和图8-69所示。

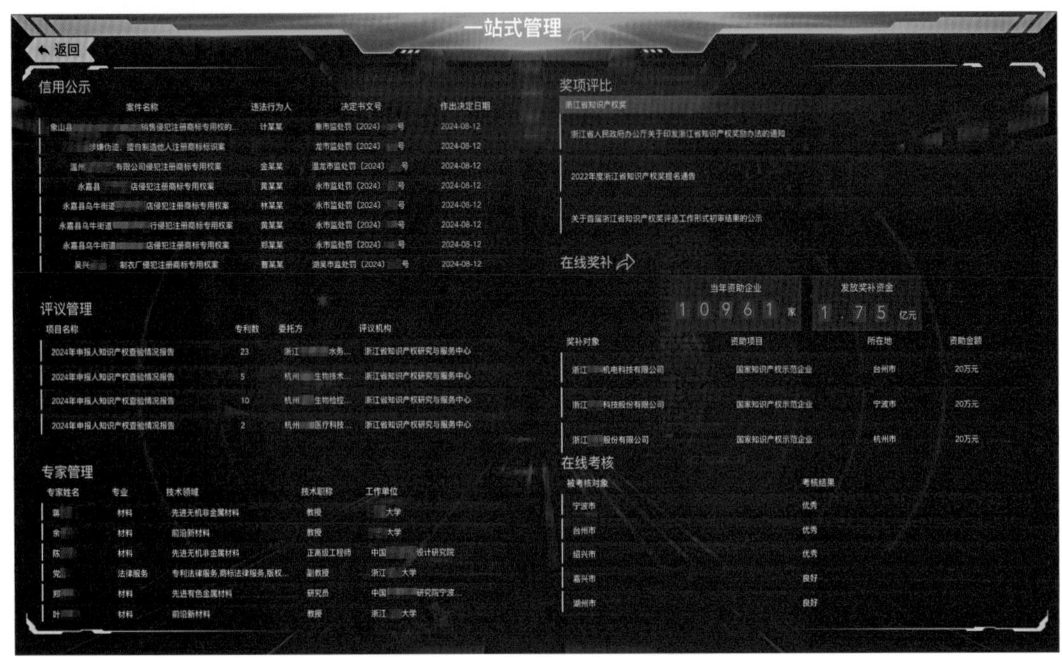

图8-68 “一站式管理”场景

图8-69 “浙江知识产权在线”一站式管理

尤其是打造了全流程闭环的“浙江省知识产权奖评选系统”（图8-70），实现奖项申报、提名、形式审查、行业评审、综合评审、公示全流程数字化、全过程在线留痕，高效支撑了全国首个涵盖知识产权全门类的省政府知识产权奖评选。

浙江知识产权在线

系统首页
知识产权奖
行业评审评分
行业评审投票
现场考察
个人基本信息

	社会效益（10分）	12	提升劳动效率和人民物质文化水平	5分	平台改善教师科创教育方式，提升教学质量和效率，还主动承担社会责任，举办了一系列"送文助教"进山区海岛活动，将STEM课程资源送到了[illegible]，通过双师课堂同步教学、开设教师讲座和STEM体验课等方式，将STEM课程带进乡村学校[illegible]，让山区海岛的乡村教师了解教育改革前沿发展和转型情况，让学生切身体验STEM课程的魅力。自评5分。	提升劳动效率和人民物质文化水平佐证材料.pdf	5.0
计算机软件发展前景（20分）	行业影响力（10分）	13	行业影响力	5分	目前平台已具备显著的行业影响力，并获得多项教育界、出版界奖项。具体有：2018年度科技特色STEAM教育品牌；2018年度最具创新STEM课程奖；浙江省第三届中小学STEAM教育大会首届项目化学习博览会展示创意奖；第二十七届浙江树人出版奖；国家新闻出版署2019年度数字出版精品遴选推荐计划。自评5分。	行业影响力佐证材料.pdf	4.5
		14	标准或规范	5分	公司基于STEM未来计划平台，积极参与行业地方标准建设，探索STEM教育规范和教育理念，先后组织编写或出版了《STEM工作室》《STEM学习与指导项目与评析》《STEM学习项目与指导策略》《学校STEAM教育的实践与建议》等相关行业书籍和教材。自评3分。	标准或规范佐证材料.pdf	1.0
	应用推广（10分）	15	政策适应性	5分	[illegible]获评国家高新企业、杭州市"雏鹰计划"企业，杭州市企业高新技术研发中心，获取相应财务补助支持。自评5分。	政策适应性佐证材料.pdf	5.0
		16	推动发展	5分	本项目在提升改造传统出版产业、推动出版产业融合发展转型方面有显著效果，获2021年浙江省文化产业优秀创新案例，2020年度浙江省网络视听年度媒体融合创新案例。中国传媒商报和中国新闻出版广电报先后对本项目进行了深度报道，为出版同行借鉴：STEM教育推动出版市场升温、STEM未来计划：让孩子从科学世界走向真实世界。自评5分。	推动发展佐证材料.pdf	4.5
计算机软件保护举措完善度（20分）	版权保护（20分）	17	机制建设	6分	为完善计算机软件著作权保护措施，[illegible]建立了内部保证体系，从组织领导、管理制度、内容运营保障、服务保障等方面进行机制建设，先后建立了《企业内部知识产权管理办法》、《数字内容审核规范要求》等管理制度，管理项目的立项、研发、产出等各个环节，巩固与保护自身的无形资产。自评5分。	机制建设佐证材料.pdf	5.0
		18	保护措施	6分	通过技术对平台内容资源进行保护，防止第三方随意下载、复制内容资源，另还建议预警机制，将可疑账号设置黑名单。自评4分。	保护措施佐证材料.pdf	4.0
		19	保护效果	8分	通过制度建设和技术措施，对版权起到了积极有效的保护效果。目前暂无发生侵权行为。吸引了诸多学校、课程研发方入驻平台，使用软件平台上传授课内容。自评5分。	保护效果佐证材料.pdf	5.0
总分							72.5
整体评价*	项目社会效益较高，系统服务模式同类替换产品较多，先进性不高。						
现场考察建议（不超[illegible]							

图8-70　“浙江省知识产权奖评选系统”

5.“一体化服务”场景

综合集成知识产权政策、信息和服务资源，为企业提供高效便捷服务。通过该场景，可以一键查询知识产权法律法规、政策和职能部门发布的通知，在线学习近1000部知识产权专业课件，检索专利、商标等知识产权信息和文本，咨询相关知识产权问题。“一体化服务”如图8-71和图8-72所示。

图8-71　“一体化服务”场景

图8-72 “浙江知识产权在线”一体化服务

6.“知识产权之家”场景

旨在为企业提供个性化、精细化管理服务。该场景具有三大功能：一是全网办事一体化。“知识产权之家”场景包括“我的档案”“我的消息”“AI问答”“一键反馈”以及“五大场景”等全部办事入口。在“权利档案”模块，系统自动关联识别，为企业提供清单式知识产权权利档案。二是功能定制个性化。在“办事直通车”模块，企业可以个性化定制办事直通车事项；在“通知公告”模块，系统智能推送国家、省、市、县四级政策法规、工作通知等。三是企业画像全景化。集成了知识产权综合数据库、市场经营主体库、企业质量档案、企业信用信息库等数据，为企业提供“全景画像”，内容包括全景洞察、创新能力洞察、专利资产洞察、竞品信息洞察、风险信号洞察等。“知识产权之家”场景如图8-73所示。

图8-73 “知识产权之家”场景

7.“专利异常申请熔断”大脑产品

针对创新主体、代理机构进行非恶意、恶意的专利异常申请问题，贯通国家知识产权局与知识产权保护中心相关系统，以数据资源为核心，通过综合集成模型、规则、公式、算法等矩阵，打造“专利异常申请熔断”大脑产品（图8-74），实现专利异常申请行为自动识别、自动熔断，为决策赋能提供参考。

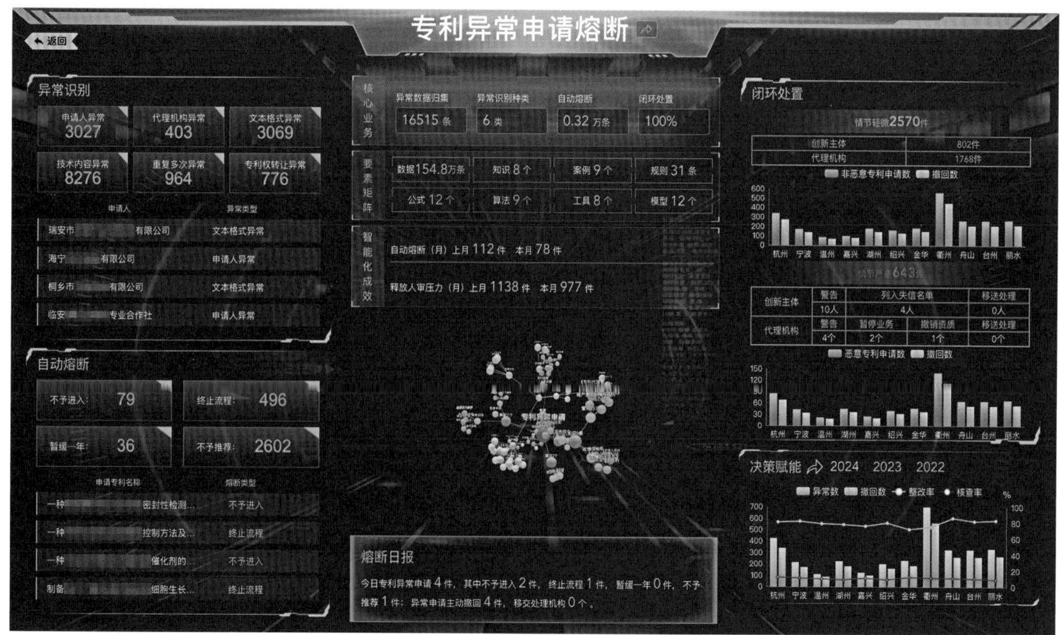

图8-74 “专利异常申请熔断”大脑产品

8.“商标恶意注册防火墙”大脑产品

针对创新主体、代理机构等进行恶意商标注册问题，通过架构商标数据专线，建立规则库、知识库及案例库，打造标识判断、囤积判断和主体判断“三道墙”功能模块，对各类主体所申请的商标恶意注册情况实现智能识别与触网熔断。“商标恶意注册防火墙”大脑产品如图8–75所示。

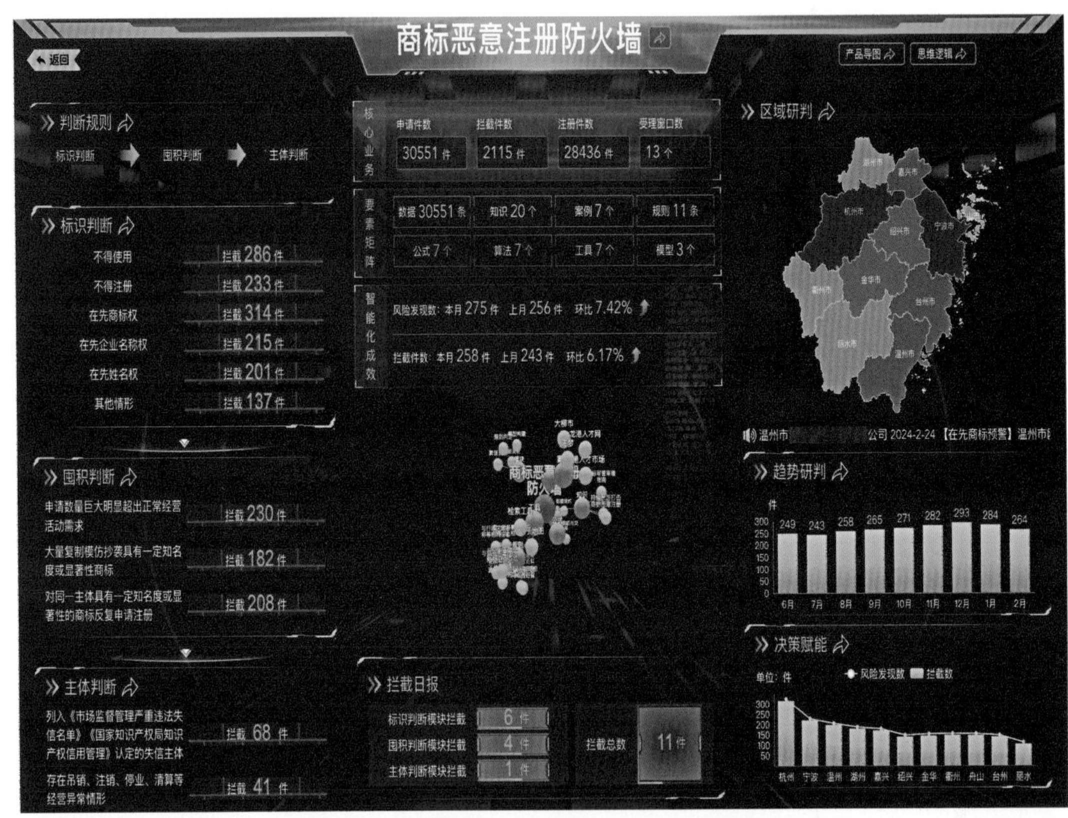

图8–75　“商标恶意注册防火墙”大脑产品

9.“专利鹊桥”大脑产品

为解决科研与产业信息不对称、供需对接不充分的问题，打造“专利鹊桥”大脑产品（图8–76），面向省内高校院所征集开放许可专利，通过创新主体特征、历史交易等数据采集，运用专利状态判断、行业类别和专利IPC分类统一规则、专利影响因子等规则分析，运用专利相似度分析、专利和企业相似度分析等公式，建立开放许可专利匹配模型，构建了以“专利征集、匹配关联、精准推送、绩效评估、政策激励”为主线的闭环管理机制，将专利信息精准匹配推送至有潜在需求的中小微企业。

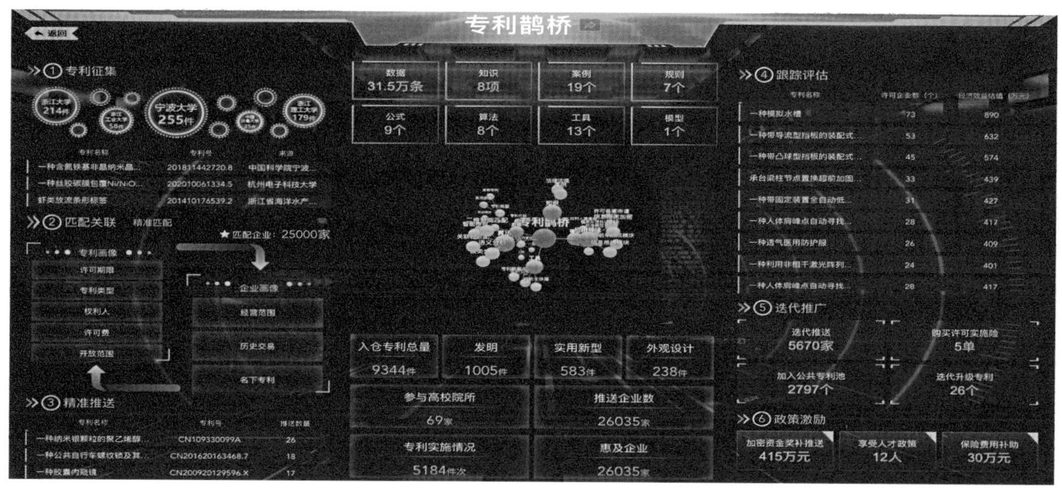

图8-76 “专利鹊桥”大脑产品

10.“专利需求导航”大脑产品

为提升企业技术研发、专利布局、专利运营、风险规避等方面的水平，开发“专利需求导航”大脑产品（图8-77），基于产业发展和技术创新的需求，通过专利综合信息的深度清洗、挖掘、分析及各技术分支和技术方向的对比，发现核心专利、技术缺口、紧缺人才等信息，从而为该产业发展提供技术热点、技术攻关方向、人才引进目标等建议。

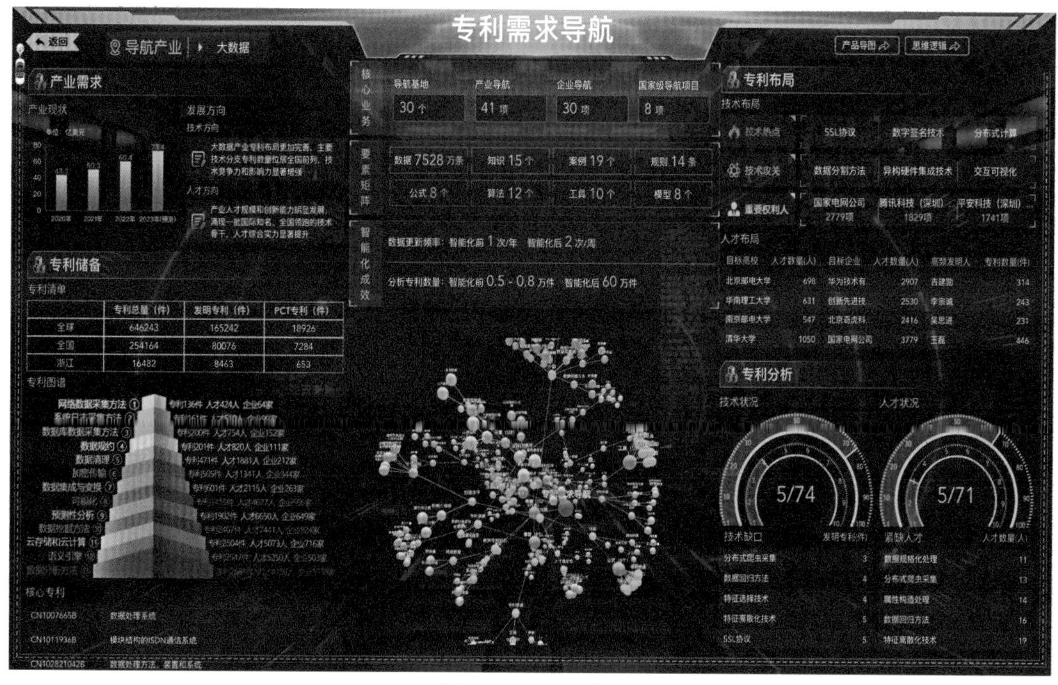

图8-77 “专利需求导航”大脑产品

11.“专利代理穿透评价”大脑产品

为推动专利代理机构的规范运作，提高知识产权服务行业质效，打造“专利代理穿透评价”大脑产品（图8–78），以专业代理机构代理的专利大数据为基础，从专利挖掘、专利布局、专利权获取、专利维持、规模服务等5个维度入手，对代理机构进行指标体系的定量分析和精准画像，生成1张综合能力排序清单和5张分项能力排序清单，为创新主体产业园区选择代理机构提供参考。

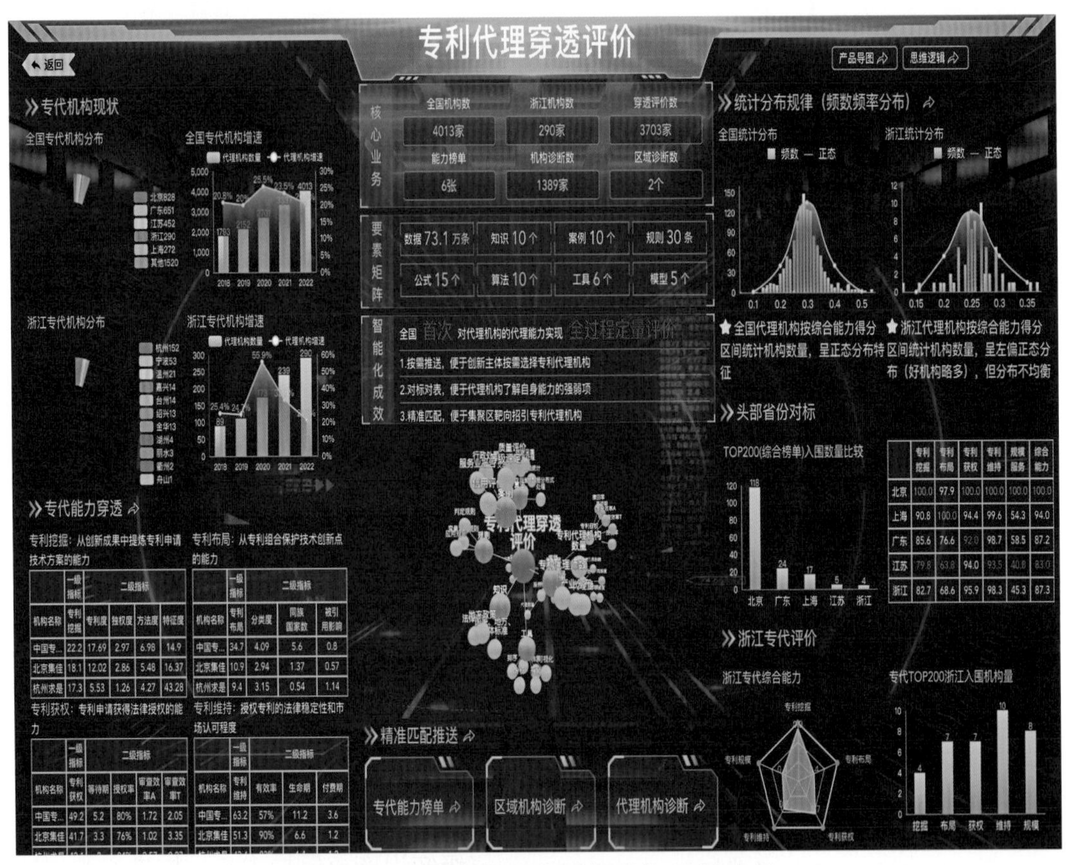

图8–78　“专利代理穿透评价”大脑产品

12.“浙江省数据知识产权登记平台”

立足数字经济大省实际，为激活数据要素动能，率先开展数据知识产权制度改革，构建集存证公证、登记服务、流通交易、收益分配和权益维护于一体的数据知识产权全链条体系，着力开辟数据价值实现新蓝海。已累计登记数据知识产权9140件，实现交易、应用金额33.7亿元，赋能重点产业20个。相关做法得到国家知识产权局肯定。“浙江省数据知识产权登记平台”如图8–79所示。

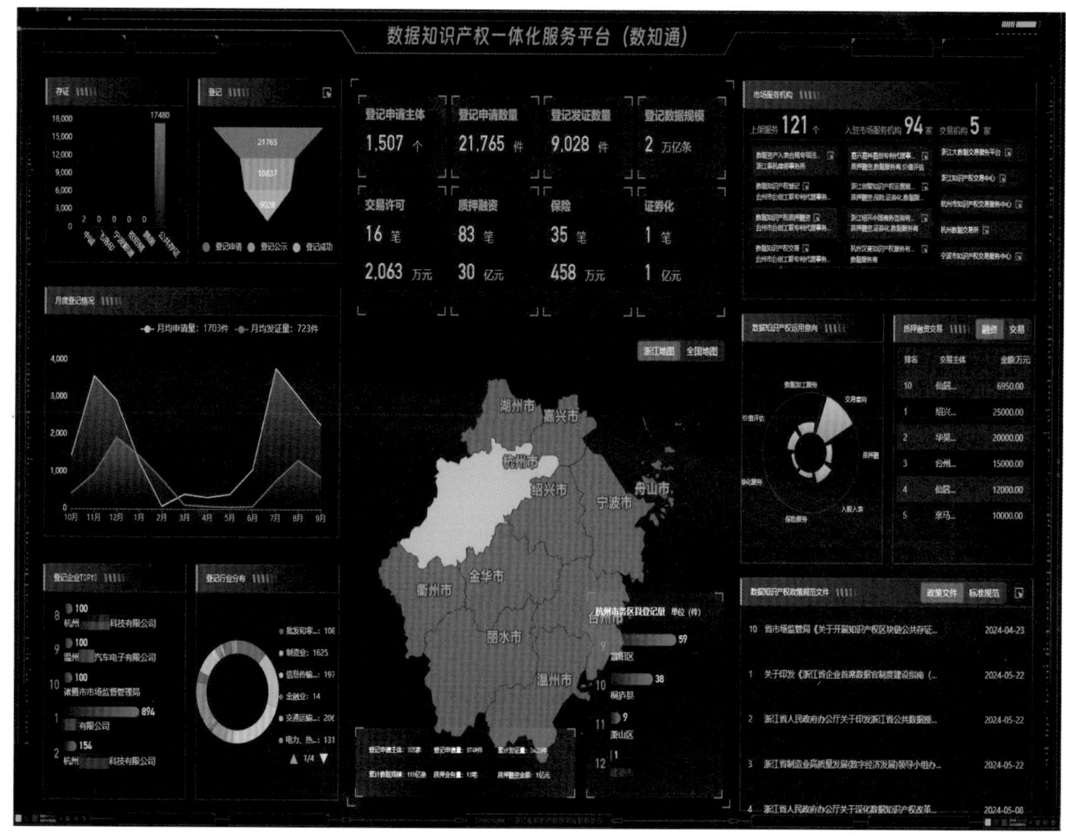

图 8-79　“浙江省数据知识产权登记平台”

三、应用成果

（一）提升治理效能

“浙江知识产权在线”上架浙江省政务服务网、浙里办、浙政钉，累计注册用户数达到21.9万余家，服务创新主体总数量达837万家次。通过应用系统，实现以下5个方面显著提升：一是便利化服务。如依托国家级知识产权保护中心，推进专利快速授权改革，发明专利优先审查推荐周期从7天压缩至3天，高价值发明专利授权周期从14个月压缩到最快42天。率先落地知识产权质押融资登记无纸化办理、企业变更与商标变更同步。二是精准化赋能。如率先开展专利开放许可试点，建立健全以“专利征集、匹配关联、精准推送、绩效评估、重点推广和政策激励”为主线的专利开放许可闭环管理机制，落地实施“沉睡”专利6023件次，转化为企业急需的现实生产力。三是快速化维权。如开展知识产权纠纷快处专项行动，打造专利侵权纠纷行政裁决网上办案系统，实现指导、立案、审理、反馈、结案全程在线办理，并推行“简案快办”模式，简化流程，将专利行政裁决案件平均办理周期减少至30日以内，较法定时限压缩50%以上。四是个性化管理。如打造“知识产权之家”场景，集成知识产权综合数据库、市场经营主体库、企业信用信息库等数据，系统自动关联识别分析，为不同创新主体量身定制知识产权结构分析、创造能力分析、行业比较分析等“全景画像”服务，助其提高知识产权管理水平。五是智能化治理。如依托“市场监管大脑”，运用规则＋算法＋模型＋组件，打造“专利异常申请熔断”“涉外知识产权风险预警”等6个智能化模块，构建实时感知、自动预警、快速反应、闭环处置的智能化治理机制，推进以算力换人力、以智能增效能。其中，“涉外知识产权风险预警”上线以来，通过归集相关国际规则、涉外风险数据、产业联盟、专家库、服务机构等信息，建立规则库、知识库及案例库，为企业提供风险预警服务，实现重点涉外案件应对指导率达100%。

（二）支撑争先创优

通过充分发挥“浙江知识产权在线”的撬动引领作用，浙江省知识产权治理能力显著提升，各项工作走在前列。自2020年中央对省（自治区、直辖市）开展知识产权保护工作检查考核以来，浙江省连年以名列前茅的成绩获得优秀；连年获得全国知识产权行政保护工作绩效考核第一；2021年、2022年国务院开展知识产权工作督查激励，浙江省均获得激励。

（三）强化示范引领

打造理论成果。率先探索明确数据知识产权的定义内涵、保护路径，被国家知识产权局整体吸收、全国推行。2023年有5个课题获国家级知识产权理论研究奖项，在全国数量最多。

催生重大政策。省委省政府出台《关于深入贯彻〈知识产权强国建设纲要（2021–2035年）〉打造知识产权强国建设先行省的实施意见》，省人大颁布实施《浙江省知识产权保护和促进条例》，推出18项创新制度举措，配套制定6个规范性文件。

贡献改革样板。累计承接国家级试点18项，8项经验获全国推广，6个案例入选知识产权强国建设典型案例，国务院职转办专题刊发简报推广浙江经验。

案例六　“GM2D在线”应用场景

物品编码作为万物互联的重要载体，是商品的全球唯一“身份证”和国际“通行证”。现有物品编码以条形码为载体，已有50余年历史，为经济全球化进程作出了巨大贡献。2020年底国际物品编码组织（GS1）基于数字经济时代发展需要，发起实施全球二维码迁移计划（Global Migration to 2D，简称GM2D）（图8-80），推动物品编码在2027年前由条形码向二维码迁移过渡，为全球商品换发“二代身份证”。2022年5月19日，浙江省市场监督管理局与国际物品编码组织、中国物品编码中心签署三方联合声明，在浙江建设全球首个GM2D示范区，推动在全球率先完成生产、流通、仓储、消费各环节全面运用二维码进行供应链管理，为GM2D全球推广形成一批可复制的标准案例。浙江省市场监督管理局根据GM2D示范区建设需求开发“GM2D在线”系统，并于2022年8月16日正式上线。

图8-80　全球二维码迁移计划Logo

一、场景概述

（一）治理背景

条码是由一组规则排列的条、空组成的符号，可供机器识读，用以表示一定的信息，包括一维条码和二维条码。一维条码指的是仅在一个维度方向上表示信息的条码符号（图8-81）。一维条码是光学可识读符号，只在水平一个方向上通过“条”与“空”的排列组合来存储信息，条码信息靠条和空的不同宽度和位置来传递。

图8-81 一维条码

二维条码指的是在两个维度方向上都表示信息的条码符号（图8-82），又称二维码。二维码是光学可识读符号，需要在水平方向和垂直方向识读全部信息。与一维条码相比，二维码具有数据承载量大、解析速度快、安全系数高等优势，能够适应数字经济时代产业链供应链精细化管理的需求。目前市场上的各类商品包装上已经出现各式各样的二维码和条形码，用于产品的防伪、防窜货、溯源查询、品牌宣传等功能，因此也出现了万“码”奔腾的乱象。

图8-82 二维码

“GM2D 在线”系统以二维码迁移为小切口，着力破解当前二维码应用中存在的“多”“散”“乱”“低”等痛点、堵点、问题，重塑物品编码治理体系，赋能产业链供应链升级、增进国际规则互联互通、促进贸易便利化，力争在服务和融入新发展格局、畅通国际国内双循环、打造高能级开放之省中取得市场监管新成效。

浙江省委省政府高度重视 GM2D 示范区建设。省委第十五届委员会第二次全体会议《决定》指出，纵深推进全国市场监管数字化试验区建设，加快打造“全球二维码迁移计划”示范区，打造市场强省。浙江省人民政府《关于深化数字政府建设的实施意见》明确，加快建设全球二维码迁移计划示范区，建立完善创新性、引领性的市场规则、监管规则。国际物品编码组织在签署三方联合声明时指出，浙江建设全球首个 GM2D 示范区“具有远见卓识，对全世界至关重要”。

（二）治理需求

第一，构建全流程追溯体系的需求。群众对食品、食用农产品、轻工产品等产品质量高度关注，追溯需求大，但消费知情权还不够充分。生产经营企业落实产品安全主体责任需要数字赋能，重要产品生产经营企业需要依规建立从物品生产、仓储、流通、消费到维权等全流程闭环管理和质量安全追溯体系。

第二，提升治理能力和治理体系现代化水平的需要。浙江省包装食品、食用农产品、轻工产品等产品安全追溯体系不统一、不健全，重要产品监管全链条全过程集成协同不够，且重要产品质量协同治理能力现代化水平不足。亟须通过建立产品安全风险监测、预警、处置、反馈闭环管控机制，打造科学规范、法治数智的安全风险治理体系。

第三，应对国外技术性贸易壁垒的需要。顺应全球物品编码发展，引领全国物品编码创新应用研究，预防未来技术性贸易壁垒对出口商对外贸易的影响，削弱出口竞争力。发挥物品编码统一标识的地基作用，强化物品编码与标准化技术支撑，率先抢占数字变革高地，争取数字规则话语权。同时，政府在构建国内国际双循环新格局上，需要获得更多接轨国际的专业支持。

（三）治理目标

一是助力政府数字追溯治理精准高效。集流程、功能、技术于一体的“GM2D在线”系统通过迭代市场经营主体、消费结算等相关数据统一接入和实时核验技术，深入贯通各平台数据，畅通各应用与“GM2D 在线”的数据通道，提升数据回传和共享效率；全面集成分析、服务、监督和评价等功能体系，打造“无感监管、有感服务”的物品编码“一件事”治理模式，助力有关部门、企业实现“一站式”领码、用码、管码，助力公平、高效、统一市场环境建设；GM2D 二维码在食品追溯、信息公示、举报投诉等多种场景下发挥作用，着力推动政府管理透明公平化、政府治理精准高效化、政府决策科学智能化，助力政府职能转变。

二是赋能产业链供应链优化及商业形态重塑。根据二维码译码可靠性高、数据容量大和保密防伪性好的特点，“GM2D 在线”系统聚合不同编码维度的二维码，实现 GM2D 品类码在流通环节可串联产业链上下游，打通企业内部 ERP 系统实现快速识读准确匹配，实现食品分拣、仓储、批发、配送等供应链各环节的自动化管理与无缝式信息交换，降低人工管理成本，提高行业核心竞争力；GM2D 批次码可在商超结算环节被精确识读批次信息实现精准拦截过期商品，提高企业结算效率及降低企业安全风险；GM2D 单品码在生产环节源头赋码，可实现每件产品全流程关键节点的精准安全追溯，同时通过扫码记录帮助分销企业实现防伪防窜货。“GM2D 在线”系统不仅可以实时掌握全省、全国乃至全球商品贸易全生命周期轨迹，同时以“码”为载体，可以增量开发产品展区、防伪溯源、码上抽检、产品召回、消费警示等不同应用场景，帮助企业在数字经济时代实现“批次管理、精准营销、过期拦截、聚合支付”等无限功能，贯通现代产业链供应链全过程。

三是推动数字经济营商环境可持续发展。赋能平台经济创新，开辟政府采购领域“一码贯通”，实现政采云平台上架商品全面赋码，上云、商品采购、在线验货、资产管理等全过程管理流程简化、全程追溯；推动电商平台领域 GM2D 应用突破，助力天猫超市自有品牌运用“GM2D 网购平台码”实现食品从农田到餐桌全生命周期的“无感”追溯管理，为消费者提供信息查询、消费评价等“有感”体验；推动第三方技术解决方案服务商应用 GM2D 二维码，打造 SaaS 系统应用二维码助力智能化订单处理、精细化仓储管理等，提升电商企业质量控制以及实现产品全流程管理和追溯，提升品牌知名度和影响力。

四是提升老百姓生活高品质需求。GM2D 二维码结合中国地理标志，为消费者提供原产地认证、地理商标授权证明、品牌价值介绍等丰富信息，实现地理标志数据阳光化、特色化、智能化；GM2D 二维码联通海关信息，消费者可一键查询国外生产厂家、生产国装货港、目的地卸货港等进口商品流转信息，直接获取进口商品的基本信息、物流信息、海关申报信息等内容，便于帮助消费者有效鉴别商品真伪，提高消费者对进口商品的质量信任和品牌认知；升级打造 GM2D 手机 UI 个性化定制界面，聚合多方数据，形成唯一、可信、透明的信息链条，为消费者提供丰富的产品信息，提高用户对产品溯源和质量的信任度，帮助消费者通过扫码实现快捷、方便的购物流程，增强消费者使用体验，助力消费者提高消费知情权，形成更多便捷、放心、优质的服务场景，满足老百姓高品质生活需求。

二、场景开发

为重塑二维码在物品编码领域的应用系统架构和业务逻辑以及确保物品编码的统一性、唯一性和开放性，2022年8月16日，“GM2D在线”系统正式上线，成为全球最大的二维码数据库和公共服务数字化平台。

（一）总体设计

“GM2D在线”系统立足原点、突出原创，以“码”为核心要义、以规则为主题主线，重塑二维码的系统架构和业务逻辑，构建“一库、一图、四清单、六场景”的“1146”体系架构（图8–83），建立相应算法模型，着力塑造一码集成、全程追溯、预测预警、决策管理的核心能力，为现代产业链供应链创新链生态体系提供一体化智能化的数字枢纽和技术底座。

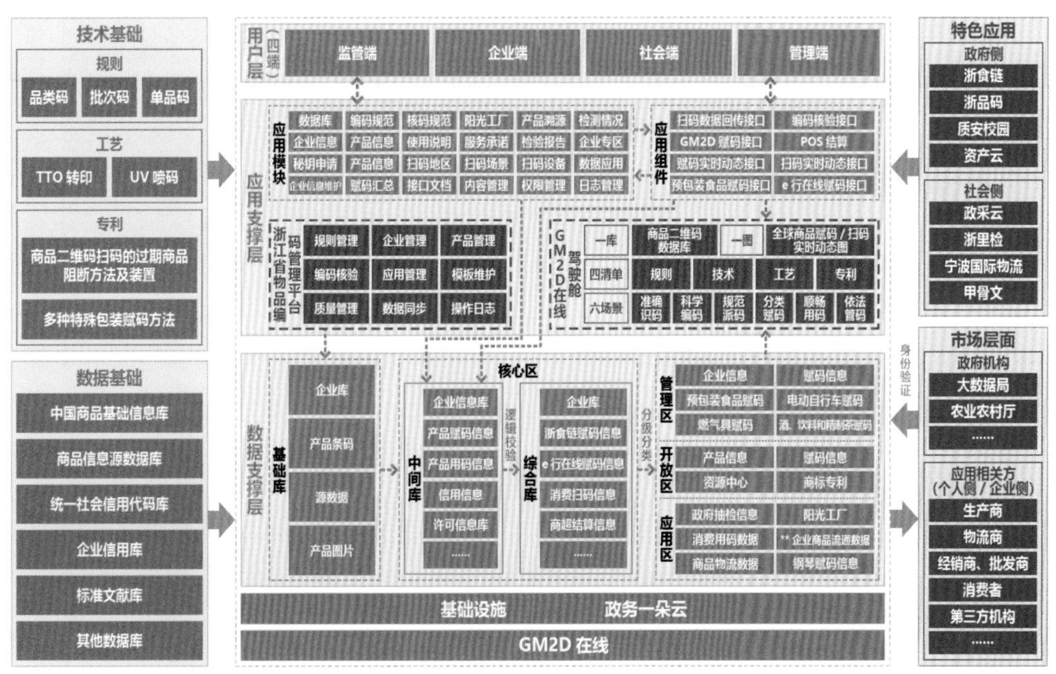

图8–83　“GM2D在线”系统架构图

第一个“1”即一个库（全球首个区域性物品二维码数据库）（图8–84）。二维码数据库全量实时自动归集产品目录、获码主体、赋码产品、用码次数、存量转码、增量赋码、省内赋码、来浙赋码、四侧贯通等二维码全生命周期及外延数据，并将每一项数据细化到最小单元。

图 8-84　物品二维码数据库

第二个“1”即一个图（全球商品赋码/扫码实时动态图）（图8–85）。实时动态图立足浙江放眼全球，在二维码数据库基础上，统一时空基准，通过数据空间化、可视化建构，按照全球、中国、浙江3个层级，贯通11个地市90个县（市、区）驾驶舱，动态展示商品赋码、扫码、用码的轨迹以及贸易流向，实现产业链供应链的可看、可查、可研、可判。

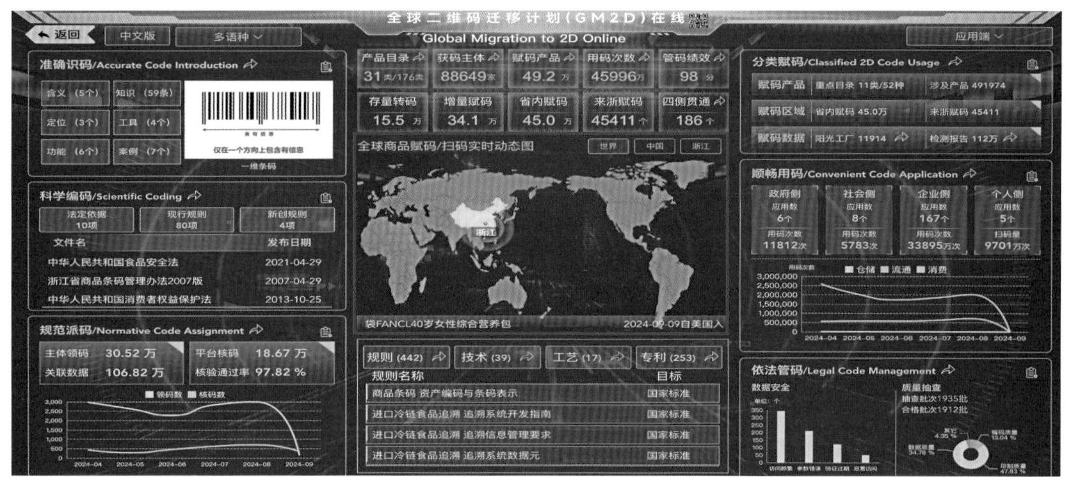

图8–85　全球商品赋码/扫码实时动态图

“4”即四张清单（规则、技术、工艺、专利动态清单）（图8–86）。“四张清单”是“GM2D在线”的核心要素。全面梳理国际国内物品编码规则、技术、工艺、专利，通过理论研究、系统分析、实践创新，实现现行和原创规则、技术、工艺、专利的分类管理和应用，构建二维码治理数据和规则的基础支撑。已归集规则442项，技术39项，工艺17项，专利253项，成为GM2D示范区建设的强大动力源。

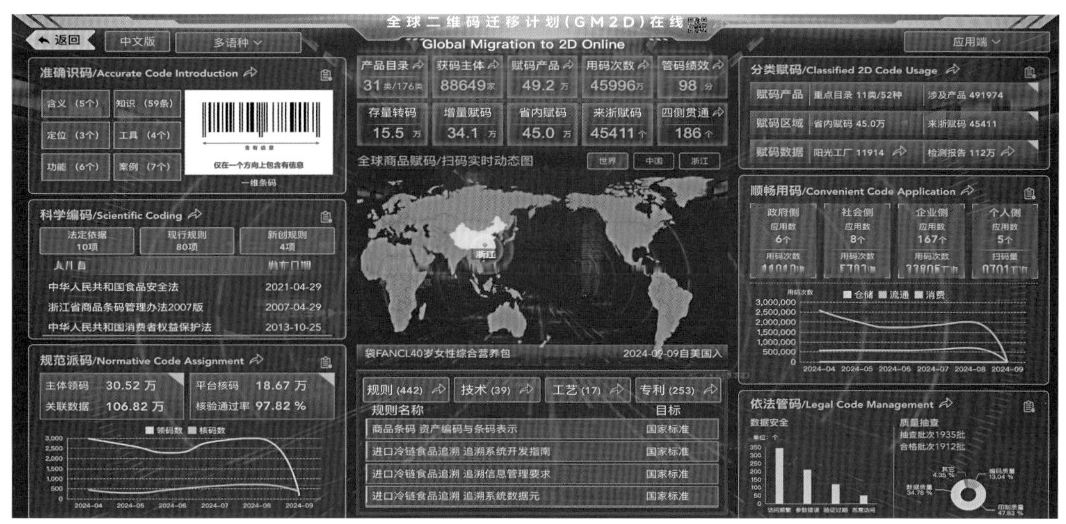

图8–86　规则、技术、工艺、专利动态清单

“6”即六大场景（准确识码、科学编码、规范派码、分类赋码、畅达用码、依法管码等6大场景）（8–87）。围绕“一码知全貌、一码管终身、一码行天下”目标，运用二维码相关原创技术，系统重塑二维码治理业务逻辑和流程规则，建设6大场景及N个子场景。

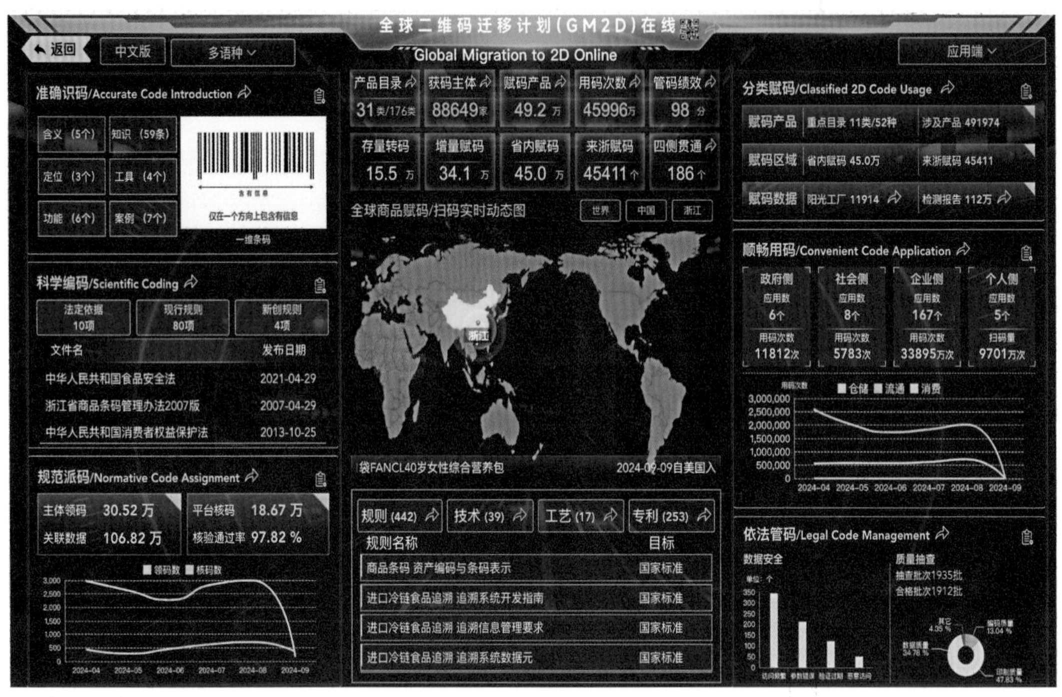

图8–87　6大场景

（二）主要场景

1.“准确识码”场景

“条形码”“二维码”虽然广泛见于日常生活，但是无论监管人员、企业还是普通消费者对其科普知识知之甚少，对于“码”在产业链供应链管理中发挥的作用更是不甚了解，因此对于为何要开展“全球二维码迁移计划”的意义和背景也无法深刻把握，不利于形成各方合力协同推进，因此有必要归集关于“码”的各类知识点，加深社会各界对其的认知和理解。

全面集成“码”的含义、定位、功能、工具、案例等内容，通过动图、视频等各类形式系统解读“码”在生产、流通、消费、监管等产业链供应链各环节的功能作用，系统普及二维码知识，提升社会认知水平。目前已归集各类知识84项。“准确识码”场景如图8–88所示。

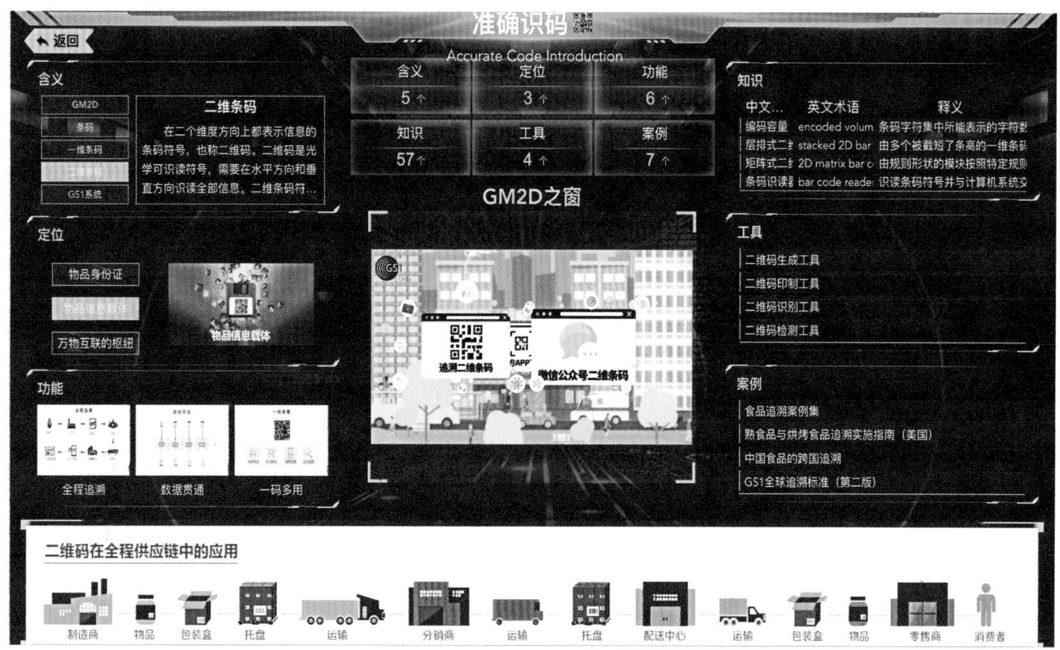

图 8–88 “准确识码”场景

（1）统一物品编码定位。深刻认识编码是物品唯一身份证定位，进一步认知物品编码是连接数字世界和物理世界的重要桥梁，是实现物品信息向数字化转换的有效手段，是发挥大数据价值的基础支撑，是加强重要行业与产品监管追溯的基本途径。充分认识 GS1 物品编码体系在浙江省数字化改革中的“技术底座”作用，系统普及二维码知识，提升社会认知水平。

（2）提升二维码功能认知。深入应用物联网、云计算、人工智能等新一代信息技术，充分发挥二维码信息容量大、编码范围广、自由度高、容错能力强、保密性好、译码可靠性高、应用范围广、成本低廉等特点，拓展二维码唯一标识、数据存储、精准导航、数据贯通、信息透视、轨迹追溯等功能，主动加强物品编码治理体系系统性重塑，提升二维码在生产加工、仓储物流、消费结算、监管追溯等领域应用的深度广度，支撑数字化改革有机衔接、贯通融合、一体推进。

（3）再造供应链产业链。推动商品数字信息在传统商贸、物流、工业领域应用基础上，向全流程供应链、人工智能、智能制造、网络标识等方面的延伸，推进物品编码贯通应用于数字供应链、供应链协同、全流程追溯、贸易国际化等领域，赋能现代产业链供应链生态体系建设。建立二维码赋能供应链产业链建设经典案例库，加强推广形成示范引领效应。

（4）深度应用标准体系。建立涵盖基础标准、技术规范、应用指南、评价规则4个层级，覆盖识码、编码、派码、赋码、用码、管码6个环节，规则统一、动态开放、兼容实用的二维码迁移计划标准体系。以标准宣贯实施为主要途径，联动推广二维码编码规则、技术、工艺、专利，完善标准实施信息反馈和评估机制，迭代升级二维码迁移计划标准体系，充分发挥标准在示范区建设中的基础性、引领性作用。

2. “科学编码”场景

物品编码依托法律基础并应用统一的通用规则在现今社会的重要性日益凸显，特别是在数据互联互通以及产业链供应链中起到核心作用，但却往往容易被忽视，导致对“全球二维码迁移计划”的必要性及其深远意义认知不足。因此，亟须依托符合国际要求、国家要求的物品编码的法律依据和标准规范，为二维码数字化治理提供坚实支撑。

全面厘清物品编码法律依据10项，梳理相关标准、规范、指南80项，分析编码标识、数据载体、二维码解析等物品编码技术，全面解构“浙食链”“浙冷链”“浙农码”等二维码应用，统一数据采集指标、传输格式、接口规范等编码规则，新创基于国际物品编码组织统一标识系统重要产品统一编码规范、附加信息、追溯编码、服务关系等四类规则11项，构建GM2D示范区物品编码通用规则，推动各领域各层级各部门物品编码规则有序兼容，实现二维码治理有规可依、有规必依。“科学编码”场景如图8-89所示。

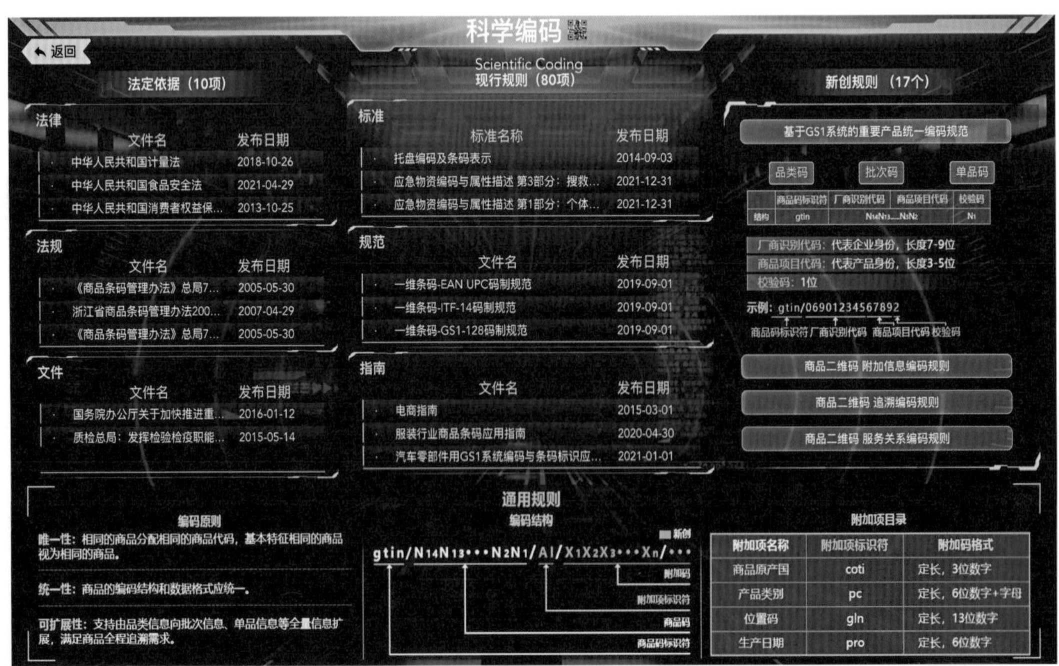

图8-89 “科学编码”场景

（1）全量梳理编码依据。厘清食品安全法、农产品质量安全法、药品管理法、浙江省商品条码管理办法等物品编码法律依据，梳理相关国际、国家、行业、地方、团体等各层级标准，分析编码标识、数据载体、二维码解析等物品编码技术，为建立合法合规、创新融合、开放兼容的编码规则奠定基础。

（2）科学界定编码范围。以食品、化妆品、日用化学品、儿童玩具、家用电器等为重点，基于国际物品编码组织全球商品分类标准和国民经济行业分类标准，制定分步实施、动态更新的示范区建设编码产品目录，明确示范区实施的产品范围，督促市场经营主体严格履行主体责任，保障质量安全和公共安全。

（3）统一规则促进兼容。全面解构“浙食链”“浙冷链”“浙农码”等二维码应用，统一数据采集指标、传输格式、接口规范等编码规则。加强底层协议、算法架构、规则接口等规则开放应用，推动各领域各层级各部门物品编码规则有序兼容，促进应用系统互联互通、协同共享。

3.“规范派码”场景

在当前复杂多变的商业环境中，物品编码与标识管理的重要性日益凸显。然而，传统的派码制度已难以满足现代产业链供应链管理的需求。为提升管理效率、保障产品质量安全、促进市场公平竞争，通过规范派码制度确保每一件产品都能拥有唯一且准确的身份标识，为产品追溯、质量监管和市场监管提供有力支持。

重建派码制度，对纳入编码产品目录的产品实施全域、全类、全量物品编码与标识管理。重构派码渠道，构建基于统一规则的派码管理机制，实施主体领码、平台核码两种派码方式，引导市场经营主体在“GM2D 在线”系统自主申请领码，鼓励市场经营主体上传自主编码信息，进行核验派码。开发二维码聚合应用功能，解决“一物多码”问题，实现“一码集成”。截至2024年8月30日，已累计注册市场经营主体8.8万个。“规范派码”场景如图8-90所示。

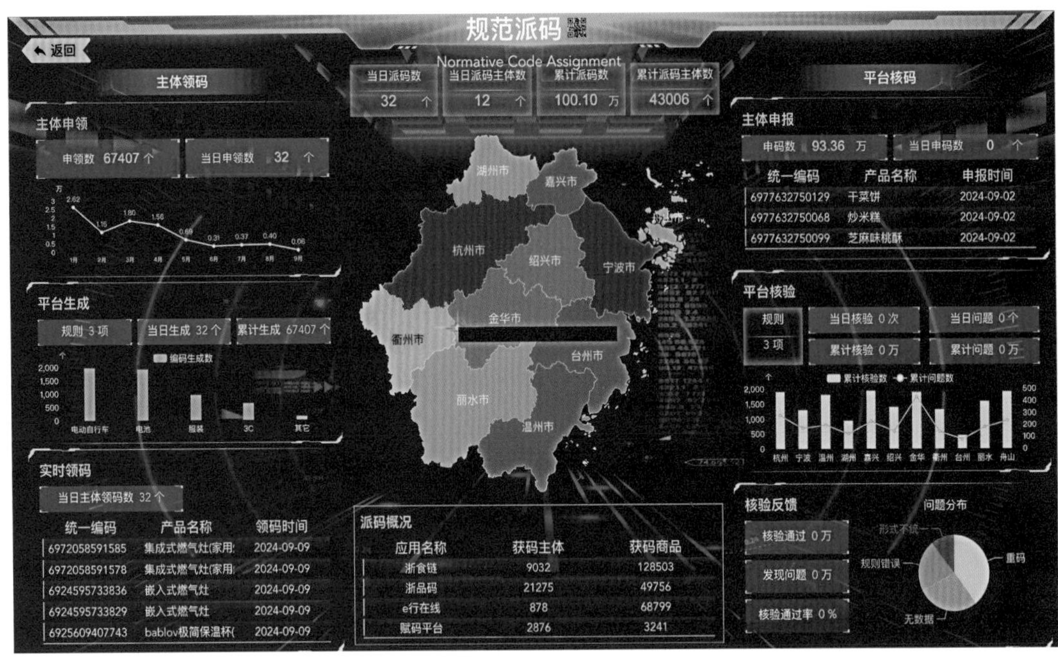

图 8-90　“规范派码”场景

（1）重建派码制度。建立 GM2D 物品编码与标识管理制度，对纳入编码产品目录的产品实施全域、全类、全量物品编码与标识管理。市场监管部门负责 GM2D 物品编码统一管理和数字资源维护；发改、财政、商务、农业农村、经济和信息化等应用部门及各级人民政府负责本领域、本地区物品编码与标识的应用；市场经营主体应对照编码产品目录开展物品编码申领和标识制作工作。

（2）重构派码渠道。构建基于统一规则的派码管理机制，实施主体领码、平台核码两种派码方式。引导主体在“GM2D 在线”自主申请领码，由“GM2D 在线”依据统一编码规则，结合产品申报信息，自动生成唯一编码供主体领用。鼓励主体向“GM2D 在线”上传自主编码信息，由“GM2D 在线”核验编码有效性、准确性后，生成唯一编码反馈主体使用。开发“GM2D 在线”PC 端和移动端，高效便利助推主体领码和平台核码。

（3）集成派码数据。建立 GM2D 应用“一本账”，接入相关政府部门和行业组织平台、第三方应用系统和主体内部系统，与国家商品编码数据库和源数据库对接，实现编码数据的规范统一和互通共享。开发二维码聚合应用模块，集聚各部门、各单位物品编码应用，统一扫码入口，解决“一物多码”问题，实现“一次采集、全程用码”。加强“GM2D 在线”信息采集、信息核验、信息反馈全过程管理，汇集产品基础信息，建设权威统一海量的GM2D物品编码数据库。

4.“分类赋码”场景

根据不同行业的特性和需求，定制专属的赋码链路，确保赋码过程能够准确反映产品从生产到消费的全过程。更重要的是，通过实时追踪和反映生产、流通、消费、监管等全链路各环节的赋码情况来全面呈现不同行业赋码链路的独特性和浙江本地与外地产品赋码逻辑的差异。这种区别处理旨在更精确地适应不同产品的流通特性和监管要求，确保赋码信息的准确性和有效性。

实行分行业产品赋码，围绕食品制造、农副食品加工、酒、电气机械与器材、进口商品等12类产品，按照浙江自产产品和来浙产品两个体系逻辑分类赋码，穿透省内头部企业，实时反映生产、流通、消费、监管环节赋码的工艺、技术、流程、信息和进度，累计赋码省内产品38万种、来浙产品30730种。“分类赋码”场景如图8-91所示。

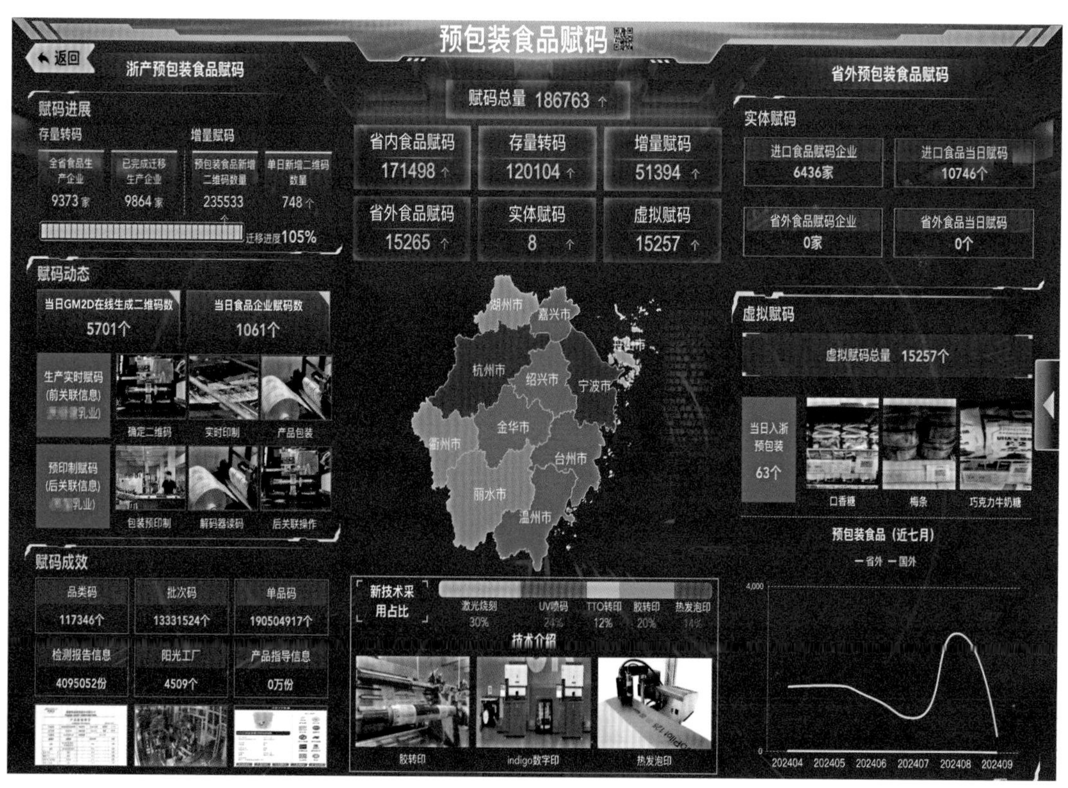

图8-91 “分类赋码”场景

（1）推动浙产主体源头赋码落地。督促主体将目录产品按要求接入编码数据，落实源头赋码、首站赋码，支持浙产主体开展技术改造，引导主体提升数字化、智能化水平。制订GM2D生产主体实体赋码推进年度计划，按照“试点先行、梯次推广”原则，以“浙食链”“浙冷链”“浙江e行在线”“浙江质量在线”等重点应用为切口，分类明确重点地区、重点行业、重点产品试点，逐步扩大赋码覆盖面。

（2）推动省外产品联动赋码。会同中国物品编码中心加快在全国范围内实施“全球二维码迁移计划”，建立二维码产业联盟，逐步实现省外生产主体对销往浙江省的目录产品按要求落实生产、流通环节首站赋码。鼓励省内大型供应商、批发商、大型商超优先采购印有二维码的省外产品，利用市场化机制促进省外生产主体推行GM2D物品赋码。

（3）推动主体增值赋码效能。在“GM2D在线”设置主体赋码自助专区，鼓励主体根据产品特性和推广需求，上传产品说明书、检测报告、认证证书、阳光工厂视频等附加信息，推动符合“GM2D在线”信息管理要求的产品数据阳光化、多样化，丰富应用场景，增值赋码效能。

（4）推动赋码技术迭代创新。全面推进主体赋码技术升级，全类归集条形码、自编码并向二维码赋码类型转换，全面推行品类码、批次码向一物一码的赋码方式转变，推广使用激光烧刻、UV喷码、TTO转印、胶转印、Indigo数字印刷等新型赋码技术，加强自动识别、印（制）码等关键技术专利布局，构建形成知识产权保护、技术升级、产业扶持、资金政策等多维度的共建共享模式，打造“数据归集、物码关联、创新创优、应赋尽赋”的赋码生态。

5.“顺畅用码”场景

基于行业领域和市场需求，灵活发挥二维码在不同场景中的独特使用价值。无论是追溯商品的生产源头、集中采购提升效率，还是保障消费者权益、简化支付流程，二维码都能发挥其独特作用。通过充分展现二维码的广泛应用和巨大潜力，共同推动二维码技术在各行各业中的创新应用，为人们的生活带来更多便利和惊喜。

构建基于二维码的物品交易信息链条，推进仓储主体二维码识读系统改造，推动大型商超二维码结算，实现“一码溯源”“一码集采”“一码维权”“一码结算”。截至目前，通过打通联华超市、便利蜂等大型商超，累计归集流通扫码21932万次，仓储扫码160万次，消费扫码7219万次。“顺畅用码”场景如图8-92所示。

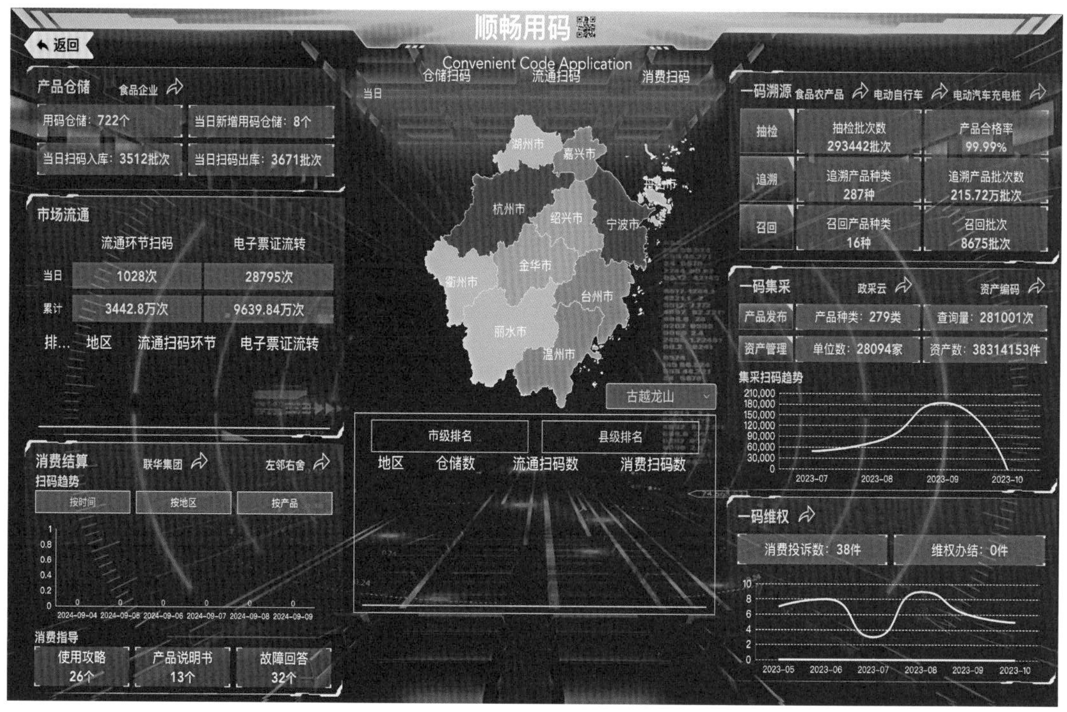

图8–92　“顺畅用码”场景

（1）重塑仓储用码体系。推动仓储主体做好二维码识读系统改造，同时兼容条形码、二维码，逐步升级为以二维码为主；重构仓储底层逻辑，推进仓储主体二维码管理，建立以二维码为信息承载基础的仓储管理体系，推广自动识别、无人配送技术，提高物品管控调配效率，提升主体治理效能和创新管理能力。

（2）重塑市场流通应用。贯通上下游交易主体信息交换渠道，构建基于二维码的物品交易信息链条，实现交易订单、结算支付、合格凭证无纸化，有效降低商品流通交易成本。多维集成主体信用、品牌培育、违规处置等重要信息，形成市场经营主体信用画像，实现主体供应商在线一码审计，整体重塑二维码市场流通应用。

（3）重塑消费用码结算。研究开发产品比价、防伪溯源、品牌展示、品质追溯认证、聚合支付等功能融合嵌入，优化信息展示页面，提升消费者扫码购物体验。推进大型商超二维码结算，确定一批实施二维码识读系统改造的大型商超门店试点清单，制定《GM2D大型商超二维码结算推进计划表》，推动消费结算二维码技术改造，逐步拓展到更多的商超连锁企业。

（4）重塑质量溯源链条。强化GM2D物品编码对产品追溯信息的承载作用和质量溯源的媒介作用，打造产地信息、检测信息、加工信息、库存信息、交易信息等全量基础溯源信息高质量上链成链。研究开发码上抽检、一键追溯、产品召回等全链条功能融合嵌入，拓展 GM2D 相关第三方质量溯源应用场景，整体性重塑质量溯源链条及其应用场景。

（5）重塑公共采购流程。制定物品编码在公共采购的应用标准和数据标准，并进行实践，为物品编码在政府采购领域的规范应用提供标准支撑。推动“政采云”等政府采购平台接入“GM2D 在线”，鼓励上云商品赋二维码，并关联全量商品属性，实现公共采购透明化。一码贯通商品上云、商品采购、资产管理、资产报废等全生命周期，重塑公共采购流程，提升采购效率、规范采购程序。

（6）重塑投诉维权模式。强化商品全链条信息关联，一码贯通消费者权益保护组织、企业、消费者及监管部门消费投诉维权链条。开发扫码投诉、在线咨询、码上处置、消费警示、消费体验等功能融合集成，聚合消费投诉、投诉处理等数据，强化消费纠纷源头管控，高效高速处理消费纠纷，打造“一码维权”消费维权新模式。

（7）重塑监管处置流程。建立以 GM2D 物品编码为核心的产品安全风险闭环处置机制，互联互通省市县乡四级数据。以实战实效为导向，加强产品风险隐患信息收集研判，聚合产品抽检、CCP 数据、商贸物流、检验检疫等多维度“异常”数据，绘制产品风险画像，进行风险分级管理。深入对接“互联网 + 监管”“掌上执法”“浙里办”等数智监管应用，完善“一键执法”“一键查询”“一键点检”等监管执法便捷化功能，实现基层执法人员线下扫码、线上核查、实时处置的一体化执法，大幅提高监管效能。

6.“依法管码”场景

二维码的广泛应用为物品交易信息链条带来了革命性的变革。确保实体码质量、数据质量及数据安全成为推动这一变革可持续发展的关键。因此，通过全面加强对二维码质量及数据安全的监管，从行政管理、质量管理、安全管理三个维度出发，系统构建管码生态的可持续发展机制。

加强对实体码质量、数据质量、数据安全的监管，从行政管理、质量管理、安全管理三个维度，系统构建用码生态可持续发展机制。建立仓储、流通、消费环节失效无效码识别阻断机制，实现切断预警率4.0%，信息切断率1.0%。加强二维码质量检测，识别编码质量、印制质量、数据质量，累计检测5832批次，整改71批次。建立二维码信息安全管理机制，实现二维码数据分类分级、授权开放管理，快速处置数据安全风险和威胁，筑牢二维码数据安全防线。“依法管码”场景如图8-93所示。

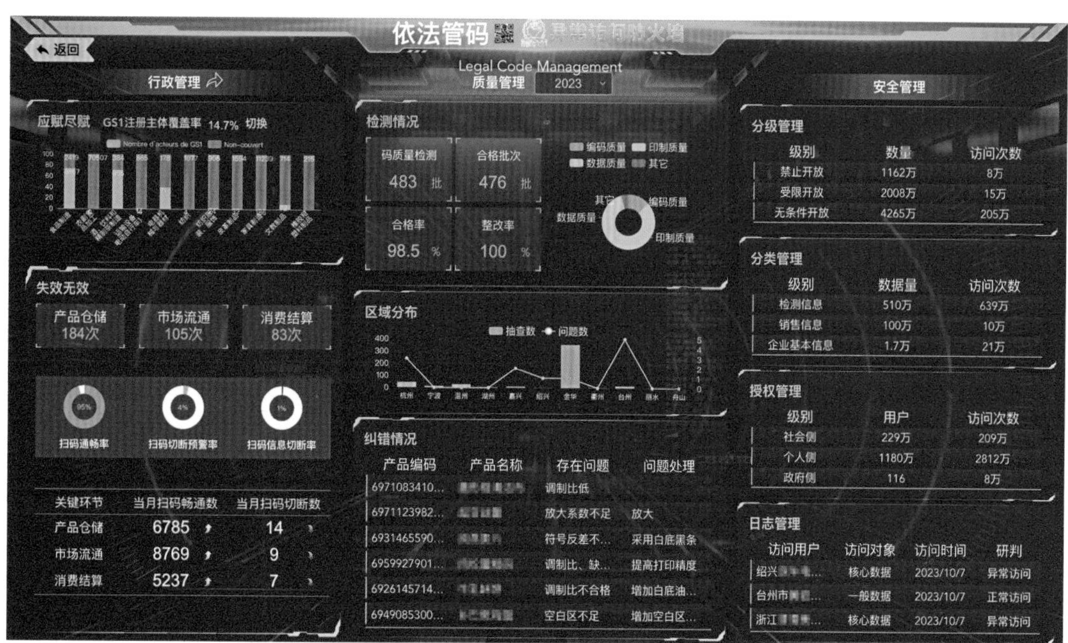

图8-93 “依法管码”场景

（1）强化实体码质量闭环管理。针对不同产品类型、不同包装层级、不同管理颗粒度的实体码印制需求，制定实施产品实体印制二维码技术规范，提升译码速度和准确性。加强印码质量监督检查，依据国家标准开展二维码印制质量检测，指导经营主体提高二维码质量，提高政府监管和消费结算效率。

（2）强化数据质量闭环管理。建立物品编码备案、校验机制，引导市场经营主体及时做好产品信息备案变更，确保二维码信息和实物信息保持一致。开展数据核验检查，对发现的异常数据督促市场经营主体校核并确认数据有效性，缺失数据限时补录。加强二维码使用日常监督管理，督促市场经营主体落实主体责任，针对信息不全、信息错误、信息冒用等数据质量问题，限期改正。

（3）强化数据安全闭环管理。建立严格的二维码信息安全管理机制，用码印码单位和个人应当接受有关管理部门对二维码使用规范性的检查和管理，防止物品编码标识误用、冒用、盗用。构建多层次的物品编码信息共享机制，针对不同国家、地区和应用场景，分类分级、授权开放数据，实时监测、动态防御、快速处置数据安全风险和威胁，保护数据免受泄露、窃取、篡改、毁损、非法使用等，筑牢二维码数据安全防线。

（三）特色场景

持续迭代升级“GM2D在线”，优化赋码、用码、管码等算法和技术方案，开发保健品、化妆品、日用化学品、儿童玩具分行业特色场景，提升“GM2D在线”服务与管理功能。目前已迭代更新共26个版本，开发特色场景（图8–94、图8–95）28个。

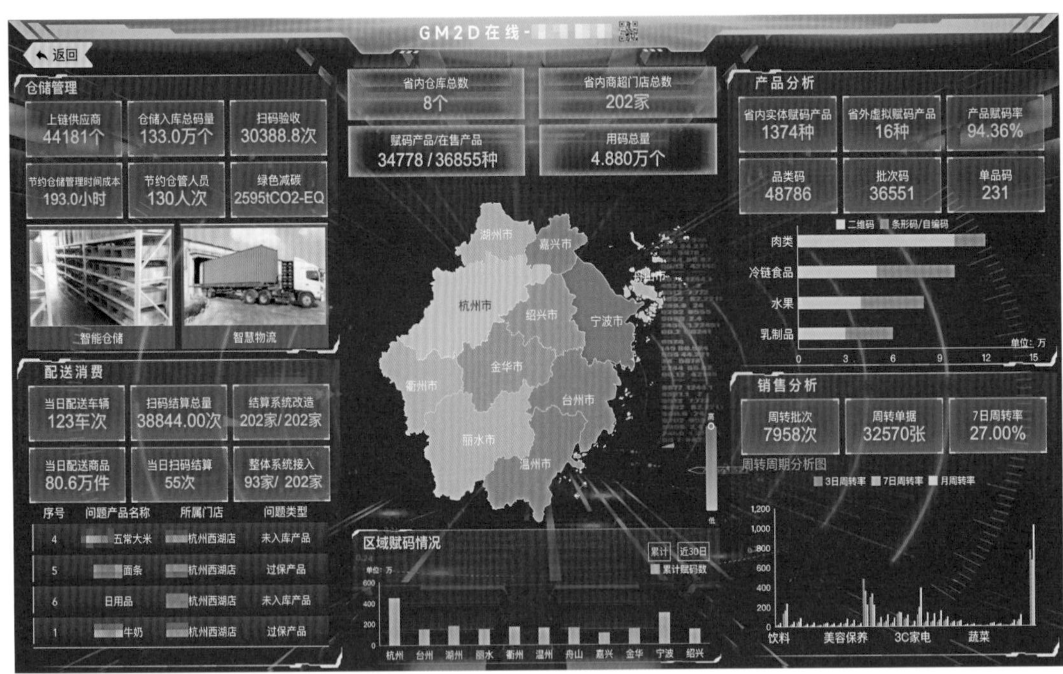

图8–94 ××集团特色场景

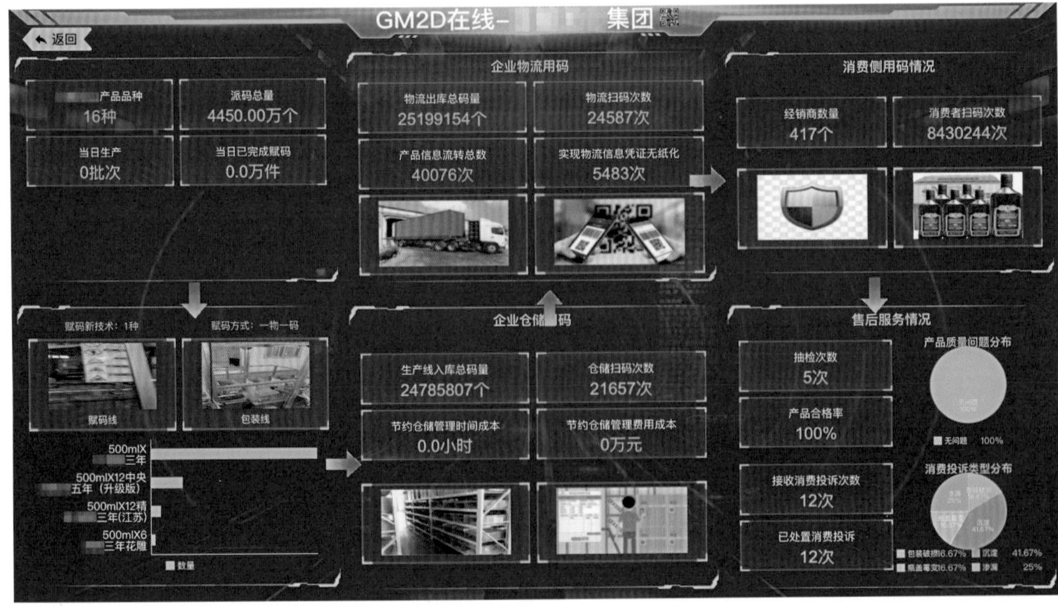

图8–95 ××企业特色场景

三、应用成果

GM2D示范区建设以来，取得了较为突出的成效，是市场监管领域“立足浙江发展浙江、跳出浙江发展浙江”的生动实践，国际物品编码组织主席雷诺德·巴布艾特先后两次专门通过贺信、视频形式称赞“这些成果非常令人振奋，远远超出我们的预期”。

（一）亮点成效

1. 取得一批实践应用成果

一是二维码迁移快速推进，累计为8.8万户经营主体的38.7万种产品成功发放3.4亿张商品“二代身份证”。二是应用场景不断拓展深化。成功打造一码集采、一码溯源、一码结算等用码场景，累计归集流通、消费扫码用码数4.54亿次，政采云平台4971余类上架商品将实现二维码上云、采购、验货管理。三是便利国际贸易。上线英语、法语、俄语、西班牙语、日语、韩语6种外语版本，得到国际用户认可，目前已记录美国、荷兰、越南、澳大利亚等187个国家扫码用码数据3.4万条。

2. 取得一批规则创新成果

系统构建GM2D示范区建设编码规则体系，全面接轨国际编码规则，原创首创批次码、单品码、位置码等4类11项编码规则，形成“通用规则”应用于示范区建设实践中。提出的《二维码零售结算技术规范》国际标准提案获立项受理；制定的《商品条码　服务关系编码与条码表示》《商品条码　资产编码与条码表示》等3项国家标准和《基于GS1系统的重要产品统一编码规范》《商品二维码符号放置指南》等4项地方标准获批发布。

3. 取得一批理论研究成果

注重总结提炼GM2D示范区建设经验，上升为具有一般规律的理念方法，形成理论和技术成果11项，《基于绿色计算的监管技术变革的效能评估——二维码演变的案例研究》投稿 *Government Information Quarterly* 国际期刊，《“全球二维码迁移计划”的浙江模式与启示》获北大核心期刊《科技管理研究》录用，《GM2D大数据供应链应用流程优化模式研究》等5项理论成果获国家级期刊采纳刊发。

4. 取得一批关键技术成果

成功攻克“一物一码”喷码、二维码离线结算、“一物一码”后关联、RFID包装物生产技术、二维码包装前赋码技术等5项关键技术；指导生产端、流通端、消费端进行技术改造升级，推动省内12900余家商超实现二维码结算；二维码赋码装备、产线分道设备、产线实时视觉识别采集等新设备开发应用，推进5000家以上企业进行生产线改造；累计申请底层协议、算法结构等技术工艺相关专利21项，其中获《目标对象交易凭证的管理方法、电子设备及存储介质》等7项发明专利、《一种二维码旋转采集设备》等2项实用新型专利以及《全球二维码迁移计划派码平台》等3项软件著作权。

5. 取得一批改革突破成果

GM2D示范区建设荣获2023年第二届全球数字贸易博览会先锋奖（DT奖）金奖，获评浙江省“地瓜经济”提能升级“一号开放工程”第二批最佳实践案例，荣获2022年度浙江省改革突破奖铜奖和2022年省政府改革创新项目。“GM2D在线”获评2022年数字化改革最佳应用、数字政府系统优秀应用案例（第二批）。数字化改革《领跑者》第23期专题刊发“全球二维码迁移计划（GM2D）在线”应用介绍，全省数字化改革例会连续两次被省委主要领导作为典型应用给予专门点评和充分肯定。

6. 取得一批示范推广成果

国际推广方面，2023年2月，省市场监管局代表团受邀赴比利时布鲁塞尔参加国际物品编码组织2023年全球论坛，向全球111个国家和地区的代表展示浙江GM2D示范区的经验做法和取得的重大成果，国际物品编码组织高层一致认为“浙江GM2D工作领先全球，值得世界各国学习借鉴”；同年5月，国际物品编码组织主席雷诺德·巴布艾特一行来访浙江，赴温州苍南、杭州、德清访问GM2D示范区建设工作情况，并对示范区建设一周年来取得的工作成果给予高度评价，认为“浙江试点的规模和成功让人印象深刻、鼓舞人心，为推广GM2D探索了一种新模式”；《中国浙江省采用二维码提高食品安全和供应链效率》应用案例，被成功收录至国际物品编码组织全球案例库，得到全球115个物品编码组织关注和学习。国内交流方面，浙江卫视播放《思想的伟力·在“八八战略”指引下》系列特稿第一篇，开篇即以省局GM2D示范区建设工作举例说明；浙江GM2D示范区建设先后参展2023世界互联网大会以及2022和2023年全球数字贸易博览会；省局以“全力推进‘全球二维码迁移计划’示范区建设为物品编码迁移改革探路”为题在2023年全国物品编码工作会议上作专题发言，获国家市场监督管理总局领导肯定表扬；GM2D全球首个示范区浙江工作经验在2023年消费品论坛（CGF）全球E2E端到端价值链会议上分享；2024年2月，宝洁中国团队赴浙学习调研GM2D示范企业并希望能与浙江深化合作，共同推动GM2D发展。

（二）典型案例

1.GM2D赋码用码技术应用案例

温州苍南作为全省首个GM2D县域先行试点地区积极组建GM2D数字化产业联盟，全面推动赋码研发技术水平的提升以及二维码数字化解决方案的应用，引导GM2D包装印刷及配套产业集聚发展。通过创新二维码相关的可变数据印刷、RFID技术、全流程溯源和新编码规则应用等方面成果，充分发挥在食品、食品相关产品、印刷包装等相关产业方面优势，助力全省GM2D技术支撑。

2.GM2D“一物一码”应用案例

浙江××健乳业有限公司积极改造产品赋码生产线，目前已成功完成6条生产线的改造升级。截至目前，已完成40款产品应用GM2D二维码，其中一物一码产品20款，生产产品279221批次，累计GM2D赋码量超1.63亿个。通过对产品进行“一物一码”实现每件乳制品从原材料采购、储存、生产加工、抽样质检及成品储存等全环节追溯，提高食品安全追溯效率，并为企业内部问责制的实施提供依据。浙江××酒业股份有限公司通过“一物一码”应用大幅提高供应链数据交换效率，降低企业管理成本，实现多级经销环节的产品市场流向全面掌握，以及价格管控和利益共享。

3.GM2D进口商品赋码应用案例

宁波北仑以管理制度完善、储存条件优秀的长海仓作为首个“一般贸易集中贴码监管仓”，配置专业贴标自动化设备，提高GM2D二维码张贴速度及精度，节省综合成本。仓内配备高清摄像头，实时监控货物转移、拆包、贴码全环节，确保GM2D二维码贴码过程规范统一。

4.GM2D箱码保障亚运食品安全应用案例

统一规则的GM2D箱码深度应用于出库入库、抽检监测、冷链物流等环节，大幅提高工作效率及精确度，确保产品信息的实时性与准确性，降低运营成本，助力杭州亚运食品安全保障效率。亚运期间，累计赋码量总计240万余个，扫码量超99万次，保障2624.89吨食材，368.94万人次安全用餐，实现了食品安全事故和食源性兴奋剂事件“两个零发生”，获得了国际奥委会主席托马斯·巴赫专门肯定，以及多国运动员代表团的高度评价。亚运食材仓 GM2D 箱码业务流程如图 8–96 所示。

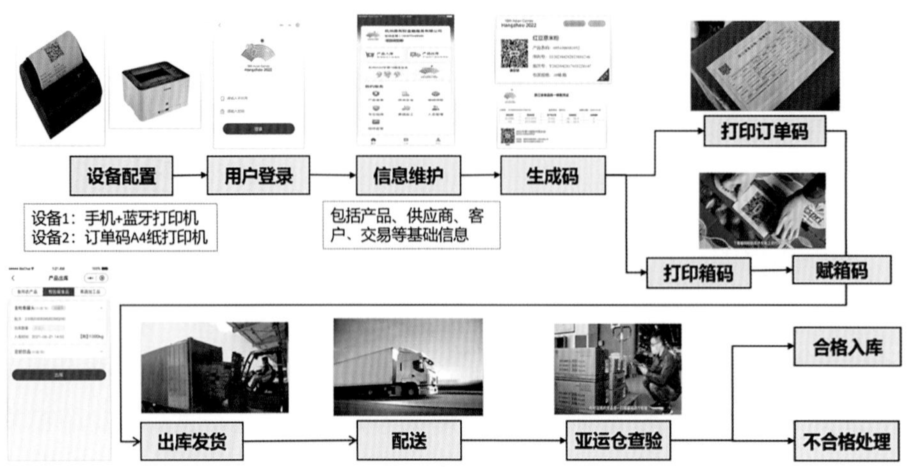

图 8–96　亚运食材仓 GM2D 箱码业务流程

5.GM2D 赋能政府采购领域应用案例

政采云有限公司积极探索“一码集采”新场景并取得重大突破，已实现 4971 类上架商品全面赋码，上云、采购、验货管理“一码贯通”。截至目前，推进 36.7 万个产品在政府采购平台快速上架、商品采购、在线验货、资产管理等，实现全过程流程简化、合规管理、全程追溯。“一码集采”业务流程如图 8–97 所示。

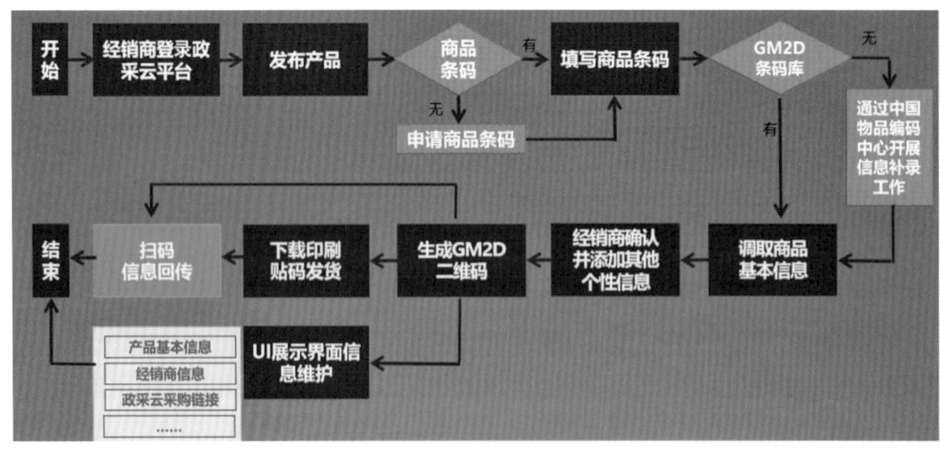

图 8–97　“一码集采”业务流程

6.GM2D 提高商超结算效率应用案例

杭州 ×× 华商集团有限公司通过二维码结算改造，可精确识读批次信息实现精准拦截过期食品，提高企业结算效率及降低企业安全风险。浙江 ×× 物流有限公司，创新 GM2D 价格标签扫码点单新模式，门店经营者通过扫描所需商品价格标签二维码，进行准确匹配，个性化选择单件、整箱、批量补货，点单准确率100%，平均下单时间从6分钟缩短为1分钟，大大提高门店管理效率。形成总部“验货入库—分类仓储—自动拣货—精准配送”、门店“快速下单—订单验收——一键退货”的全流程二维码管理体系，降低人工管理成本，提高行业核心竞争力。

7.GM2D 打造 UI 界面加强品牌效应应用案例

全省全面打造400家企业二维码手机 UI 个性化定制界面（图8–98、图8–99），升级二维码手机应用信息聚合功能，有效增强企业品牌形象，展现产品特点帮助企业引流。消费者通过扫描产品上的二维码，能够直观地看到产品的检测信息、监管信息、“阳光工厂”视频以及企业个性化介绍等内容，对产品有更直观的了解，实现消费者“买卖明白、消费透明、吃得放心”以及助力消费者提高消费知情权，提升消费者使用体验。

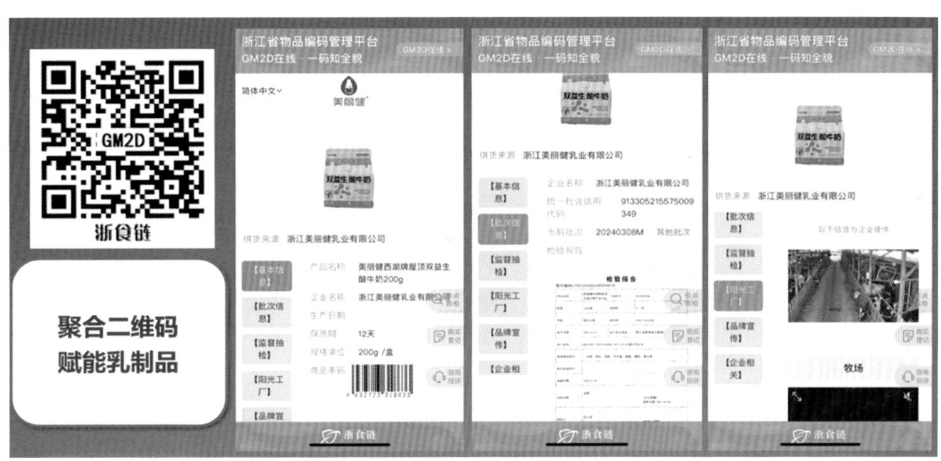

图8–98　GM2D 二维码 UI 界面在食品领域应用

图8–99　GM2D 二维码 UI 界面在产品领域应用

后　记

2022年，浙江省率先开展全国市场监管数字化试验区建设，数字化应用场景开发与建设是试验区建设的重要任务，《数字化应用场景研究》是浙江省标准化智库和国家市场监管技术创新中心（市场监管数字化研究与应用）的重要课题。为了加强数字化应用场景的研究与开发，组建了由本人和刘璇、姚画、陈建良、潘欣、金翔、许希雳、钱欣、陈哲敏、陈自力、杨思、邓纯、陈启钰等同志组成的课题组，我和我的团队加强数字化学习与研究，深化数字化探索与实践，总结数字化经验与体会，在开发上线一系列市场监管领域数字化应用场景取得丰硕实践成果的同时，深入研究数字化应用场景的概念、特征、方法、路径、架构等核心内容，形成了重要的理论成果。本书作为全国市场监管数字化试验区建设和《数字化应用场景研究》课题研究的重要成果，由本人牵头编著，课题组全体成员集体参与编写。

在试验区的建设、课题的研究和本书的编著的过程中，得到了国家市场监督管理总局、浙江省委省政府有关领导的关心与指导；得到了省委改革办、省数据局、省社科联等省级有关部门以及浙江大学管理学院有关专家教授的支持和帮助；作者所在的浙江省市场监管系统全体同仁更是付出了艰辛的努力；中国工商出版社为本书的编排、校对、出版给予了专业指导。在此，向所有关心支持试验区建设、课题研究和本书编著的单位、领导、专家、同仁表示衷心感谢。本书研究吸收了数字福建、数字浙江、数字重庆以及国内其他地区数字化建设的先进经验和做法，也学习借鉴了数字化领域有关专家的研究成果，在此一并表示感谢。

数字化建设方兴未艾，数字化改革任重道远。数字化应用场景的研究、开发、应用是一片新的蓝海，我们目前的研究与实践只是阶段性的成果，有些观点还不够成熟，有些内容还不够全面，有些研究还不够深入，我们将持续深化数字化理论的研究和实践的创新，探寻数字化之道。真诚欢迎读者给予指导与帮助，让我们共同努力，以高质量的数字化实践成果、技术成果、制度成果和理论成果为数字中国建设作出应有的贡献。

2024年9月10日

责任编辑： 刘安伟
封面设计： 慧子

图书在版编目（CIP）数据

数字化应用场景 / 章根明编著 . — 北京：中国工商出版社，2024. —ISBN 978-7-5209-0305-9

Ⅰ . TP3

中国国家版本馆 CIP 数据核字第 2024YF0664 号

书　名 / 数字化应用场景
编著者 / 章根明

出版 · 发行 / 中国工商出版社
经销 / 新华书店
印刷 / 北京柏力行彩印有限公司
开本 / 787 毫米 ×1092 毫米　1/16　**印张** / 20　**字数** / 300 千字
版本 / 2024 年 10 月第 1 版　2024 年 10 月第 1 次印刷

社址 / 北京市丰台区丰台东路 58 号人才大厦 7 层（100071）
电话 /（010）63730074　传真 /（010）83619386
电子邮箱 / fx63730074@163.com　**微信号** / zggscbs

书号： ISBN 978-7-5209-0305-9
定价： 88.00 元

（如有缺页或倒装，本社负责退换）